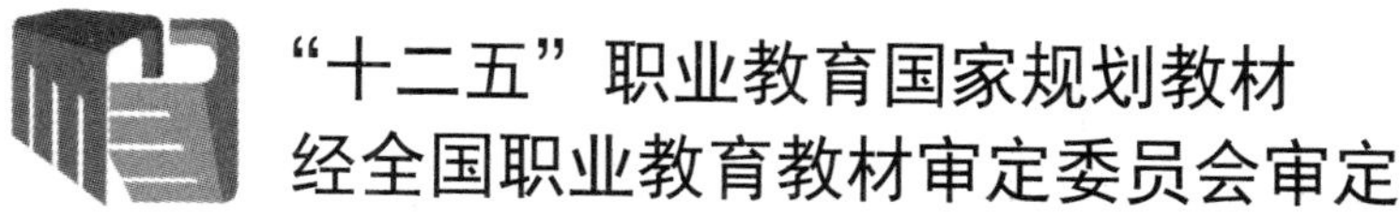

食品类专业教材系列

焙烤食品生产技术

贡汉坤　主编

易晓成　李红涛　副主编

科学出版社

北　京

内 容 简 介

本书面向焙烤食品生产第一线，突出高等职业教育食品类专业的培养目标。全书内容包括绪论、原料、面包生产工艺、饼干生产工艺、糕点生产工艺、蛋糕生产工艺、月饼生产工艺、焙烤食品生产设备与工器具等。

本书可作为高职高专食品加工技术、食品营养与检测、食品贮运与营销、食品机械与管理、食品生物技术及农产品安全检验等专业的教学用书，也可作为社会职业培训机构的培训教材，还可供相关从业人员参考使用。

图书在版编目（CIP）数据

焙烤食品生产技术/贡汉坤主编. —北京：科学出版社，2018.1
（“十二五”职业教育国家规划教材·食品类专业教材系列）
ISBN 978-7-03-054563-3

Ⅰ. ①焙…　Ⅱ. ①贡…　Ⅲ. ①焙烤食品-食品加工-职业教育-教材
Ⅳ. ①TS213.2

中国版本图书馆 CIP 数据核字（2017）第 230983 号

责任编辑：沈力匀 / 责任校对：刘玉靖
责任印制：吕春珉 / 封面设计：耕者设计工作室

科学出版社 出版
北京东黄城根北街 16 号
邮政编码：100717
http://www.sciencep.com

三河市铭浩彩色印装有限公司印刷

科学出版社发行　各地新华书店经销

*

2018 年 1 月第　一　版　开本：787×1092　1/16
2018 年 1 月第一次印刷　印张：15
字数：350 000

定价：37.00 元

（如有印装质量问题，我社负责调换〈骏杰〉）
销售部电话 010-62136230　编辑部电话 010-62135235

版权所有，侵权必究

举报电话：010-64030229；010-64034315；13501151303

前　言

近年来，我国焙烤食品工业发展迅速，从一线城市到二三线城市乃至乡镇，面包饼房如雨后春笋般出现，这对改善消费者的生活水平、创造就业机会发挥了巨大的作用。

各职业院校根据焙烤食品工业快速发展对专业技能人才的需要，纷纷增设了“焙烤食品生产技术”专业方向或开设“焙烤食品生产技术”课程，焙烤食品生产技能人才的培养数量大幅增加。为了满足焙烤食品生产技能人才培养的需要，编者组织编写了本书。

本书面向焙烤食品生产第一线，根据糕点、面包烘焙工国家职业标准，以职业技能培养为侧重点组织编排内容，突出综合职业能力和实践能力的培养和实用性。同时，本书还力求反映焙烤食品生产中推广、应用的新知识、新技术、新工艺、新方法、新标准和新动态，以体现新颖性。

本书由江苏食品药品职业技术学院贡汉坤任主编，由四川工商职业技术学院易晓成、江苏食品药品职业技术学院李红涛任副主编，扬州中瑞酒店职业学院田野惠子参与了编写工作。

在本书的编写过程中，编者参考了许多文献、资料，并得到了中国焙烤食品糖制品工业协会、全国食品工业职业教育教学指导委员会的悉心指导、科学出版社的大力支持和有关院校领导以及工作人员的大力支持和热情帮助，谨在此表示衷心的感谢。

由于编者水平有限，加之时间仓促，书中不足之处在所难免，恳请各位读者批评指教。

莎莉卡烘焙网

智慧职教焙烤食品生产技术课程

智慧职教烘焙职业技能训练

智慧职教面包生产技术课程网站

中国焙烤食品糖制品工业协会

中国面包师网

中国月饼网

目　　录

第 1 章 绪　　论

1.1 焙烤食品概述

焙烤食品（baking foods）又称烘焙食品，是指以小麦粉、油脂、糖及糖浆、蛋及蛋制品、乳及乳制品、酵母、盐、水等为基本原料，以膨松剂、乳化剂、防腐剂、增稠剂、稳定剂、调味剂、香精香料、色素、果仁、籽仁、果脯、蜜饯、巧克力、酒、茶等为辅料，以烘烤为主要熟制工艺的一类方便食品。焙烤食品主要包括面包、饼干、糕点三大类。

随着近代工业的发展，焙烤食品的门类更趋繁杂，逐渐成为方便食品的重要组成部分，而且品种越来越丰富，其中有的已经自成工业生产体系。由于焙烤食品食用方便，在世界大多数国家中，无论是人们的主食，还是副食品，焙烤食品都占有十分重要的位置。

焙烤食品不仅营养丰富，而且具有其他食品难以比拟的加工优势。小麦粉特有的面筋成分，不但可以使焙烤食品加工成花样繁多、风格各异的形式，而且面团的加工操作性、蒸烤胀发性、成品保藏性和食用方便性等特点，使它成为人类进入工业化时代以来最有影响的工业化主食食品原料。伴随着第二次工业革命的进行，西方国家开发出了面包和面机，1880 年发明了面包整形机，1888 年出现了面包自动烤炉，尤其是在 20 世纪 40 年代，人们对以面包、饼干为代表的焙烤食品的开发，已不仅限于生产操作的机械化和自动化，而且扩展到以提高品位和质量为中心的生产工艺的开发，逐步建立了对产品品质控制和评价的质量测试体系。同时，对其发酵工艺和添加剂的研究也迅速取得进步，使焙烤食品加工不再是家庭主妇或作坊面包师的手艺，它已经发展成为可以指导生产实践、涉及诸多学科的一门学科。

1.2 我国焙烤食品行业现状

近年来，我国焙烤食品行业运行状况良好。受消费升级、政策推动、标准重建以及外资涌入、内资合并等诸多因素的影响，我国焙烤食品行业的低集中度局面改变加速，行业并购不断上演。目前，我国焙烤食品行业已初步形成了一批生产企业密集区和多个优势焙烤食品加工产业带，产品门类、品种、花色、质量、数量、外包装以及生产工艺和装备都有了显著的改进，主要表现在以下几个方面。

1.2.1 行业持续良性发展，产品产量不断提高

根据国家统计局对规模以上企业的统计数据及行业测算数据，2015 年国内焙烤食品糖制品行业产品（含糕点/面包、饼干、糖果巧克力、冷冻饮品、方便面和蜜饯）产量合

计约为3223.26万吨，与2014年相比增长5.83%；主营业务收入为6800.22亿元，与2014年相比增长6.93%；利润总额为535.97亿元，与2014年相比增长5.04%；税金总额为42.67亿元，与2014年相比增长7.56%；出口交货值为177.10亿元，与2014年相比增长3.47%。

焙烤食品糖制品行业2015年经济运行情况如表1-1所示。

表1-1 焙烤食品糖制品行业2015年经济运行情况

项目		焙烤糖制品	糖果巧克力	糕点/面包	饼干	冷冻饮品	蜜饯	方便面
产量	累计量/万吨	3223.26	345.47	（362）	（903）	306.99	（288）	1017.80
	同比增长率/%	5.83	6.68	（13）	（18）	0.02	（9）	−0.65
主营业务收入	累计金额/亿元	6800.22	1272.98	1013.71	1806.53	408.67	575.87	1722.46
	同比增长率/%	6.93	6.53	11.48	8.27	4.13	14.54	−1.10
利润总额	累计金额/亿元	535.97	107.40	111.00	132.11	24.83	44.68	115.95
	同比增长率/%	5.04	−7.12	34.47	7.10	13.03	9.98	4.26
税金	累计金额/亿元	42.67	9.27	7.44	10.96	2.52	2.84	9.64
	同比增长率/%	7.56	7.07	16.73	11.51	−9.12	−2.48	7.98
出口交货值	累计金额/亿元	177.10	64.78	6.94	21.46	2.15	63.41	18.36
	同比增长率/%	3.47	−2.50	−23.82	−9.24	−15.48	18.32	−1.31

注：①数据来源：国家统计局规模以上企业数据统计（即年主营业务收入2000万元及以上工业法人企业）；②括号内数字是行业测算数据。

我国焙烤食品糖制品行业依然处于良性发展的轨道，已经具备较为坚实的基础和持续发展的潜力。

1.2.2 行业人才培养体制逐步健全，从业人员素质不断提升

20多年来，在通过引进海外人才和依托高等教育培养人才的同时，焙烤食品行业采取了多种专业人才培养措施和举办专业技能比赛等，开展了多形式、多层次、多方面的行业人才培训工作。经过多年的培养和锻炼，全行业从业人员的素质得到了极大的提高。同时，企业内部也开始对员工以及一些特许经营加盟者开展一系列系统化、规范化的培训，逐渐形成一套培训体系与方法。市场对高专业水平焙烤人才的需求扩大，越来越多的高校将焙烤生产工程技术列为专业课程，使更多的人能够获得更加专业化的焙烤知识。从业人员素质的不断提升，为焙烤食品行业的持续发展奠定了较为坚实的人才基础。

1.2.3 技术和装备水平得到了大幅提高，现代管理意识逐步增强

焙烤食品行业经过多年的积累和发展，业内许多大中型企业的生产设备、检测水平和生产环境有了较大的改善。焙烤食品企业大力采用生物技术和工程化食品实用技术，提高焙烤食品的科技含量，推动行业向高层次、高水平方向发展。生产和管理过程广泛采用计

算机全程控制、网络信息技术、电子商务技术，努力实现现代化，提高质量和生产效率。许多焙烤食品企业还引入了 ISO 9000 产品质量管理体系、HACCP（hazavd analysis critical control point，危害分析和关键控制点）管理体系等，现代管理意识逐步增强，为保证产品质量奠定了良好基础，也为今后的可持续发展和走向国际化奠定了坚实的基础。

1.2.4　产品花色品种日益丰富，消费需求得到较好满足

随着消费理念的日益成熟，人们对焙烤食品的消费意识也在向着有利健康、安全营养、美味方便、适应个性化需要的方向转变。消费观念的更新扩展了企业研发、生产的新思路。由于市场需求的推动，焙烤食品的花色品种越来越丰富，较好地满足了人们的消费需求。

1.2.5　焙烤食品馅料不断创新，产品的滋味、口感更具特色

馅料是焙烤食品的重要组成部分，直接影响焙烤食品的品质。随着生活水平的提高，人们对焙烤食品馅料的要求更加多元化，不仅要口味鲜美，而且要健康营养。焙烤食品行业开始注重产品的更新换代，健康天然的焙烤食品原料受到越来越多的重视，新原料和新技术不断地被应用到焙烤食品馅料中。以糖醇代替蔗糖的低糖馅料，以油脂替代物有效代替脂肪并且可以保持其良好的组织特性和口感的低脂型馅料不断涌现。新技术的应用，也使传统馅料在组织形态、色泽、滋味与口感等方面更具特色。

1.3　焙烤食品行业的发展动态与趋势

焙烤食品已经发展成为种类繁多、丰富多彩的食品类型，根据国内外焙烤食品行业的生产实践，纵观焙烤食品行业的发展历程，我国焙烤食品行业的发展态势主要有以下几个方面。

1.3.1　花色品种越来越丰富

世界上广泛用于制作面包的原料除了小麦粉、黑麦粉以外，还有荞麦粉、糙米粉、玉米粉等。目前，在我国焙烤食品中，98%以上以精制小麦粉为原料，很少有以玉米粉和其他杂粮为主要原料的。但随着消费者健康意识的增强，生活水平的提高，饮食观念的成熟，人们在吃的方面越来越讲究，这就要求焙烤食品的制作必须符合消费者的需求，促使生产者研发出更加丰富多样的杂粮焙烤食品和天然、营养、健康的焙烤食品，满足各种人群的多样化要求。

1.3.2　产品要求低糖、低脂肪、清淡化

低糖、低脂肪和天然添加剂的焙烤食品将成为主角。由于高糖分、高脂肪的高能量食品不符合现代人追求健康的趋势，在肥胖症、高脂血症、高血压、糖尿病等疾病发病率不断上升的今天，高热量、营养单一的焙烤食品显然不能适应人们对健康饮食的消费需求。科学健康的膳食已经成为人们追求的目标。这就要求焙烤食品改变高糖分、高脂

肪、高热量的现状，向口味清淡、营养平衡的方向发展。例如，用低聚糖和糖醇或非糖甜味剂部分代替蔗糖制作的低糖西点、糕点，深受糖尿病、肥胖症、高血压等患者的欢迎；添加膳食纤维的面包，可以预防中老年人便秘和肠癌等。所以，低糖、低脂肪、清淡化将是焙烤食品发展的重要方向。

1.3.3　产品更具时尚化和个性化

焙烤食品行业是一个典型的现代食品行业，随着物质生活的丰富，越来越多的消费者在消费方式上开始追求“时尚”“品质”“身份”“健康”。食品已经成为时尚化、情趣化和娱乐化的载体，而消费者在满足物质消费的同时，也享受着娱乐带来的心灵满足。焙烤食品的创新，也随之迈向时尚化、个性化。

1.3.4　经营趋向连锁化

我国经济水平的不断提升，促进了我国运输行业的不断发展，逐步完善了我国高铁、航空等运输基础设施，极大地便利了全国各地的交流，提高了交通运输的效率和速度，为焙烤食品企业减少人力、物力的投资创造了有利的条件。冷冻面团的发展，使焙烤食品企业易于扩大生产规模、降低产品成本、实现连锁经营。随着近年来的不断探索和实践，连锁门店经营体系逐步趋于完整，有力地促进了焙烤食品行业的快速发展。

1.3.5　原料更加专用化

由于消费者对焙烤食品质量要求的提高，焙烤食品原料将会越来越细化、专用化。这是从整体上提高焙烤食品质量档次的根本措施。焙烤食品行业将普及系列专用粉、全脂大豆蛋白粉、专用油脂等。植脂奶油、粉末油脂、粉末糖浆、全糖粉、果冻粉、塔塔粉等新材料和新型食品添加剂将广泛应用于焙烤食品中。规格化和专用化的基础原辅料的大量使用将从整体上提高我国焙烤食品的档次，缩小与发达国家的差距。

第2章　原　　料

知识目标

了解焙烤食品原料的种类及在焙烤食品生产中的作用；熟悉糖、油脂对产品质量的影响；掌握小麦粉的分类方法及其加工特性。

能力目标

能够按照产品要求选择常用生产原料。

相关资源

中国焙烤食品糖制品工业协会

智慧职教焙烤食品生产技术课程

智慧职教烘焙职业技能训练

智慧职教面包生产技术课程网站

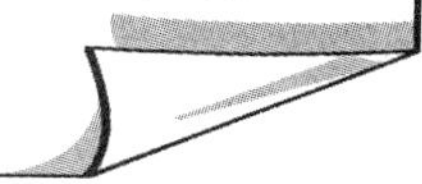

2.1　小　麦　粉

生产焙烤制品的原料主要有小麦粉、糖、油、水、乳制品、蛋制品、膨松剂等。小麦粉（常称面粉）是生产面包、饼干、糕点等焙烤食品的主要原料，由小麦加工而成。小麦的性质直接影响小麦粉的质量，对于焙烤食品的加工工艺和产品的品质起着决定性的作用。由于我国小麦的品种多，播种面积大，而各产区的土壤、气候和栽培方法不同，小麦的性质有很大差异。加之面粉厂加工技术条件不同，因此小麦粉的质量相差很大，成为面包、饼干等焙烤食品生产工艺中的重大问题。焙烤食品生产技术人员一定要了解小麦粉的化学、物理性质，在生产中随时根据其理化特性调节工艺操作条件，以保证产品质量稳定。

2.1.1　小麦的种类

小麦是我国主要的粮食作物之一，其种植遍及全国。小麦的种类很多，一般有以下几个种类。

1. 按播种和收获季节分类

小麦按播种和收获季节的不同分为春小麦和冬小麦两种。春小麦系指当年春季播种、秋季收获的小麦。此种小麦主要产于黑龙江、内蒙古、甘肃、青海、新疆等气候严寒的地区，其产量占全国小麦总产量的15%左右。此小麦含有机杂质较多，一般为红皮小麦，皮较厚，籽粒大，多系硬质，面筋质含量高，但品质不如北方冬小麦。冬小麦系指当年秋季播种、翌年夏季收获的小麦。冬小麦按产区可分为北方冬小麦和南方冬小麦两大类。北方冬小麦多为白皮小麦，多系半硬质，皮薄，含杂少，面筋质含量高，品质较好，因而出粉率较高，粉色好，主要产区是河南、河北、山东、山西、陕西以及苏北、皖北等地，占我国小麦总产量的65%以上；南方冬小麦多为红皮小麦，质软，皮厚，面筋质的质量和数量比北方冬小麦差，含杂也较多，特别是含荞子（草籽）多，因此，出粉率比北方冬小麦低，占全国小麦总产量的20%～25%。

2. 按皮色分类

小麦按皮色可分为白皮小麦、红皮小麦及介于二者之间的黄皮小麦。白皮小麦呈黄白色或乳白色，皮薄，胚乳含量多，出粉率较高，但筋力较差；红皮小麦皮色较深，呈红褐色，皮厚，胚乳含量少，出粉率较低，但筋力较强。

3. 按籽粒胚乳结构分类

小麦按籽粒胚乳结构中角质或粉质的多少可分为硬质小麦和软质小麦。如果将麦粒横向切开，观察其断面，胚乳结构紧密、呈半透明状（玻璃质）的为角质小麦，又称硬麦；而胚乳结构疏松、呈石膏状的为粉质小麦。角质小麦蛋白质含量较高，面筋筋力较强；粉质小麦蛋白质含量较低，面筋筋力较弱。

4. 我国的分类方法

我国一般按季节、粒质并结合皮色将小麦分成以下六类。

1）白色硬质小麦。种皮为白色、乳白色或黄白色的麦粒达70%及以上，硬质率达50%及以上。

2）白色软质小麦。种皮为白色、乳白色或黄白色的麦粒达70%及以上，软质率达50%及以上。

3）红色硬质小麦。种皮为深红色或红褐色的麦粒达70%及以上，硬质率达50%及以上。

4）红色软质小麦。种皮为深红色或红褐色的麦粒达70%及以上，软质率达50%及以上。

5）混合硬质小麦。种皮红色和白色相混，硬质率达50%以上。

6）混合软质小麦。种皮红色和白色互混，软质率达50%以上。

2.1.2 小麦粉的种类与等级标准

长期以来，我国小麦粉一般不分品种，只是按出粉率的高低分为精白粉和标准粉两个等级。目前小麦粉加工企业生产的品种主要有精制粉、标准粉、特一粉、特二粉、强化面粉、自发粉、专用粉和预拌粉。精制粉是在制粉过程中尽量将靠近小麦胚乳中心的部分用筛子分离出来所得到的面粉。标准粉含麦粒外围的部分多一些。专用粉是指该种面粉对某种特定食品具有专一性。专用粉必须满足以下两个条件：一是必须满足食品的品质要求，即能满足食品的色、香、味、口感及外观特征；二是满足食品的加工工艺，即能满足食品的加工制作要求及工艺过程。预拌粉包含除酵母和液体材料的烘焙所需原材料，但预拌粉不是简单地将焙烤所需原材料混合在一起，而是将繁多的原料，以合适的比例、简单的形式呈现在焙烤用户的面前，具有操作简单但口味正宗的特点，有传统产品的制作工艺难以替代的优点。

1986 年发布的 GB/T 1355—1986《小麦粉》将小麦粉分为特制一等粉、特制二等粉、标准粉和普通粉四等。具体质量指标如表 2-1 所示。

表 2-1 我国小麦粉的质量指标

等级	特制一等粉	特制二等粉	标准粉	普通粉
加工精度	按实物标准样品对照检验粉色、麸量			
灰分（干物质质量分数）/%	≤0.70	≤0.85	≤1.10	≤1.40
粗细度	全部通过 CB36 号筛，留存在 CB42 号筛的不超过 10.0%	全部通过 CB20 号筛，留存在 CB36 号筛的不超过 10.0%	全部通过 CB20 号筛，留存在 CB30 号筛的不超过 20.0%	全部通过 CB20 号筛
面筋质含量（以湿面筋计）/%	≥26.0	≥25.0	≥24.0	≥22.0
含砂量/%	≤0.02	≤0.02	≤0.02	≤0.02
磁性金属物含量/（g / kg）	≤0.003	≤0.003	≤0.003	≤0.003
水分/%	13.5±0.5	13.5±0.5	13.0±0.5	13.0±0.5
脂肪酸值（以湿基计）	≤80	≤80	≤80	≤80
气味、口味	正常	正常	正常	正常

1993 年，国内贸易部公布了面包、面条、酥性饼干等用粉行业标准，即专用小麦粉标准。专用粉还可分为精制级和普通级。

另外，根据小麦粉筋力强弱，小麦粉可分为高筋小麦粉、中筋小麦粉和低筋小麦粉。

2.1.3 小麦粉的化学组成及加工性能

小麦粉主要由蛋白质、糖类、脂肪、矿物质和水分组成，此外还有少量的维生素和酶类。由于小麦产地、品种和加工条件不同，小麦粉中化学成分含量有较大差别，但一般含量如表 2-2 所示。小麦粉中的矿物质和维生素含量也因小麦粉品种不同而有所差别，如表 2-3 所示。

表 2-2 小麦粉主要化学成分含量

品种	成分含量					
	水分/%	蛋白质/%	脂肪/%	糖类/%	灰分/%	其他
标准粉	11～13	10～13	1.8～2	70～72	1.1～1.3	少量维生素和酶
精白粉	11～13	9～12	1.2～1.4	73～75	0.5～0.75	

表 2-3　小麦粉中矿物质与维生素含量

品种	成分含量/（g/100g）					
	钙	磷	铁	维生素 B_1	维生素 B_2	维生素 B_5
标准粉	31～38	184～268	4.0～4.6	0.26～0.46	0.06～0.11	2.2～2.5
精白粉	19～24	86～101	2.7～3.7	0.06～0.13	0.03～0.07	1.1～1.5

1. 水分

GB/T 1355—1986 规定了小麦粉的含水量，特制一等粉和特制二等粉为（13.5±0.5）%，标准粉和普通粉为（13.0±0.5）%，低筋小麦粉和高筋小麦粉不大于 14.0%。

小麦在收获时水分含量约为 16%，经过晒扬，一般在磨粉时只含 13%左右。小麦中水分含量对小麦粉加工和食品加工都有很大的影响。水分含量高，会使麸皮难以剥落，影响出粉率，且小麦粉在贮存时容易结块和发霉变质，严重的会造成产品得率下降。但水分含量过低，会导致小麦粉出现粉色差、颗粒粗、含麸量高等缺点。

2. 蛋白质

小麦粉中蛋白质含量与小麦的成熟度、品种，小麦粉等级和加工技术等因素有关。小麦蛋白质是构成面筋的主要成分，因此它与小麦粉的焙烤性能有着极为密切的关系。在各种谷物面粉中，只有小麦粉中的蛋白质能吸水形成面筋。面筋具有弹性和延伸性，有保持小麦粉发酵时产生的二氧化碳的作用，使焙烤的面包等制品多孔、松软。而在生产饼干和糕点时，小麦粉中面筋含量过高，会使饼干坯收缩变形，造成成品不松脆。所以，小麦粉中蛋白质的含量及特性是影响产品质量的重要因素。

小麦粉中的蛋白质可分为面筋性蛋白质和非面筋性蛋白质两类。根据溶解性质，小麦粉中的蛋白质还可分为麦胶蛋白、麦谷蛋白、球蛋白、清蛋白和酸溶蛋白（见表 2-4）。

表 2-4　小麦粉的蛋白质种类及含量

类别	面筋性蛋白质		非面筋性蛋白质		
名称	麦胶蛋白	麦谷蛋白	球蛋白	清蛋白	酸溶蛋白
含量/%	40～50	40～50	5.0	2.5	2.5
提取方法	70%乙醇	稀酸、稀碱	稀盐溶液	稀盐溶液	水

小麦粉中的蛋白质主要是面筋性蛋白质，它对面团的性能及生产工艺有着重要影响；而非面筋性蛋白质只占 10%，且与生产工艺关系不大。

蛋白质是两性电解质，具有胶体的一般性质。蛋白质的水溶液称为胶体溶液或溶胶。在一定条件下，溶胶浓度增大或温度降低，会失去流动性而呈软胶状态，即为蛋白质的胶凝作用，形成的软胶称为凝胶。凝胶进一步失水就成为干凝胶。小麦粉中的蛋白质即属于干凝胶。干凝胶能吸水膨胀成凝胶，若继续吸水则形成溶胶，这时称为无限膨胀；若不能继续吸水形成溶胶，则称为有限膨胀。蛋白质吸水膨胀称为胀润作用；蛋白质脱水称为离浆作用。这两种作用对面团的调制有着重要的意义。

蛋白质是高分子亲水化合物，分子中主链是由氨基酸缩合而成的肽键连接的，是一种链状结构。此外还有很多侧链，主链一边是亲水基团，如—OH、—COOH、—NH_2等，另一边是疏水基团，如—CH_3、—C_2H_6等。当蛋白质遇水相溶时，疏水基团一侧斥水收缩，而亲水基团一侧则吸水膨胀，这样蛋白质分子就弯曲成为螺旋形的球状“小卷”，其核心部分是疏水基团，亲水基团分布在球体外围。其形式如图2-1所示。

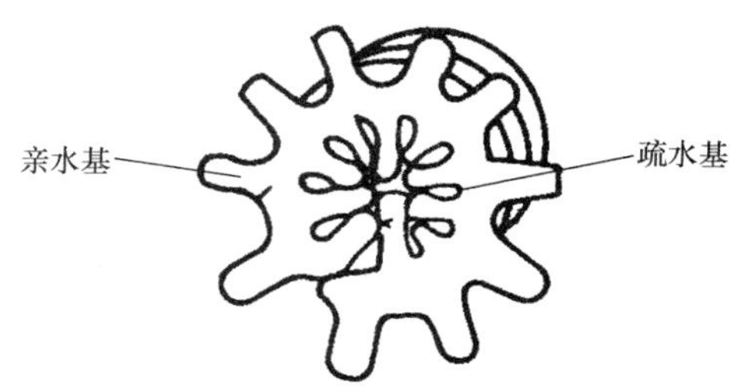

图2-1　蛋白质螺旋球状“小卷”结构

当蛋白质胶体遇水时，水分子首先与蛋白质外围的亲水基团发生水化作用，形成湿面筋。这种水化作用先在表面进行，而后在内部展开。在表面作用阶段，水分子附着在面团表面，吸水量较少，体积增加不大，是放热反应。当水分子逐渐扩散至蛋白质分子内部时，蛋白质胶粒内部的小分子的可溶部分溶解后使浓度增加，形成一定的渗透压，使胶粒吸水量大增，面团体积增大，黏度提高，反应不放热。

调制面团时，小麦粉遇水，两种面筋性蛋白质迅速吸水胀润。在条件适宜的情况下，面筋吸水量为干蛋白的180%～200%，而淀粉吸水量在30℃时仅为30%。面筋性蛋白质胀润结果是在面团中形成坚实的面筋网络，在网络中包括胀润性差的淀粉粒及其他非溶解性物质。这种网状结构即所谓面团中的湿面筋，它和所有胶体物质一样，具有黏性、延伸性等特性。

蛋白质变性对面包焙烤有重要影响。水是蛋白质胶体的重要组成成分，它可以填充分子链间的空隙使蛋白质稳定。一方面，加热会使天然蛋白质分子中的水分失去而变性；另一方面，由于加热使分子碰撞机会增加，破坏分子的排列方式而导致蛋白质变性。蛋白质变性的程度取决于加热温度、加热时间和蛋白质的含水量，加热温度越高，变性越快、越强烈。

小麦粉蛋白质变性后，失去吸水能力，膨胀力减退，溶解度变小；面团的弹性和延伸性消失，面团的工艺性能受到严重影响。

3. 糖类

糖类是小麦粉中含量最高的化学成分，约占小麦粉量的75%。它主要包括淀粉、糊精、可溶性糖和纤维素。

1）淀粉。小麦淀粉主要集中在麦粒的胚乳部分，约占小麦粉量的67%，是构成小麦粉的主要成分。小麦淀粉颗粒与其他谷类淀粉一样为圆形或椭圆形，平均直径为20～22μm，在面团调制中起调节面筋胀润度的作用。淀粉不溶于冷水，当淀粉微粒与水一起加热时，则淀粉吸水膨胀，其体积可增大近百倍，淀粉微粒由于过于膨胀而破裂，在热水中形成糊状物，这种现象称为糊化作用，这时的温度称为糊化温度。小麦淀粉在50℃以上才开始膨胀，大量吸收水分，在65℃时开始糊化，到67.5℃时糊化终了。因此，在调制面包面团和一般酥性面团时，面团温度以30℃为宜，此时淀粉吸水率较低，大约可吸收30%的水分。调制韧性面团时，常采用热糖浆烫面，以使淀粉糊化，使面团的吸水量较平常高，降低面团弹性，使成品表面光滑。小麦粉中破损的淀粉颗粒在酶或酸的作用下，可水解为糊精、高糖、麦芽糖、葡萄糖等，利于酵母发酵时利用而产生充分的二氧化碳，使产品形成无数孔隙。但是，小麦粉中破损的淀粉颗粒不宜过多，否则焙烤所得面包的体积小，质量差。淀粉损伤的允许程度与小麦粉蛋白质含量有关，最佳淀粉损伤程度为4.5%～8%，具体要根据小麦粉蛋白质含量来确定。

2）可溶性糖。小麦粉中的糖包括葡萄糖和麦芽糖，约占碳水化合物的10%，主要分布于麦粒的外部和胚芽内部，胚乳中则较少。小麦粉中的可溶性糖对生产苏打饼干和面包来说，有利于酵母的生长繁殖，又是形成面包色、香、味的基质。

3）纤维素。小麦粉中的纤维素主要来源于种皮、果皮、胚芽，是不溶性碳水化合物。小麦粉中纤维素含量较少，特制粉约为0.2%，标准粉约为0.6%。若小麦粉中麸皮含量过多，会影响焙烤食品的外观和口感，且不易被人体消化吸收。但小麦粉中含有一定数量的纤维素有利于人体胃肠的蠕动，可促进对其他营养成分的消化吸收。

4. 脂肪

小麦粉中脂肪含量甚少，通常为1%～2%，主要存在于小麦粒的胚芽及糊粉层。小麦脂肪由不饱和程度较高的脂肪酸组成，因此小麦粉及其产品的贮藏期与脂肪含量关系很大。即使是无油饼干，如果保存不当，也很容易酸败。所以，制粉时要尽可能除去脂质含量高的胚芽和麸皮，以减少小麦粉中的脂肪含量，延长小麦粉的贮藏期。小麦粉在贮藏过程中，脂肪受脂肪酶的作用产生的不饱和脂肪酸可使面筋弹性增大，延伸性及流散性变小，结果可使弱力小麦粉变成中等小麦粉，使中等小麦粉变为强力小麦粉。

5. 矿物质

小麦粉中的矿物质含量是用灰分来表示的。小麦粉中灰分含量的高低，是评定小麦粉品级优劣的重要指标。麦粒中的灰分主要存在于糊粉层中，在胚芽、胚乳中较少，表皮、种皮中更少。小麦籽粒的灰分（干基）为1.5%～2.2%。在磨粉过程中，糊粉层常伴随麸皮同时存在于小麦粉中，故小麦粉中灰分随出粉率的高低而变化。小麦粉加工精度高，出粉率低，矿物质含量低；加工精度低，出粉率高，矿物质含量高，粉色差。

6. 维生素

小麦粉中维生素含量较少，几乎不含维生素D，一般缺乏维生素C，维生素A的含量也较少，维生素B_1、维生素B_2、维生素B_5及维生素E含量略多一些。

7. 酶

小麦粉中含有一定量的酶类，主要有淀粉酶、蛋白酶、脂肪酶、脂肪氧化酶、植酸酶等。这些酶类不论对小麦粉的贮藏还是对饼干、面包的生产，都会产生一定的作用。例如，面团发酵时，淀粉酶可将淀粉分解成单糖供酵母生长繁殖，促进发酵；蛋白酶在一定条件下可将蛋白质分解成氨基酸，既能降低面筋强度，缩短调粉时间，使面筋易于完全扩展，还能提高制品的色、香、味；而脂肪酶将脂肪分解成脂肪酸，使脂肪酸败，影响产品质量。加工时可根据需要，选择并添加合适的酶，以改进面团的工艺性能。

2.1.4 小麦粉品质的鉴定

1. 面筋的数量与质量

所谓面筋，就是小麦粉中的麦胶蛋白和麦谷蛋白吸水膨胀后形成的浅灰色柔软的胶状物。它在面团形成过程中起着非常重要的作用，决定面团的焙烤性能。小麦粉筋力的好坏及强弱取决于小麦粉中面筋的数量与质量。面筋分为湿面筋和干面筋。

GB/T 1355—1986 规定：特制一等粉湿面筋含量在 26%以上，特制二等粉湿面筋含量在 25%以上，标准粉湿面筋含量在 24%以上，普通粉湿面筋含量在 22%以上。

根据小麦粉中湿面筋含量，小麦粉可分为 3 个等级：①高筋小麦粉，面筋含量大于 30%，适于制作面包等食品；②低筋小麦粉，面筋含量小于 24%，适于制作饼干、糕点等食品；③面筋含量为 24%～30%的为中筋小麦粉，适于制作面条、馒头等食品。

用水洗方法洗出的面筋，蛋白质约为小麦粉所含蛋白质的 90%，其他 10%为可溶性蛋白质，在洗面筋时溶于水中而流失。湿面筋含量与蛋白质含量之间存在着正比例关系，小麦粉的湿面筋含量及水化能力如表 2-5 所示。

表 2-5 小麦粉的湿面筋含量及水化能力

小麦种类		面筋含量/%		水化能力
		湿面筋	干面筋	
春小麦	硬麦	43.72	14.08	211
	中间麦	35.92	12.01	198
	软麦	28.75	9.68	197
冬小麦	硬麦	36.64	11.82	210
	中间麦	32.13	11.08	192
	软麦	26.87	9.53	182

从表 2-5 中可看出，湿面筋的含量大约为干面筋的 3 倍，硬麦的面筋含量、吸水能力均高于软麦，春小麦的面筋含量、吸水能力均高于冬小麦。

湿面筋产出率不仅与小麦粉中蛋白质含量有关，而且与面团静置时间、洗水温度、酸度等有关，如表 2-6 所示。从表中可以看出，正常麦小麦粉，静置时间对面筋生成率影响不大，而温度升高，面筋产出率升高，但温度不可高于 30℃。冬季气温过低时会影响面筋的形成，因此，在生产中最好将小麦粉放在暖库或提前搬入车间以提高粉温，并用温水调制面团，以减少低温的不利影响。面团调制后静置一段时间，也有利于面筋的形成。

表 2-6　面筋产出率与洗水温度及静置时间的关系

洗水温度/℃		5		25	
静置时间/min		0	20	0	20
面筋产出率/%	正常麦小麦粉	32.33	33.5	34	34.46
	霉变麦小麦粉	24.66	25	26.66	27.33

面筋的筋力好坏，不仅与面筋的数量有关，也与面筋的质量或工艺性能有关。面筋的数量和质量是两个不同的概念。小麦粉的面筋含量高，并不是说小麦粉的工艺性能就好，还要看面筋的质量。

面筋的质量和工艺性能指标有延伸性、弹性、韧性和可塑性。延伸性是指面筋被拉长而不断裂的能力。弹性是指湿面筋被压缩或拉伸后恢复原来状态的能力。韧性是指面筋对拉伸时所表现的抵抗力。可塑性是指面团成型或经压缩后，不能恢复其固有状态的性质。以上性质密切关系到焙烤食品的生产。当小麦粉的面筋工艺性能不符合生产要求时，可以采取一定的工艺条件来改变其性能，使之符合生产要求。

根据小麦粉的工艺性能，综合上述性能指标，面筋可分为优良面筋、中等面筋、劣质面筋三类。优良面筋的弹性好，延伸性大或适中；中等面筋的弹性好、延伸性小，或弹性中等、延伸性小；劣质面筋的弹性小，韧性差，由于本身重力而自然延伸至断裂，完全没有弹性或冲洗面筋时，不黏结而流散。

对于面筋品质的评定是多方面的，近年来国内外采用了较先进的仪器，如面团拉力仪、面团发酵仪和面团阻力仪等对面筋的筋力进行研究。

面团吹泡示功器是测定面筋弹性、延伸性和筋力等工艺性能的一种仪器。先将面团制成一定厚度的薄片，用压缩空气吹成气泡，逐渐吹大，最后破裂，用仪器绘出的曲线如图 2-2 所示。

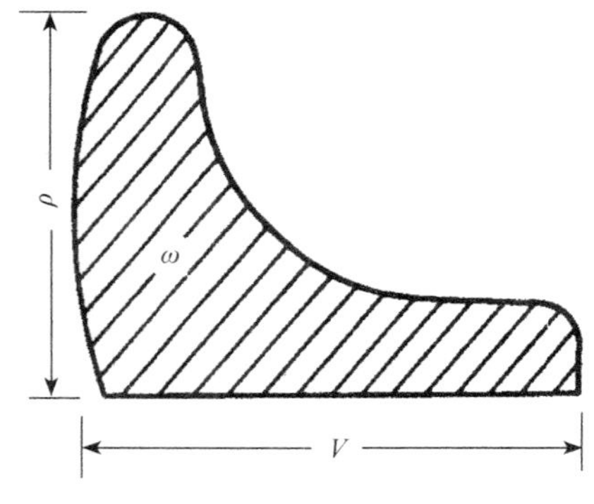

图 2-2　面团延伸性曲线

V：以横坐标表示面团气泡的最大容积，与发酵面团的体积相适应。

ρ：以纵坐标表示面团薄片在吹泡时的最大阻力，用厘米水柱压力表示。并按照吹泡示功图中纵坐标的平均最大值计量。也可按小麦粉能吸收的最大水分来确定。筋力越强，ρ越大。

ω：比功，即单位质量的面团变成厚度最小的薄膜所耗费的功，或由吹泡示功图的面积乘以该图形单位面积的做功当量，乘以变形面团薄片平均质量求得。筋力越强，ω值越大。

ρ和ω的数值越大，面团的筋力越强，通过ρ和V的比值则可看出面筋的弹性和延伸性情况。

按ρ/V分类：

ρ/V＝0.15～0.7，弹性较差，延伸性好。

ρ/V＝0.8～1.4，弹性好，延伸性好。

ρ/V＝1.6～5.0，弹性好，延伸性差，面团易断裂或散碎。

ρ/V超过 2.5 则筋力过强，易造成饼干僵硬，易变形，面包体积起发不大。

按ω分类：

$\omega>3\times10^{-5}$J/g，强力小麦粉。

$\omega=(1.8\sim2.2)\times10^{-5}$J/g，中力小麦粉。

一般而言，生产面包所用的小麦粉，以湿面筋含量在 30%～40%、ρ/V 为 0.8～1.4、ω 以（2.5～3）$\times10^{-5}$J/g 为最好。面筋过强的小麦粉需延长发酵时间，但难以控制。生产糕点、饼干的小麦粉，以其湿面筋含量在 20%～24%、ρ/V 为 0.15～0.7、ω 以 1.2 $\times10^{-5}$J/g 为宜。

2. 小麦粉吸水量

小麦粉吸水量是指调制一定稠度和黏度的面团所需的水量，以占小麦粉质量的百分率表示，通常用粉质测定仪来测定，一般为 45%～55%。小麦粉吸水量是小麦粉品质的重要指标，吸水量大可以提高出品率，对用酵母发酵的面团制品和油炸制品的保鲜期也有良好影响。

小麦粉吸水量的大小在很大程度上取决于小麦粉中蛋白质的含量。小麦粉的吸水量随蛋白质含量的提高而增加。小麦粉蛋白质含量每增加 1%，用粉质测定仪测得的吸水量约增加 1.5%。

3. 气味与滋味

气味与滋味是鉴定小麦粉品质的重要感官指标。新鲜小麦粉具有良好、新鲜而清淡的香味，在口中咀嚼时有甜味。凡带有酸味、苦味、霉味、腐败臭味的小麦粉都属于变质小麦粉。

4. 颜色与麸量

小麦粉颜色与麸量的鉴定是根据已制定的标准样品进行对照。

2.1.5 小麦粉的贮藏

1. 小麦粉熟化

新磨制的小麦粉所制面团黏性大，缺乏弹性和韧性，生产出来的面包皮色暗、体积小、扁平易塌陷、组织不均匀。但这种小麦粉经过一段时间后，其焙烤性能有所改善，上述缺点得到一定程度的克服，这种现象就称为小麦粉“熟化”（亦称成熟、后熟、陈化）。

小麦粉熟化的机理是新磨制小麦粉中的半胱氨酸含有未被氧化的巯基（—SH），这种巯基是蛋白酶的激活剂。调粉时被激活的蛋白酶强烈分解小麦粉中的蛋白质，往往使得面团发黏，结构松散，不仅加工时不易操作，而且发酵时面团的保气能力下降，从而使焙烤食品的品质低劣。但经过一段时间贮存后，巯基被氧气氧化而失去活性，小麦粉中的蛋白质不被分解，小麦粉的焙烤性能也因而得到改善。

小麦粉自然熟化时间以3～4周为宜。新磨制小麦粉在4～5d后开始“出汗”，进入呼吸阶段，发生某种生化和氧化作用而熟化，通常在3周后结束。用“出汗”期间的小麦粉很难制作出质量好的面包。

除了氧气外，温度对小麦粉的熟化也有影响。高温会加速熟化，低温会抑制熟化，一般以25℃左右为宜。

除了自然熟化外，还可采用在小麦粉中添加面团改良剂（如维生素C等）等化学方法处理新磨制的小麦粉，使之快速熟化，由原来的以3～4周自然熟化时间缩短为5d左右。

2. 小麦粉贮藏中水分的影响

小麦粉具有吸湿性，其水分含量随周围空气的相对湿度的变化而增减。相对湿度为70%时，小麦粉的水分基本保持稳定不变。相对湿度超过75%，小麦粉将吸收水分。常温下，真菌孢子萌发需要的最低相对湿度为75%。相对湿度高，小麦粉水分含量随之增高，霉菌生长快，小麦粉容易霉变发热，使其中的水溶性含氮物增加，蛋白质含量降低，面筋质性质变差，酸度增加。

小麦粉贮藏在相对湿度为55%～65%、温度为18～24℃的条件下较为适宜。

2.2 糖

2.2.1 常用糖的特性

糖是焙烤食品的重要原料之一，常用的有蔗糖、饴糖、淀粉糖浆、转化糖浆、果葡糖浆等。

1. 蔗糖

蔗糖是焙烤食品生产中最常用的糖，有白砂糖、黄砂糖、绵白糖等，其中以白砂糖使用最多。

（1）白砂糖

白砂糖为白色透明的纯净蔗糖的晶体，其蔗糖含量在99%以上。甜味纯正，易溶于水，其溶解度随着温度升高而增加，0℃时饱和溶液含糖量为64.13%，100℃时饱和溶液含糖82.92%。

将砂糖稀溶液煮沸，则其中一部分将转化成葡萄糖与果糖。140～150℃时转化加快。若有酸性物质存在，即使在100℃以下亦可促使转化速度加快，且无机酸较有机酸作用强烈。转化糖比蔗糖甜，而且有抗氧化作用。但是，不可转化过多，因为转化糖过多，制成的饼干易焦化或成品易吸潮变软。

焙烤食品生产中一般将糖溶解为不饱和溶液，防止糖溶液黏度过大，通常以温度来调节较为方便。不同浓度糖溶液的性质不同，如表2-7所示。

表 2-7 不同浓度糖溶液的性质

项目	水	糖溶液浓度						结晶砂糖
		10%	20%	30%	40%	50%	60%	
糖浓度/°Bx	0	10	20	30	40	50	60	—
相对密度（17.5℃）	1.000	1.0400	1.0833	1.1297	1.1793	1.23228	1.2899	1.5005
折射率（20℃）	1.3330	1.3477	1.3637	1.3810	1.3997	1.4200	1.4419	1.54～1.97（15℃）
比旋光度	—	66.4990°	66.5150°	66.5850°	66.4070°	66.2830°	66.1110°	—
熔点/℃	—	—	—	—	—	—	—	160
沸点/℃	100	100.4	100.6	101	101.5	102	103	—

（2）黄砂糖

在提制砂糖过程中，未经脱色或晶粒表面糖蜜未洗净，砂糖晶粒带棕黄色，称为黄砂糖。

黄砂糖一般用于中、低档产品，其甜度及口味较白砂糖差，易吸潮，不耐贮藏，且含有较多无机杂质，如含铜量高达 2×10^{-2}g/kg 以上，影响产品口味。另外，黄砂糖含水量较高，保存过程中易发霉变质，研磨成糖粉十分困难，一般制成糖浆使用。同时，因其中常带有夹杂物，所以糖浆须经过滤后才能使用。因此，使用时要十分注意黄砂糖的质量。

（3）绵白糖

绵白糖由颗粒细小的白砂糖加入一部分转化糖浆或饴糖，干燥冷却而成。绵白糖可以直接加入使用，不需粉碎，但价格较砂糖高、成本高，所以一般不采用。

2. 饴糖

饴糖俗称米稀，由米粉、山芋淀粉、玉米淀粉等经糖化剂作用而制成。其主要成分是麦芽糖和糊精，其干固物含量随品级不同而有差异，通常为 73%～75.6%，其中麦芽糖占 40%～45%，其余为糊精。纯净的麦芽糖甜度约等于砂糖的一半，因此在计算饴糖的甜度时均以 1/4 的砂糖甜度来衡量。

麦芽糖的熔点较低，在 102～103℃，对热不稳定，高温下发生聚合反应，因此饴糖常作为焙烤食品的着色剂。饴糖的持水性强，可保持糕点的柔软性。

因饴糖中含有大量的糊精，故其黏度极高，过量使用易造成粘辊、粘模现象，且成型困难，因此不宜多用。

饴糖在气温较高的夏季易变质，因此需存放在阴凉通风干燥之处或冷库保存，以防变质。

3. 淀粉糖浆

淀粉糖浆又称葡萄糖浆、化学稀、糖稀，用玉米淀粉经酸水解而成。其主要由葡萄糖、糊精及少部分麦芽糖所组成。

淀粉糖浆是一种浅黄色黏稠液体，味甜温和，极易被人体吸收，甜度相当于蔗糖的 68%～74%。

4. 转化糖浆

蔗糖在酸或酶的作用下能水解成葡萄糖与果糖，这种变化称为转化。一分子葡萄糖与一分子果糖的结合体称为转化糖。转化糖具有还原性，所以也被称为还原糖。

含有转化糖的水溶液称为转化糖浆。转化糖浆为澄清的浅黄色溶液，具有特殊的风味。转化糖浆应随用随配，不宜长时间存放。在缺乏淀粉糖浆和饴糖的地区，可以用转化糖浆代替。

5. 果葡糖浆

果葡糖浆是淀粉经酶法水解生成葡萄糖，在异构酶作用下将部分葡萄糖转化成果糖而形成的一种甜度较高的糖浆。果葡糖浆在焙烤食品中可以代替蔗糖。它能直接被人体吸收，尤其对糖尿病、肝病、肥胖症等患者更为适宜。目前，不少食品厂生产面包均用果葡糖浆代替砂糖。

2.2.2 糖在焙烤食品中的作用

1. 增加焙烤食品的甜味

糖使焙烤食品具有甜味，可增强人的食欲。各种糖的相对甜度如表 2-8 所示。

表 2-8 各种糖的相对甜度

品种	蔗糖	果糖	葡萄糖	麦芽糖	转化糖
相对甜度	100	173	74	32	130

2. 提高焙烤食品的色泽和香味

纯净的干砂糖在 200℃左右发生焦糖化作用，生产中常常使用砂糖浆，若这些糖在高温下发生焦糖化反应产生焦糖酐和焦糖稀，从而使制品表面呈金黄色或褐色。其反应为

$$2C_{12}H_{22}O_{11}—4H_2O \longrightarrow C_{24}H_{36}O_{18}$$
$$3C_{12}H_{22}O_{11}—8H_2O \longrightarrow C_{36}H_{50}O_{25}$$

糖的焦糖化反应不仅能使焙烤制品表面产生金黄色，而且能够赋予焙烤食品理想的香味。但过度的焦糖化反应对成品的色泽和香味均不利，有时还会产生焦苦味。在面包焙烤中，焦糖化反应不占主要地位，一般是以美拉德反应为主，美拉德反应同样可以改善焙烤食品的色泽与香味。

3. 提供酵母生长与繁殖所需营养

生产面包和苏打饼干时，需使用酵母进行发酵。酵母生长和繁殖需要碳源，可以由淀粉酶水解淀粉来供给，但在发酵开始阶段，淀粉酶水解淀粉产生的糖分还来不及满足酵母需要，此时酵母主要以配料中的糖为营养基。因此，在面包和苏打饼干面团发酵初

期加入适量糖会促进酵母繁殖，加快发酵速度。

4. 调节面团中面筋的胀润度

小麦粉中的面筋性蛋白质吸水胀润形成大量面筋，使面团弹性增强，黏度相应降低。但是，如果面团中加入糖浆，由于糖的吸湿性，它不仅吸收蛋白质胶粒之间的游离水，还会造成胶粒外部浓度增加，使胶粒内部的水分产生反渗透作用，从而降低蛋白质胶粒的吸水性，即糖在面团调制过程中的反水化作用，造成调粉过程中面筋形成量降低，弹性减弱。

糖的反水化作用限制了面筋的大量形成，这和制酥性面团有密切关系。一般酥性面团配糖量要高，使面团中面筋胀润到一定程度，以便于操作，并可避免由于面筋胀润过度而引起饼干的收缩变形。小麦粉中加入不同糖量对面筋形成的影响如表 2-9 所示。

表 2-9 小麦粉中加入不同糖量对面筋形成的影响

面筋性能	加入不同糖量后面团中面筋量/%				
	0	10	20	30	40
强	41.1	39.0	38.1	37.5	35.9
中	36.7	36.0	35.2	34.0	32.8
弱	32.6	32.3	31.8	31.3	30
极弱	28.7	28.5	27.9	27.1	25.3

表 2-9 显示，面团中的面筋形成量随糖量增加而下降，这种作用对强面筋影响较大，对较弱的面筋则影响不太明显。

不同种类的糖对小麦粉的反水化作用不同，双糖比单糖的作用大，因此加砂糖糖浆比加入等量的淀粉糖浆的作用来得强烈。此外，溶化的砂糖糖浆比糖粉的作用大，因为糖粉虽然在调粉时亦逐渐吸水溶解，但过程甚为缓慢和不完全。因而低糖饼干由于用糖量少，常以转化糖浆为主，高档品种常以糖粉为主。一般来说，在一定限度内糖的比例越高，饼干的品级亦越优。

正常用量的糖对小麦粉吸水率影响不大，糖对小麦粉吸水率的影响如表 2-10 所示。

表 2-10 糖对小麦粉吸水率的影响

小麦粉样号	1				2				3			
小麦粉含糖量/%	0	10	20	50	9	30	40	50	9	30	40	50
小麦粉吸水率/%	50	44	38	20	50	32	26	20	50	32	26	20
湿面筋量/%	37	37	36	30	38	37.8	34	34	37	35	34	32

从表 2-10 中可以看出，大约每增加 10 %的糖量，小麦粉吸水率降低 6%。高糖面团若不减少水分或延长搅拌时间，则面团搅拌不足，面筋不能充分扩展，产品体积小，内部组织粗糙。因此，高糖配方的面包面团，搅拌时间要比低糖面团增加 50%左右。故制作高糖面包时，最好使用高速调粉机。

5. 抗氧化作用

糖是一种天然的抗氧化剂，这是因为还原糖（饴糖、化学稀）具有的还原性。即使是使用蔗糖，在糖溶化过程中亦有相当一部分蔗糖变成转化糖。尤其是配方中加入有机酸时这种转化更为明显。因此，糖对饼干中油脂稳定性起了保护作用，可以延长保存期。一般酥性饼干不加抗氧化剂也不易产生酸败味正是基于这个原因。

2.3 油　　脂

油脂是焙烤食品的主要原料之一，有的糕点用油量高达 50%以上。油脂不仅增加了焙烤食品的风味，改善了产品结构、外形和色泽，还提高了焙烤食品的营养价值。

2.3.1 常用油脂的特性

1. 动物油脂

奶油和猪油是焙烤食品生产中常用的动物油。大多数动物油具有熔点高、可塑性强、起酥性好的特点，且色泽、风味较好，常温下呈半固态。

（1）奶油

奶油又称黄油或白脱油，由牛乳经离心分离而得。奶油中除了含有维生素 A、维生素 D、铁和胡萝卜素以外，还含有人体必需的脂肪酸，其中 64%为饱和脂肪酸，36%为不饱和脂肪酸。奶油因有特殊的芳香和营养价值而受到人们的普遍欢迎。奶油是糕点，特别是西式糕点的重要原料。奶油的熔点为 28～34℃，凝固点为 15～25℃。奶油中的不饱和脂肪酸易被氧化而酸败，高温和光照会促进氧化的进行。高温下则软化变形，易受细菌和霉菌的污染。因此，奶油应在冷藏库或冰箱中贮存。奶油具有天然香浓的奶香味，多被用于制造高级西点及面包。

（2）猪油

猪油在中式糕点中用量很大，使用也很普遍。常用的猪油为精制熟猪油，是由板油、网油及肥膘炼化而成的。在常温下呈白色固体，其可塑性强，起酥性好，制出的糕点品质细腻，口味肥美。猪油最适合制作中式糕点的酥皮，起层多，色泽白，酥性好，熔点高，利于加工操作。因为猪油呈β型大结晶，在面团中能均匀分散在层与层之间，进而形成众多的小层。焙烤时这些小粒子熔解使面团起层，酥松适口，入口即化。在苏式、广式、宁绍式、闽式糕点的馅料中，常使用猪板油丁、糖渍肥膘等，使馅料口味肥美，油而不腻。若在面包中添加 4%的精制猪油，就相当于添加 0.5%硬脂酰乳酸钠（SSL）乳化剂的效果。

2. 植物油

植物油品种较多，有花生油、豆油、菜籽油、椰子油等。除椰子油外，其他各种植物油均含有较多的不饱和脂肪酸甘油酯，其熔点低，在常温下呈液态。其可塑性较动物性油脂差，色泽为深黄色，使用量高时易发生走油现象。而椰子油却有与一般植物油不同的特点，它的熔点较高，常温下呈半固态，稳定性好，不易酸败。

3. 人造油脂

（1）氢化油

氢化油（硬化油）是将油脂经过中和后，在高温下通入氢气，在催化剂作用下，使油脂中不饱和脂肪酸达到适当的饱和程度，从而提高了稳定性，改变了原来的性质。在加工过程中，氢化油经过精炼脱色、脱臭后，色泽纯白或微黄，无臭、无异味。其可塑性、乳化性和起酥性均较佳，特别是具有较高的稳定性，不易氧化酸败，是焙烤食品比较好的原料。

（2）人造奶油

人造奶油是目前焙烤食品使用最广泛的油脂之一。人造奶油在我国常被称为麦淇淋或玛琪琳，这是根据英文 margarine 一词音译而来的。它是以氢化油为主要原料，添加适量的牛乳或乳制品、色素、香料、乳化剂、防腐剂、抗氧化剂、食盐和维生素，经混合、乳化等工序而制成的。人造奶油含有 15%～20%的水分和 3%的盐，其软硬度可根据各成分的配比来调整。它的特点是熔点高、油性小，具有良好的可塑性和融合性。人造奶油风味不如天然奶油，但可替代天然奶油（在面包制作当中）。其外观与天然奶油相似，但其色、香、味，特别是营养价值都不及天然奶油，因其价格比天然奶油便宜一半以上，同时乳化性能和加工性能比奶油好，故在焙烤食品中被较广泛地应用。

（3）植脂鲜奶油

植脂鲜奶油是以植物脂肪（主要是氢化棕榈油）为主要原料，添加乳化剂、增稠稳定剂、蛋白质原料、防腐剂、品质改良剂、香精香料、色素、糖、玉米糖浆、盐、水，通过改变原辅料的种类和配比加工制成的，其主要成分是植物脂肪（占 20%～50%）和植物蛋白。由于植脂鲜奶油含有乳化剂、植物蛋白、增稠稳定剂等，故其在稳定性、发泡性、可塑性等方面均优于动物鲜奶油。又由于其脂肪含量低，故用其制作的蛋糕爽口、不腻，内部组织均匀细腻，松软有弹性，口感好。植脂鲜奶油在风味和物理状态上与动物鲜奶油相似，保持了动物鲜奶油的特殊风味，且因其裱花图案不干裂、不塌陷、不变形，图案表面洁白等优点而广泛用于裱花蛋糕的制作中。

（4）起酥油

起酥油是指精炼的动物油脂、植物油脂、氢化油或这些油脂的混合物，经混合、冷却塑化而加工出来的具有可塑性、乳化性等加工性能的固态或流动性的油脂产品。起酥油不能直接食用，而是食品加工的原料油脂，因而必须具备各种食品加工性能。起酥油与人造奶油的主要区别是起酥油中没有水相。起酥油的品种很多，有通用型起酥油、乳化型起酥油、高稳定型起酥油、面包用液体起酥油、蛋糕用液体起酥油。一般植物油经过脱色、精炼、脱臭、加氢制成的氢化起酥油可塑性、黏稠度、乳化性较好，有高度的稳定性，不易被氧化、酸败。高熔点起酥油由部分氢化油脂与未经氧化的油脂配制而成，配制后其熔点得到提高，用它生产的糕点制品起酥性好，“走油”现象减少，存放期也得到延长。起酥油的制造商还将起酥油制成片状，分片包装，使操作更为方便。起酥油几乎可以用于所有的焙烤食品中，在糕点、面包、饼干制作中的用途最广。

4. 磷脂

磷脂即磷酸甘油酯，其分子结构中具有亲水基和疏水基，是良好的乳化剂。含油量较低的饼干，加入适量的磷脂，可以增强饼干的酥脆性，方便操作，不发生粘辊现象。

2.3.2 油脂在焙烤食品中的加工特性

1. 可塑性

可塑性即柔软性（用很小的力就可使其变形），可保持变形但不流动的性质。面包、蛋糕、饼干的制作要求油脂具有良好的可塑性。可塑性好的油脂可增加面团的延伸性，使面包体积增大，改善口感。这是因为油在面团内，能阻挡面粉颗粒间的黏结，而减少由于黏结在焙烤中形成坚硬的面块，油脂的可塑性越好，混在面团中的油粒越细小，越易形成连续性的油脂薄膜；可防止面团的过软和过黏，增加面团的弹力，使机械化操作容易；油脂与面筋的结合可以使面筋变软，使成品内部组织均匀、柔软，口感改善；油脂可在面筋和淀粉之间形成界面，成为单一分子的薄膜，可以防止水分从淀粉向面筋的移动，防止淀粉老化，延长保存时间。

可塑性是人造奶油、奶油、起酥油、猪油的基本特性。因为油脂的可塑性，固态油在糕点、饼干面团中能呈片状、条状及薄膜状分布，而在相同条件下液体油可能分散成点、球状。因此，固态油要比液态油能润滑更大的面团表面积。用可塑性好的油脂加工面团时，面团的延展性好，制品的质地、体积和口感都比较理想。

2. 融合性

融合性是指油脂经搅拌处理后包含空气气泡的能力或拌入空气的能力。良好的融合性可使面团包含大量空气，并形成均匀的气泡，而使蛋糕和面包等制品体积增大、内部色泽改善、组织蓬松、风味良好。

3. 起酥性

起酥性是指用作饼干、酥饼等焙烤食品的材料可以使制品酥脆的性质。起酥性决定了油脂在焙烤食品中的重要作用，在调制酥性糕点和酥性饼干时，加入大量油脂后，由于油脂的疏水作用，限制了面筋蛋白质的吸水。面团中含油越多，其小麦粉吸水率越低，一般每增加1%的油脂，小麦粉吸水率相应降低1%。油脂能覆盖于小麦粉的周围并形成油膜，除降低小麦粉吸水率及限制面筋形成外，还由于油脂的隔离作用，使已形成的面筋不能互相黏合而形成大的面筋网络，也使淀粉和面筋之间不能结合，从而降低了面团的弹性和韧性，增加面团的塑性。此外，油脂能层层分布在面团中，起着润滑作用，使面包、糕点、饼干产生层次，口感酥松，入口易化。起酥性一般与油脂的稠度（可塑性）有较大关系。稠度适度的起酥油，起酥性比较好；稠度过大，在面团中会残留一些块状物质，起不到松散组织的作用；稠度过低或为液态，会在面团中形成油滴，使成品组织孔大、粗糙。猪油、起酥油、人造奶油都有良好的起酥性，植物油起酥效果较差。

4. 持气性

油脂在空气中经高速搅拌时，空气中的细小气泡被油脂吸入，这种性质称为油脂的持气性。油脂的饱和程度越高，搅拌时吸入的空气量越多，油脂的持气性越好。起酥油的持气性比人造奶油好，猪油的持气性较差。

油脂的持气性对食品质量的影响主要体现在酥性制品和饼干中。在调制酥性制品面团时，首先要搅打油、糖和水，使之充分乳化。在搅打过程中，油脂结合了一定量的空气。油脂结合空气的量与搅打程度和糖的颗粒状态有关。糖的颗粒越细，搅拌越充分，油脂中结合的空气就越多。当面团成型后进行焙烤时，油脂受热流散，气体膨胀并向两相的界面流动。此时由化学疏松剂分解释放出的二氧化碳及面团中的水蒸气也向油脂流散的界面聚结，使制品碎裂成很多孔隙，成为片状或椭圆形的多孔结构，使产品体积膨大、酥松。故糕点、饼干生产最好使用氢化起酥油。

5. 稳定性

稳定性是油脂抗酸败变质的性能。

2.3.3 油脂在焙烤食品中的作用

1. 提高制品的营养价值

油脂发热量较高，每克油脂可产生热量 37.66kJ，用于生产一些特殊的救生压缩饼干、含油量高的饼干，既可以满足热量供给又可以减轻食品重量，便于携带。

2. 改善制品的风味与口感

由于油脂具有可塑性、起酥性和持气性，油脂的加入可以提高饼干、糕点的酥松程度，改善食品的风味。一般含油量高的饼干、糕点，酥松可口，含油量低的饼干则显得干硬，口味不好。

3. 控制面团中面筋的胀润度，提高面团可塑性

油脂具有调节饼干面团胀润度的作用。在酥性面团调制过程中，油脂形成一层油膜包在小麦粉颗粒外面，由于这层油膜的隔离作用，使小麦粉中蛋白质难以充分吸水胀润，抑制了面筋的形成，并且使已形成的面筋难以互相结合，从而降低面筋的可塑性，可使饼干花纹清晰，不收缩变形。

由于油脂能抑制面筋形成和影响酵母生长，因此面包配料中油脂用量不宜过多，通常为小麦粉量的 1%～6%，可以使面包组织柔软，表面光亮。

2.3.4 不同焙烤食品对油脂的选择

在油脂原料的选择方面，起酥性、稳定性、吸收率三者之间存在较大矛盾。例如，

猪油和奶油具有良好的起酥性，吸收率也高，但稳定性较差，产品不耐贮藏。植物油脂吸收率高达98%，但起酥性差，其稳定性除了椰子油和棕榈油有较高稳定性外，其余几乎都不耐贮藏。氢化油起酥性和稳定性均好，但是吸收率很低。权衡利弊，如果焙烤食品酸败变质，其危害程度远较起酥性和吸收率大。

一般情况下，要根据制品的种类选用油脂，结合各种油脂的特性加以全面考虑，现分述如下。

1. 饼干用油脂

生产饼干用的油脂首先应具有优良的起酥性和较高的氧化稳定性，其次要具备较好的可塑性。饼干的酥松性虽然有赖于疏松剂的正确使用、面筋的控制程度以及鸡蛋、磷脂的使用等，但油脂的品种、用量也是影响饼干酥松度的重要因素。猪油、奶油、人造奶油、起酥油等均有良好的起酥性，但猪油和奶油的氧化稳定性较差，易酸败变质，不易贮存，充气能力也较差。所以，目前生产饼干时仍以人造奶油和起酥油为主，特别是采用稳定性好的氢化起酥油。但全部使用人造奶油和起酥油，饼干的风味又欠佳，故通常以人造奶油或起酥油为主，再酌量加入奶油和猪油等来调节制品风味。

苏打饼干既要求产品酥松，又要求产品有层次，但苏打饼干含糖量很低，对油脂的抗氧化性协同作用差，不易贮存。因此，苏打饼干也宜采用起酥性与稳定性兼优的油脂。实践证明，猪油的起酥性很好，植物性起酥油虽能使饼干产生良好的层次，但酥松度较差，故有些国家常用植物性起酥油与优质的猪板油配合来互补不足。

酥性饼干重糖、重油，由于调粉时间短，温度低，选用的油脂应能防止面团中产生油块或斑点结构。用于这类饼干的油脂不仅要求稳定性高，起酥性好，而且熔点也要高，否则由于含油量多易造成“走油”现象，使产品酥松度差，表面不光滑。这种油脂还需要有较宽的塑性范围，使面团在温度变化不太大的范围内尽可能保持其良好的加工性能，防止因升温而“走油”，因降温而硬结，以致影响加工及成品质量。因此，酥性饼干最理想的油脂是人造奶油及植物性起酥油或两者的混合物。

2. 糕点用油脂

（1）酥性糕点

生产酥性糕点可使用起酥性好、充气性强、稳定性高的油脂，如猪油和氢化起酥油。

（2）起酥糕点

生产起酥糕点应选择起酥性好、熔点高、可塑性强、涂抹性好的固体油脂，如高熔点人造奶油。

（3）油炸糕点

油炸糕点应选用发烟点高、热稳定性好的油脂。大豆油、菜籽油、米糠油、棕榈油、氢化起酥油等适用于炸制食品。近年来，国际上流行使用棕榈油作为炸油，该油中含饱和脂肪酸多，发烟点和热稳定性较高。含下列成分的油脂不宜用作炸油：①含乳化剂的起酥油、人造奶油；②添加卵磷脂的烹调油；③三月桂酸甘油酯型油（如椰子油、棕榈仁油）与非三月桂酸甘油酯型油的混合物。

（4）蛋糕

奶油蛋糕含有较多的糖、牛奶、鸡蛋、水分，应选用含有高比例乳化剂的高级人造奶油或起酥油。

3. 面包用油脂

面包生产可选用猪油、氢化起酥油、面包用人造奶油、面包用液体起酥油。这些油脂在面包中能均匀地分散，润滑面筋网络，增大面包体积，增强面团持气性，对酵母发酵力的影响很小，有利于面包保鲜。此外，还能改善面包内部组织、表皮色泽，使其口感柔软、易于切片等。

2.3.5　油脂酸败的抑制

油脂的酸败，是焙烤食品常见的变质原因。油脂酸败后，油脂各种理化指标都会发生变化，不仅使焙烤食品失去固有香味，而且给焙烤食品带来了酸、苦、涩等异味，降低其热量，有时还产生毒性，并有恶臭。所以，制作含油量较高的焙烤食品，必须采用稳定性较高的油脂。

为抑制油脂的酸败，常采取以下措施。

1）使用具有抗氧化作用的香料，如姜汁、豆蔻、丁香、大蒜等。但是必须指出，某些香精具有强氧化作用，如杏仁香精、柠檬香精和橘子香精，常常会缩短产品的保存期。

2）油脂和含油量高的油脂食品在贮藏中，要尽量做到密封、避光、低温保存，防止受金属离子和微生物污染，以延缓油脂酸败。

3）使用抗氧化剂是抑制或延缓油脂及饼干内油脂酸败的有效措施。饼干生产经常使用的合成抗氧化剂有 BHA（丁基羟基茴香醚）、BHT（二丁基羟基甲苯）、PG（没食子酸丙酯）、TBHQ（特丁基对苯二酚）等，其用量均占油脂的 0.01%～0.02%，常用的天然抗氧化剂有维生素 E、茶多酚、甘草抗氧化物等。在使用抗氧化剂的同时，常使用各种增效剂，有柠檬酸、维生素 C、琥珀酸、酒石酸、磷酸等，其原理是这些增效剂能螯合铜、铁离子，从而使油脂的稳定性提高。

为了达到更好的抗氧化效果，往往几种抗氧化剂复合使用，GB 2760—2014《食品安全国家标准 食品添加剂使用标准》规定，BHA 与 BHT 混合使用时，总量不得超过 0.2g/kg；BHA、BHT 和 PG 混合使用时，BHA、BHT 总量不得超过 0.1g/kg，PG 不得超过 0.05g/kg，最大使用量以脂肪计。

2.4　水

水是焙烤食品的生产原料之一，其用量占小麦粉的 50%以上，仅次于小麦粉而居第二位。因此，正确认识和使用水，是保证产品质量的关键。

2.4.1　水的作用

水在焙烤食品中的作用主要有以下几个方面。

1）水化作用。①使蛋白质吸水、胀润形成面筋网络，构成制品的骨架；②使淀粉吸水糊化，有利于人体消化吸收。

2）溶剂作用。溶解各种干性原、辅料，使各种原、辅料充分混合，成为均匀一体的面团。

3）调节和控制面团的黏稠度。

4）调节和控制面团温度。

5）有助于生物反应。一切生物活动均需在水溶液中进行，生物化学的反应，包括酵母发酵，都需要有一定量的水作为反应介质及运载工具，尤其是酶反应，水可促进酵母的生长及酶的水解作用。

6）延长制品的保鲜期。

7）作为焙烤中的传热介质。

2.4.2 水的选择

面包生产用水的选择，首先应达到透明、无色、无臭、无异味、无有害微生物、无致病菌的要求。实际生产中，面包用水的 pH 为 5～6。水的硬度以中硬度为宜，即水中钙离子和镁离子浓度为 2.86～4.29mmol/L 或水的硬度为 8～12°d（1°d 是指 1L 水中含有相当于 10mg 氧化钙的量。1° d＝0.356 63mmol/L）。

糕点、饼干中用水量不多，对水质要求不如面包用水那样严格，只要符合饮用水标准即可。

2.5 膨 松 剂

在焙烤食品生产中，能够使焙烤食品体积膨大、组织疏松的一类物质称为膨松剂，又称疏松剂。生产中常用的膨松剂大致可分为化学膨松剂和生物膨松剂两大类。

2.5.1 化学膨松剂

由于饼干、糕点配料中糖、油含量较高，对酵母正常生长影响较大，而使用化学膨松剂生产过程简单，故饼干、糕点生产中大部分采用化学膨松剂。常用的化学膨松剂有小苏打、碳酸氢铵、复合膨松剂等。

1. 小苏打

小苏打即碳酸氢钠，俗称面起子。小苏打为白色粉末，是一种碱性盐，在食品中受热分解产生二氧化碳。分解温度为 60～150℃，产生气体量约为 261cm^3/g。受热时的反应为

$$2NaHCO_3 \xlongequal{\triangle} Na_2CO_3 + CO_2\uparrow + H_2O$$

若面团的 pH 低，酸度高，小苏打还会与部分酸起中和反应产生二氧化碳。小苏打在生产中主要起膨胀作用，俗称起“横劲”。小苏打在糕点中膨胀速度缓慢，使成品组织均匀。

小苏打是目前使用最广泛的化学膨松剂，但反应生成物是碳酸钠，呈碱性，多量使

用时会使制品口味变劣，内部呈暗黄色，所以应控制制品碱度不超过 0.3%。

2. 碳酸氢铵

碳酸氢铵俗称臭粉，白色结晶，易溶于水，水溶液呈碱性。分解温度为 30～60℃，产生气体量为 700cm^3/g，在常温下易分解产生剧臭，应妥善保管。分解反应式为

$$NH_4HCO_3 \xlongequal{\triangle} NH_3\uparrow + CO_2\uparrow + H_2O$$

碳酸氢铵在制品焙烤时几乎全部分解，其产物大部分逸出而不影响口味。其膨松能力比小苏打高 2～3 倍。它的分解温度较低，所以制品刚入炉就分解，如果添加量过多，会使饼干过酥或四面开裂，会使蛋糕糊飞出模子。碳酸氢铵分解过早，往往在制品定型之前连续膨胀，所以习惯上将它与小苏打配合使用。这样既有利于控制制品的膨松程度，又不至于使饼干内残留过多碱性物质。

小苏打与碳酸氢铵的使用总量，以小麦粉使用量计为 0.5%～1.2%。具体使用时可按品种不同、工艺不同而酌量添加，其参考用量如表 2-11 所示。

表 2-11 化学膨松剂使用量

饼干类型	小苏打使用量/%	碳酸氢铵使用量/%
韧性饼干	0.5～0.8	0.3～0.6
酥性饼干	0.4～0.6	0.2～0.4
高油脂性饼干	0.2～0.3	0.1～0.2
苏打饼干	0.2～0.3	0.1～0.2

碳酸氢铵不适宜在较高温度的面团和面糊中使用。它的生成物之一氨气，可溶于水中，产生臭味，影响食品风味和品质，故不适宜在含水量较高的产品中使用，而在饼干中使用则无此问题。另外，碳酸氢铵分解产生的氨气对人体嗅觉器官有强烈的刺激性。

使用化学膨松剂时，如果遇到结块，要将其粉碎，然后用冷水溶解，防止大颗粒混入面团中，否则会使制品产生麻点。

3. 复合膨松剂

复合膨松剂也称发酵粉、泡打粉、发粉和焙粉。为了消除小苏打和碳酸氢铵的缺点，人们研制了小苏打加上酸性材料，如酸牛奶、果汁、蜂蜜、转化糖浆等用来产生膨松作用的复合膨松剂。

（1）发酵粉的成分

发酵粉主要由碱性物质、酸式盐和填充物三部分组成。碱性物质唯一使用的是小苏打。酸式盐有酒石酸氢钾、酸式磷酸钙、酸式焦磷酸盐、磷酸铝钠、硫酸铝钠等。填充物可用淀粉或小麦粉，用于分离发酵粉中的碱性物质和酸式盐，防止它们过早反应，又可以防止发酵粉吸潮失效。

（2）发酵粉的配制和作用原理

发酵粉是根据酸碱中和反应原理配制的。随着面团和面糊温度的升高，酸式盐和小苏打发生中和反应，产生二氧化碳，使糕点、饼干膨大疏松。

（3）发酵粉的特点

由于发酵粉是根据酸碱中和反应的原理配制的，因此它的生成物呈中性，避免了小苏打和碳酸氢铵各自使用时的缺点。用发酵粉制作的焙烤食品组织均匀，质地细腻，无大孔洞，颜色正常，风味醇正。

2.5.2 生物膨松剂——酵母

酵母是一种细小的单细胞真核微生物，含有丰富的蛋白质和矿物质，是生产面包和苏打饼干常用的生物膨松剂。

1. 焙烤用酵母的种类

酵母的种类很多，有的适合用于酿酒，有的适合用于焙烤食品生产。常用的适合焙烤食品生产的酵母有鲜酵母、活性干酵母、即发活性干酵母等。

（1）鲜酵母

鲜酵母又称压榨酵母，选取优良酵母菌种，经过扩大培养和繁殖，并分离、压榨而成。鲜酵母的特点如下。

1）活性不稳定，发酵力不高。鲜酵母的活性和发酵力随着贮存时间的延长而大大降低。因此，鲜酵母随着贮存时间延长，需要增加其使用量，使成本升高，这是鲜酵母的最大缺点。

2）新鲜酵母因含有大量水分，需在 0～4℃的低温冰箱（柜）中贮存，贮存期为 3 周左右，增加了设备投资和能源消耗，对于远方的业者供应不便。若在高温下贮存，鲜酵母很容易腐败变质和自溶。

3）生产前一般需用温水活化，鲜酵母有被干酵母逐渐取代的趋势。

（2）活性干酵母

活性干酵母是由鲜酵母经低温干燥而制成的颗粒酵母，它具有以下特点：

1）活性很稳定，发酵力很高。因此，使用量也很稳定。

2）不需低温贮存，在常温下可贮存 1 年左右。

3）使用前需用温水、糖活化。

4）成本较高。

（3）即发活性干酵母

即发活性干酵母也称速效干酵母、速发酵母，也是由鲜酵母经低温干燥而成的，但采用了特殊的生产工艺，使其具有许多微孔，表面积增大，其吸水溶解的速度较快，且能很快形成发酵能力。即发活性干酵母具有以下鲜明特点。

1）活性远远高于鲜酵母和活性干酵母，发酵力高达 1300～1400mL。因此，在面包中的使用量要比鲜酵母和活性干酵母低。

2）活性特别稳定，可在室温条件下密封包装贮存 2 年左右，贮存 3 年仍有较高的发酵力。因此，不需低温贮存。

3）发酵速度很快，能大大缩短发酵时间（表 2-12），特别适合于使用快速发酵法生产面包。

表 2-12 不同酵母的使用量及产气能力

酵母种类	酵母用量/%	不同发酵时间所产生的气压/kPa		
		1h	3h	5h
鲜酵母	2.5	12.3	41.3	60.7
即发活性干酵母	0.9	15.0	43.3	61.3

4）成本及价格较高，但由于发酵力高、活性稳定、使用量少，故大多数厂家仍喜欢使用。

5）使用时不需活化，可直接混入干小麦粉中。要特别注意不能直接接触冷水，否则将严重影响酵母的活性。

不同种类的即发活性干酵母的特性不同，使用时应掌握不同酵母的特性和使用方法。即发活性干酵母可以用于快速发酵法、一次发酵法和二次发酵法生产面包。

2. 影响酵母生长繁殖的因素

（1）温度

酵母生长的最适温度为 25～28℃。因此，面团前发酵时应控制发酵室温在 30℃以下，在 27～28℃主要是使酵母大量增殖，为面团最后醒发做准备。酵母的活性随着温度升高而增强，面团内的产气量也大量增加，当面团温度达到 38℃时，产气量达到最大。因此，面团醒发时室温要控制在 38～40℃。

（2）pH

酵母适宜在弱酸性条件下生长，在碱性条件下其活性大大减小。一般面团的 pH 控制在 5～6。pH 低于 2 或高于 8，酵母活性都将大大受到抑制。

（3）渗透压

酵母的细胞膜是半透性生物膜，外界浓度的高低影响酵母细胞的活性。面包面团大多含有较多的糖、盐等成分，均产生渗透压。渗透压过高，会使酵母体内的原生质和水分渗出细胞膜，造成质壁分离，使酵母无法维持正常生长直至死亡。酵母对糖的适应能力是酵母的重要质量指标，不同的酵母其耐糖性不同，故用途也不同。糖在面团中超过 6%，则对酵母活性具有抑制作用，低于 6%则有促进发酵的作用。蔗糖、葡萄糖、果糖比麦芽糖产生的渗透压要大。有些酵母耐糖性很低，适于制作低糖的主食面包；有的酵母耐糖性很高，适于制作高糖的点心面包。在实际生产中一定要根据面包的品种正确选用酵母。例如，目前国内流行使用的即发活性干酵母、干酵母中均有适用于高糖和低糖的。盐是高渗透压物质，盐的用量越多，对酵母的活性及发酵速度抑制作用越大。盐的高渗透压作用在面包生产中具有重要意义，利用这一特性，可控制、调节面团的发酵速度，防止面团发酵过快，有利于面包组织的均匀细腻。故不加盐的面团发酵速度很快，面包组织粗糙，气孔较多。盐的用量超过 1%时，即对酵母活性有明显抑制作用。不同种类的酵母耐渗透压的能力也不同，如干酵母要比鲜酵母具有较强的耐渗透压能力。

（4）水

水是酵母生长繁殖必需的物质，许多营养物质都需要借助于水的介质作用而被酵母吸收。因此，调粉时加水量较多，调制成较软的面团，发酵速度较快。

（5）营养物质

酵母所需的营养物质有氮源、碳源、无机盐类和生长素等。碳源主要来自面团中的糖类。氮源主要来源于各种面包添加剂中的铵盐（如氯化铵、硫酸铵）和面团中的蛋白质及蛋白质水解产物。无机盐和生长素来源于小麦粉中的矿物质和维生素。目前国内外生产的多功能面包添加剂中都含有酵母的营养成分，以促进酵母繁殖和面团发酵，改善其产品质量。

3. 酵母的使用量

在所有市售酵母中，即发活性干酵母的活性和发酵力最高，其次是活性干酵母，最后是鲜酵母。酵母的使用量与其活性、发酵力有关。活性高、发酵力大，使用量就少。因此，即发酵母的用量最少。三种酵母之间的使用量换算关系如下：鲜酵母∶活性干酵母∶即发活性干酵母＝1∶0.5∶0.3。

酵母的使用量除了与其活性、发酵力有关外，还与下列因素有直接关系。

1）发酵方法。发酵次数越多，酵母用量越少；反之，越多。

2）配方。配方中糖、盐用量多，产生高渗透压；小麦粉筋力大，乳粉、鸡蛋用量多，面团发酵耐力提高，酵母用量应增加；反之，应减少。故低糖、辅料少的主食面包酵母用量少，而高糖、辅料多的点心面包酵母用量要多。

3）温度。温度高，发酵快，酵母用量应少；反之，应多。

4）面团软硬度。加水量较多的软面团，发酵速度较快，酵母用量应少；反之，硬面团酵母用量应多。

此外，酵母的使用量还与机械和手工生产、水质等因素有关。

2.6 乳 制 品

乳制品是面包、饼干、糕点配料中的高营养辅料，它既能赋予焙烤制品优良的香味，又能提高焙烤食品的营养价值，而且在工艺性能方面也发挥着重要作用。焙烤食品中常用的乳制品有鲜乳、乳粉、炼乳、奶油、食用干酪素、干酪等。

2.6.1 焙烤食品对乳制品的质量要求

乳制品是营养丰富的食物，也是微生物生长良好的培养基，要保证产品的质量，必须注意乳品的质量及新鲜程度。对于鲜乳，酸度要求在 18°T 以下。对于乳制品，要求无异味，不结块发霉，不酸败，否则乳脂肪会由于霉菌污染或细菌感染而被解脂酶水解，使存放较久的产品变苦。

2.6.2 乳制品在焙烤食品中的作用

1. 改善焙烤食品的组织结构

1）乳粉的加入可提高面团的吸水率。因乳粉中含有大量蛋白质，每增加 1%的乳粉，面团吸水率就会相应增加1%～1.25%。

2）乳粉的加入可提高面团的筋力和搅拌的耐力。乳粉中虽无面筋性蛋白质，但含有的大量乳蛋白，对面筋具有一定的增强作用，能提高面团的筋力和强度，使面团不会因搅拌时间延长而导致搅拌过度，特别是对于低筋小麦粉更有利。加入乳粉的面团更适合高速搅拌，而高速搅拌能改善面包的组织和体积。

3）乳粉的加入可提高面团的发酵耐力，使面团不致因发酵时间延长而成为发酵过度的老面团。

2. 增进焙烤食品的风味和色泽

乳粉中含有大量的乳糖。乳糖具有还原性，不能被酵母所利用，因此，发酵后仍全部残留在面团中。在焙烤过程中，乳糖与蛋白质中的氨基酸发生美拉德反应，产生一种特殊的香味，焙烤食品表面形成诱人的棕黄色。乳粉用量越多，焙烤制品的表皮颜色就越深。又因乳糖的熔点较低，在焙烤期间着色快。因此，凡是使用较多乳粉的焙烤制品都要适当降低焙烤温度和延长焙烤时间，否则，焙烤制品着色过快，易造成外焦内生。

3. 提高焙烤食品的营养价值

乳制品中含有丰富的蛋白质、脂肪、糖、维生素等。小麦粉是焙烤食品的主要原料，但其在营养上的不足是赖氨酸、维生素含量很少，而乳粉中含有丰富的蛋白质和几乎所有的必需氨基酸，维生素和矿物质亦很丰富。

4. 延缓焙烤食品的老化

乳粉中含有大量蛋白质，使面团吸水率增加，面筋性能得到改善，面包体积增大，这些因素都使焙烤食品老化速度减慢。另外，因乳酪蛋白中的巯基化合物具有抗氧化作用，因而可延长焙烤食品的保鲜期。

2.7　蛋及蛋制品

蛋及蛋制品是焙烤食品中常用的必需原料之一，某些产品（如蛋糕、蛋卷等）是以蛋为主要原料制成的。蛋及蛋制品对改善焙烤食品的色、香、味、形和提高营养价值等方面都具有一定的作用。

2.7.1　蛋及蛋制品的种类

目前，我国焙烤食品生产中常使用鲜蛋、冰蛋、蛋粉、湿蛋黄和蛋白片等。

1. 鲜蛋

鲜蛋包括鸡蛋、鸭蛋、鹅蛋等，在焙烤食品中应用最多的是鸡蛋。

2. 冰蛋

我国目前在焙烤食品生产中使用较多的是冰全蛋和冰蛋黄。冰蛋是将鲜蛋去壳后，将蛋液搅拌均匀，放在盘模中经低温冻结而成的，分为冰全蛋、冰蛋黄与冰蛋白三种。由于冰蛋在制造过程中采取速冻方法，速冻温度在－20～－18℃，蛋液的胶体特性没有受到破坏，因此，蛋液的可逆性强。在生产中只要把冰蛋融化后就可以进行调粉制糊，作用基本同鲜蛋。

3. 蛋粉

蛋粉是将鲜蛋去壳后，经喷雾高温干燥制成的。我国市场上主要销售全蛋粉，蛋白粉很少生产。由于蛋粉的含水量很低，经密封包装后，可以在常温下贮存，随时取用，很方便。但是由于蛋粉经过 120℃高温处理，使蛋白质变性凝固，受热变性凝固的蛋白质可逆性很小，甚至丧失了可逆性，因而蛋白质就不再具有发泡性和乳化性等胶体性质，亦失去了它在生产中的疏松性能，因此，用它作为焙烤食品的生产原料，成品的质量会大受影响。所以，在有鲜蛋和冰蛋的情况下，一般不用蛋粉。

4. 湿蛋黄

生产中使用湿蛋黄要比使用蛋黄粉好，但远不如鲜蛋和冰全蛋，因为蛋黄中蛋白质含量低，脂肪含量较高。虽然蛋黄中脂肪的乳化性很好，但这种脂肪本身是一种消泡剂，因此在焙烤食品生产中湿蛋黄不是理想的原料。

5. 蛋白片

蛋白片是焙烤食品的一种较好的原料。它能复原，重新形成蛋白胶体，具有新鲜蛋白胶体的特性，且便于运输与保管。

2.7.2 蛋在焙烤食品中的工艺性能

1. 蛋白的起泡性

蛋白是一种亲水性胶体，具有良好的起泡性，在糕点生产，特别是在西点的装饰方面具有重要意义。蛋白经过强烈搅打，蛋白薄膜将混入的空气包围起来形成泡沫，由于受表面张力制约，迫使泡沫成为球形，由于蛋白胶体具有黏度和加入的原材料附着在蛋白泡沫层四周，泡沫层变得浓厚坚实，增强了泡沫的机械稳定性。制品在焙烤时，泡沫内的气体受热膨胀，增大了产品的体积，这时蛋白质遇热变性凝固，使制品疏松多孔并具有一定的弹性和韧性，因此蛋在糕点、面包中起到了膨松、增大体积的作用。

蛋白可以单独搅打成泡沫用于生产蛋白类糕点和西点，也可以全蛋的形式加入糕点中。欲使蛋白形成稳定的泡沫，必须有表面张力小及蒸汽压力小的成分存在，同时泡沫表面成分必须能形成固定的基质。蛋白内的球蛋白主要功能为降低表面张力，增加蛋白黏度，使之快速打入空气，形成泡沫。黏蛋白及其他蛋白搅拌时，受机械作用，泡沫表面变形，形成薄膜。蛋白经搅拌后，由带浅绿白色逐渐变成不透明的白色，同时泡沫的体积增大，硬度增加。经过这个阶段，泡沫表面会固化，变性会增加，泡沫薄膜弹性也会减少，蛋白变脆，从而失去蛋白的光泽。

搅打蛋白是糕点制作中的重要工序，会有许多因素影响泡沫的形成。

（1）黏度

黏度对蛋白的稳定性影响很大，黏度大的物质有助于泡沫的形成和稳定。因为蛋白具有一定的黏度，所以打出的蛋白泡沫比较稳定。在打蛋白时常加入糖，这是因为糖具有一定的黏度，同时还具有化学稳定性。需要指出的是，葡萄糖、果糖和淀粉糖浆都具有还原性，在中性和碱性情况下化学性质不稳定，受热易与蛋白质等含氮物质发生美拉德反应产生有色物质。蔗糖不具有还原性，在中性和碱性情况下化学稳定性高，不易与含氮物质起反应生成有色物质，故打蛋白时不宜加入葡萄糖、果糖和淀粉糖，要使用蔗糖。

（2）油

油是一种消泡剂，因此搅打蛋白时千万不能碰上油。蛋黄和蛋清分开使用，就是因为蛋黄中含有油脂。油的表面张力很大，而蛋白气泡膜很薄，当油接触到蛋白气泡时，油的表面张力大于蛋白膜本身的延伸力而将蛋白膜拉断，气体从断口处冲出，气泡立即消失。

（3）pH

pH对蛋白泡沫的形成和稳定性影响很大。白蛋白在pH为6.5～9.5时形成泡沫的能力很强，但不稳定，在偏酸情况下气泡较稳定。搅打蛋白时加入酸或酸性物质就是要调节蛋白的pH，破坏它的等电点。因为在等电点时，蛋白的黏度最低，蛋白不起泡或气泡不稳定。加入酸性物质，酸性磷酸盐、酸性酒石酸钾比醋酸及柠檬酸更有效。

（4）温度

温度对气泡的形成和稳定有直接关系。新鲜蛋白在30℃时起泡性能最好，黏度亦最稳定，温度太高或太低均不利于蛋白的起泡。夏季气温较高，有时在30℃时打不起泡，这是因为夏天，鸡蛋本身的温度较高，在打蛋过程中，高速旋转的搅拌桨与蛋白摩擦，产生热量，会使蛋白的温度大大超过30℃，发泡性不好。但将蛋白短时放入冰箱后能打起泡，是因为温度降了下来，则起泡性好。

（5）蛋的质量

蛋的质量直接影响蛋白的起泡性。新鲜蛋浓厚蛋白多，稀薄蛋白少，故起泡性好。陈旧的蛋则反之，起泡性差。特别是长期贮存和变质的蛋起泡性最差，因为这样的蛋中的蛋白质受微生物破坏，氨基酸肽氮多，蛋白少。

2. 蛋黄的乳化性

蛋黄中含有许多磷脂，而磷脂具有亲油和亲水的双重性质，是一种理想的天然乳化剂。它能使油、水和其他材料均匀分布，促进制品组织细腻，质地均匀，松软可口，色泽良好，并使乳制品保持水分。

3. 蛋白的凝固性

蛋白对热敏感，受热后凝结变性。温度在 54～57℃时蛋白开始变性，60℃时变性加快，但如果在受热过程中将蛋白急速搅动可以防止蛋白变性。蛋白内加入高浓度的砂糖能提高蛋白的变性温度。当 pH 在 4.6～4.8 时蛋白变性最快，因为这正是蛋白内主要成分白蛋白的等电点。

变性蛋白质分子互相撞击而相互贯穿、缠结，可形成凝固物。这种凝固物经高温焙烤便失水成为带有脆性的凝胶片。因此，常在面包、糕点表面涂上一层蛋液，焙烤后呈一层光亮色，增加其外形美。

4. 改善糕点、面包的色、香、味、形和营养价值

蛋品中含有丰富的营养成分，可提高面包、糕点的营养价值。此外，鸡蛋和乳品在营养上具有互补性。鸡蛋中铁相对较多、钙较少，而乳品中钙相对较多、铁较少。在焙烤食品中将蛋品和乳品混合使用，在营养上可以实现互补。

在面包、糕点的表面涂上一层蛋液，经焙烤后会呈现漂亮的红褐色，这是羰氨反应引起的褐变作用，即美拉德反应。加蛋的焙烤食品烤熟后具有特殊的蛋香味，并且结构疏松多孔、体积膨大而柔软。

2.8 改 良 剂

焙烤食品生产过程中，面团的性能对产品质量的好坏及生产操作是否顺利有着关键性的影响。因此，常常在配料中添加少量化学物质来调节面团的性能，以达到满足工艺需要、提高产品质量的目的，此类化学物质称为面团改良剂。面团改良剂有以下几种。

2.8.1 氧化剂

氧化剂是指能够增强面团筋力，提高面团弹性、韧性和持气性，增大产品体积的一类化学合成物质。

1. 氧化剂在面团中的作用机理

（1）抑制蛋白酶活力

组成小麦粉蛋白质的半胱氨酸和胱氨酸中，含有硫氢键（—SH），它是蛋白酶的激活剂。在面团调制过程中，被激活的蛋白酶强烈分解小麦粉中的蛋白质，使面团的筋力下降。加入氧化剂后，其被氧化失去活性，丧失了激活蛋白酶的能力，从而保护了面团的筋力和工艺性能。

（2）氧化硫氢键形成二硫键

面筋蛋白质中含有两种基团，即—SH 和二硫键（—S—S—）。加入氧化剂，氧化硫氢键会形成二硫键。二硫基团越多，则蛋白质分子越大，因为二硫基团可使许多蛋白质分子互相结合起来形成大分子网络结构，从而增强面团的持气性、弹性和韧性。

（3）小麦粉漂白

小麦粉中含有胡萝卜素、叶黄素等植物色素，会使小麦粉颜色灰暗，无光泽。加入氧化剂后，这些色素可被氧化褪色而使小麦粉变白。

（4）提高蛋白质的黏结作用

氧化剂可使不饱和的小麦粉类脂物氧化成二氢类脂物，二氢类脂物可更强烈地与蛋白质结合在一起，使整个面团体系变得更牢固、更有持气性及良好的弹性和韧性。

2. 常用的氧化剂种类及特性

目前为改善面团加工性能而使用的氧化剂有以下几种。

1）二氧化氯和氯气。二氧化氯和氯气不仅有氧化作用，还有漂白小麦粉的作用。二氧化氯主要用于高筋面粉中，改善面团的加工性能和面包的组织。其使用量为0.4～2.0g/kg。

2）碘酸盐。碘酸盐是一种快速反应剂，主要有碘酸钾等，它遇到面粉的巯基时，4min就可以完全作用，事实上1min就有85%可完成反应。

3）脲叉脲。脲叉脲（即偶氮甲酰胺）是一种黄色结晶粉末，它可使半胱氨酸在水溶液中很快氧化为胱氨酸。脲叉脲的作用速度与碘酸钾相似，也可用于不经基本发酵的面包制作。其使用量限制为45mg/kg。

4）过氧化丙酮。过氧化丙酮由丙酮和过氧化氢反应而成，具有漂白作用。其优点是即使使用过量，也不会对制品有大的不良影响。

3. 氧化剂的添加量

氧化剂的添加量可根据不同情况来调整，高筋小麦粉需要较少的氧化剂，低筋小麦粉则需要较多的氧化剂。保管不好的酵母或死酵母细胞中含有谷胱甘肽，未经高温处理的乳制品中含有硫氢键，它们都具有还原性，故需较多的氧化剂来消除。

面包制作工艺大大影响面团的氧化要求。通常在面团加工期间，对面团的机械加工越多，生物化学变化越强烈，氧化剂的需要量就越多。例如，国外的连续制作法、冷冻面团法需加入较多的氧化剂，而二次发酵法比一次发酵法用量多。

氧化剂用量对面团和面包品质的影响如表2-13所示。

表2-13　氧化剂用量对面团和面包品质的影响

氧化剂用量不足		氧化剂用量过度	
面团性质	面包品质	面团性质	面包品质
面团很软	体积小	面团很硬、干燥	体积小
面团发黏	表皮很软	弹性差	表皮很粗糙
稍有弹性	组织不均匀	不易成型	组织紧密
机械性能差	形状不规整	机械性能好	有大孔洞
可延伸	—	表皮易撕裂（醒发时）	不易切开

2.8.2 还原剂

还原剂是指能够调节面筋胀润度，使面团具有良好可塑性和延伸性的一类化学合成物质。生产中常用的还原剂有*L*-半胱氨酸、亚硫酸氢钠、山梨酸、抗坏血酸。

还原剂的作用机理主要是使蛋白质分子中的二硫键断裂，转变为硫氢键，蛋白质由大分子变为小分子，降低了面团的筋力、弹性和韧性。

亚硫酸氢钠主要是韧性饼干的面团改良剂，很少用于其他食品。它对饼干面团的辊压具有特殊作用，能使面团被辊压成非常理想的薄度，有利于成型。由于亚硫酸盐在一定程度上会给产品带来不良风味，使用过量时硫残留量过高，对人体产生有害影响。GB 2760—2014《食品安全国家标准 食品添加剂使用标准》规定，在饼干内以二氧化硫残留量计算，不得超过 0.05g/kg（焦亚硫酸钠<0.45g/kg），使用时用水溶解成 20%溶液后直接加入调面机内。

山梨酸既是还原剂同时也是一种防腐剂，当使用量超过 0.2g/kg 时即是防腐剂。

抗坏血酸既起氧化剂的作用又起还原剂的作用。它被添加到小麦粉中以后，在调粉时可被空气中的氧气氧化，以及在抗坏血酸氧化酶和钙、铁等金属离子的催化下转化成脱氢抗坏血酸。脱氢抗坏血酸起氧化剂作用，它作用于小麦粉中的硫氢键使之氧化成二硫键，而硫氢键被氧化脱掉的氢原子与脱氢抗坏血酸结合，可使脱氢抗血酸被还原成抗坏血酸，这个过程是由脱氢抗坏血酸酶催化完成的。由此可见，抗坏血酸在有氧条件下使用，如在敞口的搅拌机内调制面团，起氧化剂作用；在无氧条件下使用，如在封闭的高速搅拌机内调制面团，起还原剂作用。

2.8.3 乳化剂

乳化剂是一种多功能的表面活性剂，可在许多食品中使用。由于它具有多种功能，因此也称为面团改良剂、保鲜剂、抗老化剂、柔软剂、发泡剂等。

1. 乳化剂在焙烤食品中的作用

（1）乳化作用

糕点、饼干、奶油蛋糕等焙烤食品中含有大量油和水。油和水都具有较强的表面张力，互不相溶而形成明显的分界面，即使加以搅拌，也无法形成均匀、稳定的乳浊液，因此，严重影响焙烤食品的质量，使产品质地不细腻，组织粗糙，口感差，易老化。如果在生产中加入少量乳化剂，经过搅拌混合，油就会变成微小粒子分散于水中而形成稳定的乳浊液，从而提高产品的质量。

（2）面团改良作用

乳化剂的加入能提高面团弹性、韧性、延伸性、搅拌耐力；提高发酵耐力，改善面团的持气性；使各种原辅料分散混合均匀，形成均质的面团；面团不发黏，有利于分块，从而提高面包制品的柔软度，使内部组织均匀、细腻，壁薄有光泽等。

（3）抗老化保鲜作用

谷物食品如面包、馒头、米饭等放置几天后，由软变硬，组织松散、破碎、粗糙，弹性和风味消失，这就是老化现象。谷物食品的老化主要是由淀粉引起的。实践证明，延缓面包等食品老化的最有效的办法就是添加乳化剂。乳化剂抗老化保鲜的作用与直链淀粉和自身的结构有密切关系。

（4）发泡作用

蛋糕、蛋白膏等在制作时都需要充气发泡，以得到膨胀、疏松的组织结构。乳化剂的加入有利于泡沫的形成，可提高发泡食品的质量。

2. 乳化剂的使用方法

乳化剂使用正确与否，直接影响到其作用效果。在使用时应注意以下几点。

（1）乳浊液的类型

在焙烤食品的生产过程中，经常使用两种乳浊液，即水/油型和油/水型。乳化剂是一种两性化合物，使用时要与其亲水-亲油平衡值（即HLB）相适应。通常情况下，HLB＜7的乳化剂用于水/油型乳浊液；HLB＞7的用于油/水型。

（2）添加乳化剂的目的

乳化剂一般具有多功能性，但都具有一种主要作用。如添加乳化剂的主要目的是增强面筋筋力，增大制品体积，就要选用与面筋蛋白质复合率高的乳化剂，如硬脂酰乳酸钠（SSL）、硬脂酰乳酸钙（CSL）、二乙酰酒石酸单甘酯（DATEM）等。若添加目的主要是防止食品老化，就要选择与直链淀粉复合率高的乳化剂，如各种饱和的蒸馏单甘油酸酯等。当酥性面团产生粘辊、粘帆布、粘印模等问题时，可以添加卵磷脂、大豆磷脂等天然乳化剂，以降低面团黏性，增加饼干疏松度，改善制品色泽，延长产品保存期。

（3）乳化剂的添加量

乳化剂在焙烤食品中的添加量一般不超过小麦粉的1%，通常为0.3%～0.5%。如果添加目的主要是乳化，则应以配方中的油脂总量为添加基准，一般为油脂的2%～4%。

（4）乳化剂的复合使用

在实际生产中一般同时使用几种乳化剂，将几种不同的乳化剂混合后加入食品中，制得的乳浊液比较稳定。这是因为在复合乳化剂中，一部分是水溶性的，而另一部分是油溶性的。这两部分在界面上吸附后即形成“复合物”，分子定向排列比较紧密，界面膜是一混合膜，具有较高的强度。乳化剂复合使用时的优点是：①更有利于降低界面张力，甚至能达到零，界面张力越低，越有利于乳化；②由于界面张力降低，界面吸附增加，分子定向排列更加紧密，界面膜强度大大增强，防止了液滴的聚集倾向，有利于乳浊液的稳定。由此可见，使用复合乳化剂形成界面复合物，是提高乳化效果、增强乳浊液稳定性的有效方法，因为复合乳化剂要比单一乳化剂具有更好的表面活性。

2.8.4 增稠稳定剂

增稠稳定剂是改善或稳定焙烤食品的物理性质或组织状态的添加剂。它可以增强食品黏度，增大产品体积，增加蛋白膏的光泽，防止砂糖再结晶，提高蛋白点心的保鲜期等。生产中常用的增稠稳定剂有以下几种。

1. 琼脂

琼脂又称洋菜、冻粉，不溶于冷水，微溶于温水，极易溶解于热水。0.5%以上的浓度经煮沸冷却至 40℃，即形成坚实的凝胶。0.5%以下浓度形成胶体溶液而不能形成凝胶。1%的琼脂溶胶液在 40℃形成凝胶后，遇 93℃以上温度才能融化。琼脂溶胶凝固温度较低，一般在 35℃即可形成凝胶。因此，琼脂在夏季不必进行冷却，使用很方便。

琼脂的吸水性和持水性很强，在冷水中浸泡可以吸收 20 多倍的水，琼脂凝胶含水量可高于 99%。其耐热性也很强，有利于热加工。琼脂多用于搅打蛋白膏、水果蛋糕的表面装饰等。

2. 明胶

明胶不溶于冷水，在热水中溶解，溶液冷却后即凝结成胶块。其凝固力比琼脂小，浓度在 5%以下时不形成胶冻，一般浓度在 15%时才形成胶冻。溶解温度与凝固温度相差不大，30℃左右融化，20～25℃凝固。与琼脂比较，其凝固物柔软，富于弹性。

明胶是亲水性胶体，又有保护胶体作用。明胶液有稳定泡沫的作用，也有起泡性，特别是在凝固温度附近时，起泡性最强。明胶含有 82%的蛋白质，具有一定的营养价值，可以制作各种点心。

3. 海藻酸钠

海藻酸钠又称褐藻酸钠，不溶于乙醇，溶于水成黏稠胶状液体。黏度在 pH 为 6～9 时稳定，加热到 80℃以上则黏度降低，具有吸湿性。其水溶液与钙离子接触时生成海藻酸钙而形成凝胶。海藻酸钠为水合力非常强的亲水性高分子物质，在焙烤食品中均可使用。

4. 果胶

果胶溶于 20 倍水则成黏稠状液体，不溶于乙醇，但用乙醇、甘油、蔗糖糖浆可润湿，与 3 倍或 3 倍以上的砂糖混合则更易溶于水，对酸性溶液比较稳定。果胶可分为高甲氧基果胶和低甲氧基果胶。甲氧基含量大于 7%称为高甲氧基果胶，也称为普通果胶。甲氧基含量越多，凝冻能力越大。

除以上几种增稠稳定剂外，国内外焙烤食品生产企业还使用一些其他品种，如羧甲基纤维素钠、藻酸丙二醇酯（PGA）、瓜尔豆胶、阿拉伯胶、变性淀粉等。

2.9 淀　　粉

淀粉为白色粉末，在面团调制过程中是冲淡面筋浓度的稳定性填充剂，用以调节小麦粉的筋力，可以提高面团的可塑性，降低弹性，使产品不致收缩变形，因此，在饼干生产中经常使用，尤其是韧性面团几乎每一配方、每一次配料都用它。在酥性面团中加入适量淀粉，可使面团的黏性、弹性和结合力降低，使操作顺利，保证饼干形态完整、酥性度提高。面包生产不使用淀粉。

淀粉添加量一般为小麦粉用量 5%～8%，过多会使产品在焙烤时胀发率降低，破碎率升高。淀粉的细度要求在 100 目以上。通常使用小麦淀粉和玉米淀粉。

2.9.1　淀粉的黏性

由于淀粉具有高黏度，因此广泛作为产品的增稠剂使用。淀粉的黏度主要是由支链淀粉引起的，支链淀粉溶于热水中，其水溶液黏性很大。凡是含支链淀粉多的淀粉，黏性都很大，如糯米几乎含 100%的支链淀粉。

2.9.2　淀粉的水解

在无机酸或酶的作用下，淀粉与水一起加热可发生水解，先生成中间产物，如糊精、低聚糖、麦芽糖，最后生成葡萄糖。由于糊精具有还原性和较高的黏度，因此可以防止糕点中的蔗糖结晶反砂。同时，淀粉的最后水解产物是葡萄糖，使糕点的营养价值大大提高。淀粉的水解反应在糕点生产中具有重要意义。

2.9.3　淀粉的糊化

淀粉的糊化与产品的质量和消化率有密切关系。淀粉糊化后其体积增大几倍到几十倍，再加上膨松剂的作用，可使产品保持固定的形状。淀粉糊化后表面积增大，同时淀粉由不溶性变成可溶性，这就扩大了酶与淀粉的作用面积，在人体消化器官中易被酶水解。淀粉糊化越充分，消化率越高。

2.9.4　淀粉的老化

淀粉的含水量在 30%～60%时易发生老化，含水量低于 10%的干燥态及在大量水中则不易发生老化。

淀粉的老化对食品的质量有很大影响，如米饭、面包、馒头、糕点等在贮存和放置期间会变硬，就是淀粉老化造成的。因此，控制淀粉的老化具有重要的意义。

2.9.5　淀粉的吸湿性

淀粉的吸湿性很强，其水分含量受周围空气湿度的影响大。因此，小麦粉及其制品要放在通风良好且干燥的地方贮存，以防淀粉吸收水分而受潮结块。

2.10　食　　盐

食盐是制作焙烤食品的基本原料之一，虽用量不多，但不可缺少。例如，生产面包时可以没有糖，但不可以没有盐。一般选用精盐和溶解速度最快的食盐。

2.10.1　食盐在焙烤食品中的作用

1. 提高成品的风味

食盐是一种调味物质，能刺激人的味觉神经。它可以引出原料的风味，衬托发酵产生的酯香味，与砂糖的甜味互相补充，使制品甜而鲜美、柔和。

2. 调节和控制发酵速度

食盐的用量超过 1%时，会产生明显的渗透压，对酵母发酵有抑制作用，能够降低发酵速度。因此，可以通过增加或减少配方中食盐的用量来调节和控制面团发酵速度。

3. 增强面筋筋力

食盐可使面筋质地变密，增强面筋的立体网状结构，使面筋易于扩展延伸。同时，能使面筋产生相互吸附作用，从而增强面筋的弹性。因此，低筋小麦粉可使用较多的食盐，高筋小麦粉则少用，以调节小麦粉的筋力。

4. 改善制品的内部颜色

食盐虽然不能直接漂白制品的内部组织，可改善面筋的立体网状结构，使面团有足够的能力保持二氧化碳。同时，食盐能够控制面团的发酵速度，使其产气均匀，均匀膨胀、扩展，使制品内部组织细密、均匀，气孔壁薄呈半透明，阴影少，光线易于通过气孔壁膜，故可使成品内部组织色泽变白。

5. 延长面团调制时间

如果调粉开始时即加入食盐，会使面团调制时间延长 50%～100%。

2.10.2 食盐的添加方法

无论采用何种制作方法，食盐都要后加，即在面团搅拌的最后阶段加入，再搅拌 5～6min。

一次发酵法和快速发酵法的加食盐方法如上述要求，而二次发酵法则需在主面团的最后调制阶段加食盐。另外，食盐应以溶液形式加入，以便混合均匀。

2.11 香　料

大部分焙烤食品可以使用香料或香精，用以改善或增强香气和香味，这些香料和香精被称为赋香剂或加香剂。

香料按不同来源可分为天然香料和人造香料。天然香料又包括动物性香料和植物性香料，食品生产中所用的主要是植物性香料。

人造香料是以石油化工产品、煤焦油产品等为原料经合成反应而得到的化合物。香精是由数种或数十种香料经稀释剂调和而成的复合香料。

2.11.1 香精

焙烤食品生产中使用的香精主要有水溶性香精和油溶性香精两大类。在香型方面，使用最广的是橘子香精、柠檬香精、香蕉香精、菠萝香精、杨梅香精五大类果香型香精。

此外，还有香草香精、奶油香精等。水溶性香精系由蒸馏水、乙醇、丙二醇或甘油加入香料经调和而成。大部分呈透明状。15℃时，香精在蒸馏水中溶解度为0.10%～0.15%，在浓度20%的乙醇中溶解度为0.20%～0.30%。水溶性香精易于挥发，不适于需经高温处理的食品制作，如饼干、糕点等。

油溶性香精系由精炼植物油、甘油或丙二醇加入香料调和而成的，大部分是透明的油状液体。由于含有较多的植物油或甘油等高沸点稀释剂，其耐热性比水溶性香精高。

2.11.2 香料的类型

1. 常用的天然香料

在食品中直接使用的天然香料主要有柑橘油类和柠檬油类，其中有甜橙油、酸橙油、橘子油、红橘油、柚子油、柠檬油、香柠檬油、白柠檬油等品种。最常用的是甜橙油、橘子油和柠檬油。

我国一些食品厂还直接利用桂花、玫瑰、椰子、莲子、巧克力、可可粉、蜂蜜、各种蔬菜汁等作为天然调香物质。

2. 常用的合成香料

合成香料一般不单独用于食品加香，多数配制成香精后使用。直接使用的合成香料有香兰素等少数品种。香兰素是食品中使用最多的香料之一，为白色或微黄色结晶，熔点为81～83℃，易溶于乙醇及热挥发油中，在冷水及冷植物油中不易溶解，而溶解于热水中。食品中使用香兰素，应在和面过程中加入，使用前先用温水溶解，以防赋香不均或结块而影响口味。其使用量为0.1～0.4g/kg。

2.11.3 焙烤食品加香的意义

焙烤食品的加香对整个焙烤食品有着举足轻重的作用，主要表现在以下几个方面。

1）赋予焙烤食品以诱人的香气。例如，夹心面包、饼干中使用的果香型香精可以赋予制品新鲜的水果风味。

2）掩盖原料中的不良气味，矫正和补充焙烤食品中的香气不足。例如，在蛋糕中使用各种乳脂香型的焙烤香粉可以掩盖蛋腥味，给制品带来愉快的气味，增加食欲。

3）稳定焙烤食品固有的香气。例如，在巧克力饼干中加入巧克力香精、香草香精等，可以使制品香气更加饱满、圆润。

4）用来不断创造出新产品，做到口味多样化。例如，通过使用不同风味色泽的色香油，调制出不同风味的奶油蛋糕。

2.11.4 香精与香料的使用方法

1. 使用量

香料与香精的使用量应根据不同的食品品种和香精、香料本身的香气强烈程度而定。油溶性香精在饼干、糕点中一般用量为0.05%～0.15%，在面包中为0.04%～0.1%。由于饼干坯薄，香气挥发快，香精和香料的使用量可高些。添加香精、香料还可掩盖某些原料带来的不良气味，如桂花可除去蛋腥味。

2. 添加方法

（1）在调制面团时的预混合阶段加香

在调制面团时的预混合阶段加香是将香精香料直接与面粉及其他辅料混合，几乎所有的面包和饼干均在此阶段添加香精。由于面团成型后要经过 180℃以上的高温焙烤，所以在选用香精时必须考虑香精的耐高温性能，一般选用稳定性好、具有耐高温特点的微胶囊类、天然精油类或者粉末香精。在调制面团过程中，要尽量避免香精与化学膨松剂直接混合。

（2）在焙烤出炉后加香

在焙烤出炉后加香即在产品焙烤出炉后经过喷油工序进行风味强化。例如，饼干在出炉后，以液体油脂为载体，将香精或香料溶于其中再喷洒于饼干的表面。这种方式可以避免高温焙烤，能够有效地保留香精的风味，方便生产和使用。但是这种加香方式也不能完全避免受热损失，因刚出炉的焙烤食品仍有较高的表面温度，因此仍需选用耐温香精。

（3）在夹心、涂饰工艺段加香

这种方法适用于威化饼干、夹心饼干、各种卷式夹心蛋糕、注心蛋糕及涂饰蛋类心饼、派类等产品，需要在饼干单片之间或蛋糕卷层之间夹入馅料，有些还进一步进行表面涂衣。夹心馅料多为糖、油脂、乳制品、果酱、饴糖等，所以可以将香精香料和这些预料一起混合，然后经夹心机或人手加工，将夹心馅料固定在饼干单片之间。这种加香工艺比较简单，对香精的要求不是很高，一般水油两用性香精就可以达到要求。

（4）在售前加香

此类加香方式多用于冷加工产品，同上述的夹心、涂饰方式不同的是香精呈现的载体不同，终产品的保质期也比较短。例如，裱花蛋糕、花式面包等，在焙烤或冷却后的蛋糕、面包等坯体的表面、中间或内部，利用奶油、果酱、果膏、果馅等进行售前装点修饰，可创造出不同的风味、造型和口感。

3. 防止与碱直接接触

多数香精、香料有易受碱性条件影响的弱点，在糕点、饼干中添加时应防止化学膨松剂与香精、香料直接接触。例如，香兰素与小苏打接触后会变成棕红色。

4. 香型要协调

不同香精具有不同的香型，在使用时必须与食品中的香型协调一致。例如，浓缩橘子汁可使用橘子香精；菠萝酱和浓缩菠萝汁可使用菠萝香精。如果在奶油蛋糕中加入玫瑰香精则会产生怪味。

2.12 色 素

焙烤食品中添加合适的色素，可以提高制品的外观质量，使之色泽和谐，增强人的食欲，尤其是糕点类经美化装饰后能更吸引消费者。有些天然食品具有鲜艳的色泽，但经过加工处理后则发生变色现象。为了改善焙烤食品的色泽，有时需要使用食用色素来进行着色。

2.12.1　食用色素的分类

食用色素按其来源和性质，可分为合成色素和天然色素两大类。

1. 合成色素

合成色素一般较天然色素色彩鲜艳，色泽稳定，着色力强，调色容易，成本低廉，使用方便。但合成色素大部分属于煤焦油染料，无营养价值，而且大多数对人体有害。因此使用量应严格执行 GB 2760—2014《食品安全国家标准 食品添加剂使用标准》。目前，国家规定的食用合成色素有 13 种，现介绍几种常用合成色素。

（1）苋菜红

苋菜红为紫红色均匀粉末，无臭，可溶于丙二醇及甘油，微溶于酒精，不溶于油脂。在 21℃时溶解度为 17.2g/100mL。有良好的耐光性、耐热性、耐盐性和耐酸性，但在碱性溶液中会变成暗红色。由于其对氧化还原作用敏感，故不适于在发酵食品中使用。可用于糕点上彩妆。

（2）胭脂红

胭脂红为红色和深红色粉末，无臭，溶于水，呈红色，溶于甘油，微溶于酒精，不溶于油脂。20℃时溶解度为 23g/100mL。耐酸性、耐光性良好，耐热性、耐碱性差，安全性较高。

（3）柠檬黄

柠檬黄为橙黄色均匀粉末，无臭，溶于甘油、丙二醇和水，微溶于酒精，不溶于油脂，安全性较高。有良好的耐热性、耐酸性、耐光性和耐盐性；耐碱性较好，遇碱稍微变红，还原时褪色；耐氧化性较差。柠檬黄是焙烤食品中使用较为广泛的一种合成色素。

（4）日落黄

日落黄为橙色颗粒或粉末，无臭，易溶于水，溶于甘油、丙二醇，难溶于酒精，不溶于油脂。耐光性、耐热性、耐酸性很强，遇碱呈红褐色，还原时褪色。

（5）靛蓝

靛蓝为蓝色均匀粉末，无臭，水溶性比其他合成色素低，溶于甘油和丙二醇，不溶于酒精和油脂。靛蓝染着力好，但对光、热、酸、碱、盐及氧化都很敏感，稳定性差。

2. 天然色素

我国利用天然色素对食品着色已有悠久历史。天然色素来源于动物、植物、微生物，但多取自动物、植物组织，一般对人体无害，有的还兼有营养作用，如核黄素和β-胡萝卜素等。天然色素着色时色调比较自然，安全性较好，但不易溶解，不易着色均匀，稳定性差，不易调配色调，价格较高。

常用的天然色素有红曲色素、紫草红、姜黄素和焦糖等。

2.12.2　色素的使用方法

1. 色素溶液的配制

色素在使用时不宜直接使用粉末，因很难均匀分布，且易形成色素斑点，所以一般先配成溶液后再使用。色素溶液浓度为 1%～10%。配制时应用煮沸冷却后的水或蒸馏水，避免使用金属器具，随配随用，不宜久存，应避光密封保存。

2. 色调的选择与拼色

焙烤食品中常使用合成色素，可将几种合成色素按不同比例混合拼成不同色泽的色谱。由于不同溶剂对合成色素溶解度存在差异，会产生不同的色调和强度，即产生杂色。同时，由于产品工艺不同及光照、热等因素，都会影响色调的稳定性，因此在实际应用中必须灵活掌握。色调的选择应与焙烤食品的香、味、形相适应。在生产中，可以根据需要用三种基本色配出 12 种色。其配法如下：

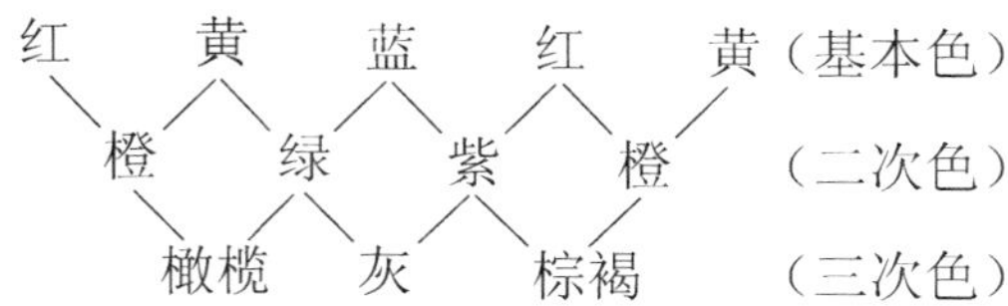

由于人工合成色素大多数对人体有害，合成色素的安全性问题正在被人们所认识和重视，近年来允许使用的合成色素趋于减少。与此同时，人们对天然色素的研制和使用越来越感兴趣，不少天然色素还具有营养和疗效作用，更增加了人们的安全感。

思考题

1. 小麦粉的种类有哪些？
2. 什么是蛋白质的胶凝和胀润作用？
3. 何谓面筋？影响面筋生成率的因素有哪些？
4. 如何选用制作面包、糕点、蛋糕的小麦粉？
5. 面粉、酵母、乳化剂在面包、中点、西点中各起什么作用？
6. 化学膨松剂主要用于哪几类焙烤食品？起什么作用？有哪几种产品？最常用的产品有哪些？这些膨松剂各有什么优缺点？各适用于哪些焙烤食品？
7. 影响酵母生长活性的因素有哪些？
8. 植脂奶油的主要成分、作用、优点各是什么？
9. 如何合理选用面团改良剂？
10. 糖和油脂用量对面团的成熟有何影响？为什么？
11. 试述食盐在焙烤食品中的作用。
12. 试述香料、香精在焙烤食品中的意义。
13. 如何在焙烤食品生产中添加香料、香精？

第3章　面包生产工艺

知识目标

了解面包生产常用原辅料的特性及预处理方法，面包生产过程及加工原理，以及面包老化、腐败的原因及预防方法；熟悉面团调制、发酵、焙烤等关键工序的操作要点；掌握面包的分类、概念、生产工艺流程。

能力目标

能够生产各大类型面包中的典型产品；具有面包产品生产管理、品质控制的基本能力。

相关资源

智慧职教焙烤食品生产技术课程

智慧职教烘焙职业技能训练

智慧职教面包生产技术课程网站

中国面包师网

3.1　面包生产概述

面包是以小麦粉、酵母、水、食盐等为主要原料，添加或不添加其他原料，经搅拌、发酵、整型、醒发、熟制（焙烤或油炸）等工艺制成的食品，以及熟制前或熟制后在产品表面或内部添加奶油、蛋白、可可、果酱等的食品。

面包生产有着悠久的历史。改革开放以来，随着我国经济的发展、城乡居民生活水平的提高和饮食结构的逐步改变，这一古老行业适应现代社会的需求，焕发出勃勃生机。面包制品不仅品种丰富、数量众多，而且以其越来越新的材料、越来越精致的制作技艺赢得了广大消费者的青睐。面包在人们的饮食生活中占有重要地位，深受消费者的喜爱。目前，世界各国都有以面包为主食的发展趋势，如英国、美国、法国等发达国家，人们的主食中有2/3以上是面包。近年来随着生活水平的提高，面包在我国也逐渐成为人们的主食。

面包在焙烤食品中占有重要地位，不仅仅是由于它适合于机械化生产，更主要的是面包在加工过程中添加了酵母、糖、蛋、油、乳、盐等多种原辅料，营养丰富。加之面包组织蓬松，芳香可口，易于消化吸收，冷热皆可食用，携带方便，因此，面包已成为国内外广大消费者喜爱的方便主食食品。

根据 GB/T 20981—2007《面包》，按制品的物理性质和食用口感，面包可分为软式面包（组织松软、气孔均匀的面包）、硬式面包（表皮硬脆、有裂纹，内部组织柔软的面包）、起酥面包（层次清晰、口感酥松的面包）、调理面包（烤制成熟前或后在面包坯表面或内部添加奶油、人造黄油、蛋白、可可、果酱等的面包，不包括加入新鲜水果、蔬菜以及肉制品的食品）和其他面包。其中，调理面包又分为热加工和冷加工两类。

另外，面包还可按照以下几种标准分类：按加入糖和食盐量的不同分为甜面包和咸面包；按成型方法的不同分为听型面包和非听型面包；按配料的不同分为普通面包和高级面包；按柔软度分为软式面包和硬式面包；按消费习惯分为主食面包和点心面包；按加入的特殊原料分为果子面包、夹馅面包及强化面包等。

3.1.1　面包生产的基本工艺流程

面包生产的基本工艺流程如图 3-1 所示。

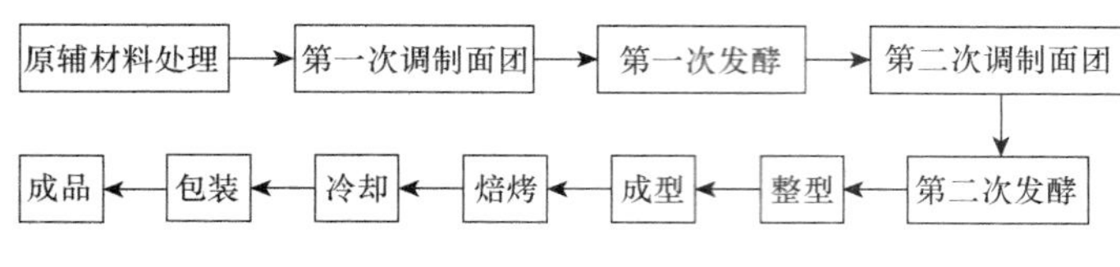

图 3-1　面包生产的基本工艺流程

3.1.2　面包的配方

面包配方拟定是否合理，关系到产品的质量、营养价值和工艺性能，故必须对面包的配方给予足够的重视。

面包配方中的基本原料是小麦粉、酵母、水和食盐，辅助材料有油脂、砂糖、蛋品、乳品等。在拟定配方时，各种原辅材料的比例必须恰当。例如，当小麦粉面筋含量较高且筋力较强时，酵母用量应适当增加；如果小麦粉面筋含量低而筋力弱时，酵母用量则应适当减少。砂糖和食盐同小麦粉的比例也要适当，若砂糖和食盐用量过多，会因渗透压增大，造成酵母细胞萎缩，降低酵母的发酵力，影响面团的发酵速度；而用量过少，则影响面包的口味。面包的配方一般是以小麦粉的用量 100 作基准，其他各种原辅料用相对小麦粉用量的质量百分数来表示。各种原料的比例由面包的品种和原料的性能来确定。常见的主食面包和花色面包的配方如表 3-1 和表 3-2 所示。

表 3-1　主食面包的配方

面包种类	小麦粉	酵母	食盐	砂糖	植物油	鸡蛋	饴糖	甜味料	水	改良剂
大圆面包	100	0.8	0.4	—	—	—	—	—	50	0.3
梭形面包	100	0.8	0.6	—	0.8	—	—	—	49	0.3
圆甜面包	100	0.8	0.3	12	1.5	0.6	1.9	0.021	49	0.3

续表

面包种类	小麦粉	酵母	食盐	砂糖	植物油	鸡蛋	饴糖	甜味料	水	改良剂
主食面包	100	0.8	0.4	3	—	—	—	0.021	50	—
主食罗宋面包	100	0.8	1	—	4	—	4	—	48	—
主食咸面包	100	1	1.6	—	1	—	3	—	49	—
日本主食面包	100	2	2	5～8	5～8	—	—	—	50	—
英美主食面包	100	2.5	2.25	—	—	—	—	0.5	49	0.5
法国主食面包	100	2	2	1	1	—	—	0.08	48	0.08
俄罗斯主食面包	100	2～2.5	1.3～2.5	5～8	5～8	—	—	—	49	—

表 3-2　花色面包的配方

原辅料	蛋黄面包	果子面包	牛奶面包	高级蛋奶面包	辫子面包	维生素面包	桂花面包	香草甜面包
小麦粉	100	100	100	100	100	100	100	100
酵母	0.8	0.8	0.8	1.5	1.5	0.6	1	1.15
食盐	0.3	—	0.3	0.4	0.5	0.15	0.6	0.5
砂糖	18	20	15	18	20	20	10	12
植物油	—	7	1.5	1	7	5	4	—
鸡蛋	18	8	—	18	5	7	15	6
炼乳	—	—	5.4	—	—	—	—	—
乳粉	—	—	3	9.5	—	3	—	—
核桃仁	—	11.5	—	—	—	—	—	—
青梅	—	8	—	—	—	—	—	—
葡萄干	—	4	—	—	—	—	—	—
核黄素	0.002	—	—	0.001	—	0.009	—	—
桂花	—	—	—	—	—	—	1	—
果脯	—	10	—	—	—	—	—	—
桂花香精	—	—	—	—	—	—	适量	—
香草粉	—	—	—	—	—	—	—	0.1
饴糖	—	—	—	—	—	—	16	18

3.2　面包生产的基本工艺

3.2.1　原辅材料的预处理

原辅材料预处理是面包生产中的一个重要工序。面团制作前，必须对各种原料（如小麦粉、砂糖、酵母、添加剂、盐、蛋品和乳品等）进行预处理，一般都不直接加入调粉机中。原辅料经过合理的处理后，既符合工艺要求、提高产品质量，又能改善卫生条件，保障消费者的健康。

1. 小麦粉的处理

（1）调温

小麦粉在投产前应根据季节进行调温处理，使之适合于加工工艺要求。在冬季，应将小麦粉提前两三天移至车间或较暖和的地方，以提高小麦粉的温度，有利于加快发酵速度；在夏季，要将小麦粉存放在低温干燥、通风良好的地方，以防小麦粉温度过高。

（2）过筛除杂质

小麦粉使用前必须过筛，并且在筛中要安置磁铁，以除掉金属丝、麻绳头等杂物。小麦粉过筛可以打碎团块，使小麦粉中混入大量空气，有利于酵母的生长繁殖。

2. 酵母的处理

酵母是面包生产必备的一种生物膨松剂，使用前需进行预处理。酵母预处理方法因其种类而异。

（1）鲜酵母

鲜酵母块在使用前 4～5h 必须从冷风库中取出，待其逐渐升温软化，活力逐步恢复。然后用 5 倍以上的 25～28℃温水搅拌溶化成悬浊液，5min 后可投料生产。最好在搅拌机中搅拌均匀，以使在面团调制时酵母均匀分布在面团内部，有利于面团发酵。也有的工厂同时将葡萄糖、饴糖、麦芽糖、脱脂乳粉放入酵母水中，搅拌成乳浊液备用。值得注意是，不能将刚从冷风库中取出的鲜酵母立即用温水浸泡溶化，温差过大会导致部分酵母细胞死亡。

（2）活性干酵母

活性干酵母是由压榨酵母在低温真空条件下脱水而成的。使用前可用适量的温水、糖搅拌溶化成悬浊液，待其完全活化后即可用于面包生产。

（3）即发活性干酵母

即发活性干酵母由鲜酵母在低温真空条件下脱水而成，内含乳化剂，易溶于水，不会结块，使用时直接与面粉拌匀即可。

在处理酵母时，一定要将工器具刷洗干净，切不可混入油脂或高浓度盐溶液及糖溶液，以免影响酵母的正常发酵。

3. 砂糖的处理

颗粒状的结晶砂糖不但难溶解，使面团中带有粒状结晶糖，而且对面团的面筋网络结构有破坏作用，同时也会使酵母细胞受到高浓度的反渗透压力，使酵母细胞萎缩而死亡。因此，颗粒状的结晶砂糖通常不能直接加入面粉中调粉。面团中亦不常使用磨碎后的砂糖粉，砂糖粉与颗粒状结晶砂糖虽然大小不同，但亦有影响，甚至绵白糖亦不例外，均需溶化成糖液后投料。

化糖操作可使用蒸汽双层釜，熬至浓度为 70%～75%时即可。原料初级加工比较发达的国家，有专门配制糖液的加工厂，将标准浓度的糖液当作商品出售，面包工厂只需自备贮存槽，原料工厂用槽车将糖液送来后转入槽内备用。这种贮存槽通常露天放置，不过应当具备夹套保温，避免糖液结晶和有利于管道输送。液体葡萄糖、饴糖及玉米糖浆、果葡糖浆等原料亦可采取同样的办法贮存。糖使用量极少的面包，可直接将砂糖用水溶化后使用，不必使用液体糖。

4. 油脂的处理

因为液状油流散度极大，会在面团中蛋白质分子及酵母细胞周围构成油膜，影响蛋白质的吸水胀润，亦影响酵母的代谢功能。同时，大部分液体油本身不能包含气体，无起酥性（液态起酥油例外），所以液体油在面包中使用目前已经极为少见，大多数工厂均使用固体油脂作原料。

不同固体油脂的晶体结构中包含的物质亦不一样，如图 3-2 所示。猪油中纯粹是脂肪，人造奶油中有 15%～18%的水分，起酥油中则包含惰性气体氮气。这些油脂在面团调制时，均有包贮空气的能力，起酥油和人造奶油比猪油更强些。熔点较高的猪油亦有用作面包生产原料，因为多数工厂采用在调粉的间隙中加入油脂的操作方法，所以直接可将分割成块的油脂投入已成型的面团中继续搅拌，使其在调粉中逐渐分散到面团中去，以减少其对面团结构的影响。这种方法要求油脂在使用前 8h 左右从冷库中取出，使它稍稍软化后再使用。油脂不能在高温下贮存，以防其融化成液体。

图 3-2　几种固体油脂的结构

3.2.2　面团的调制

面团的调制是将处理好的原辅料按配方的用量，根据一定的投料顺序调制成适合加工性能的面团。面团调制和面团发酵是密切相关的两个工序，也是影响产品质量的两个关键环节。

通过面团调制，可以使各种原辅料均匀混合在一起；使小麦粉中面筋性蛋白质充分吸水形成湿面筋，并使面团具有良好的物理性能；使面团中混入大量空气，形成气泡核心，有助于需氧发酵的进行及蜂窝结构的形成。

面团调制时的投料顺序要根据面团的发酵方法来确定。面团发酵方法有一次发酵法、二次发酵法、多次发酵法。一次发酵法面团调制的投料顺序是将全部小麦粉投入和面机内，再将砂糖、食盐的水溶液及其他辅料一起加入和面机内搅拌，然后加入已准备好的酵母溶液，搅拌均匀进行发酵。二次发酵法面团调制分两次投料，第一次面团调制是将全部酵母和适量水投入和面机中搅拌均匀，再将配方中小麦粉量的 30%～70%投入和面机，搅拌，调成均匀面团，放在适宜条件下进行发酵。待面团发酵成熟后，将此面团投入和面机中，加入适量温水将发酵面团调开，再加入剩余的原辅料，搅拌均匀调成均匀面团。此时，注意不可过度搅拌，否则会破坏面团工艺性能。多次发酵法面团调制是分3次投料，因操作麻烦，一般很少采用。

1. 加水量与水质

投料时必须让水直接与小麦粉接触，使蛋白质充分吸水形成大量面筋，这样面团在发酵过程中，酵母排出的气体不易逸出，容易形成膨松面团，使产品组织松软体积大。面团加水量要根据小麦粉的吸水率而定，一般为小麦粉使用量的45%～55%（其中包括液体辅料中的水分）。面团加水量的准确性至关重要，如相差0.5%～1%的水，即会使面团软、硬度发生明显的变化。加水量过多造成面团过软，给工艺操作带来困难；加水量过少，造成面团发硬，制品内部组织容易粗糙，并且也会延缓发酵速度。

水的pH和矿物质含量对面团调制有密切关系，适宜的pH为5～6。pH为5以下或6以上的水影响蛋白质的等电点，会使蛋白质的吸水性、延伸性和面团的形成受到影响，应将碱性或酸性酵母营养液调整后使用。

水中含有一定量的钙盐、镁盐对面筋的结合是必要的。除掉钙盐、镁盐的蒸馏水和离子交换水，或含钙盐、镁盐过多的硬水，都不利于面团的形成。若使用地下水，则必须除掉铁盐。

2. 水的温度

水的温度是调整面团温度至发酵温度的重要手段。尤其是设施比较差的面包工厂，不具备原料温控条件，调粉机亦没有调节温度的夹套，主要是依靠调整水温来控制面团温度。发酵面团一般要求在28～30℃，这个温度不仅适于酵母的生长繁殖，而且有利于面团中面筋的形成。

现代化程度较高的面包工厂则采用自动控温计量器。该装置带有计算机控制流量和调节温度的系统，连接部分是两只贮水槽，分别盛装冷水和热水。生产前，工作人员可预先设定所需求的水温和重量，计算机即能行使调节水温和计量的功能。如果单用水温调节面团温度不能达到理想要求，则需配备带有冷却设施的调粉机。

1）直接发酵法面团或中种面团水温度的计算式：

$$t_W=3\times(t_D-t_M)-(t_T+t_R)$$

式中，t_W为水温（℃）；t_D为面团终点温（℃）；t_M为搅拌中升温（℃）；t_T为粉温（℃）；t_R为室温（℃）。

2）中种法主面团调制时水温的计算式：

$$t_W=4\times(t_D-t_M)-(t_{MD}+t_T+t_R)$$

式中，t_{MD}为中种温度（℃）。

以上公式只是参考，并不一定适用于所有情况。在调粉时通过经验的积累，随时观察，凭感觉控制面团温度还是比较普遍的。

3. 搅拌要均匀、适度

为了使酵母均匀地分布在面团中，需先将酵母与所有水充分搅匀，然后加入小麦粉，促进发酵。

面团搅拌过度，表面会变湿发黏，极不利于整型和操作，成品体积小，内部组织孔洞多且粗糙，品质很差；搅拌不足，面团未得到充分延伸，持气性差，不利于整型和操作，整型时表皮易撕裂，成品表皮不整齐、体积小，内部组织粗糙，颜色不佳。

4．辅料的影响

（1）糖

糖会使小麦粉的吸水率降低。制备同样硬度的面团，每增加 5%的蔗糖，小麦粉的吸水率会降低 1%。而随着糖量的增加，小麦粉的吸水速度也会减慢，这就需延长搅拌时间。

（2）食盐

食盐与糖一样会降低小麦粉的吸水率。每加 2%的食盐，其吸水率会降低 3%。同时，食盐可加强面团的韧性，延长面团成型的时间。因此，食盐量的增加，搅拌时间就应延长。

（3）乳粉

在面团中加入乳粉会提高吸水率。大概每增加 1%的乳粉，面团的吸水率会增加 1%。因为脱脂乳粉吸水缓慢，需要延长搅拌时间，否则制出的面团会发软。

（4）食品添加剂

1）氧化剂。快速型氧化剂与慢速型氧化剂对调粉时间的影响不同。快速型氧化剂（如碘酸钾）可提高面团的硬度，延长面团成型的时间；慢速型氧化剂（如溴酸钾）在搅拌过程中几乎不起作用。目前，在我国已经禁止面粉中使用这两种氧化剂。

2）还原剂。使用半胱氨酸、亚硫酸氢钠等还原剂会使面筋变软，缩短搅拌时间，促使面筋网络的交联。如果用 20～40mg/kg 的半胱氨酸，可使搅拌时间缩短 30%～50%。

3）酶制剂。淀粉酶的液化和糖化作用能使面团软化，缩短搅拌时间，并且使面团的黏性增大，给操作带来困难；蛋白酶能分解蛋白质，使搅拌的机械耐力减小，面团被软化，进而也影响面团的发酵能力。所以，蛋白酶的使用量应严格控制。

4）乳化剂。乳化剂与淀粉和蛋白质相互作用，不仅具有乳化作用，而且有改良面团的作用。它可使面团韧性加强，提高面团搅拌耐力，从而使搅拌时间延长。乳化剂还可促进油脂在面团中的分散，与油脂一起在面团中起到面筋网络润滑剂的作用，有利于面团起发膨胀。

3.2.3　面团的发酵

1．面团发酵的目的

发酵泛指有机化合物由于微生物酶的催化作用产生的一系列生物化学变化的过程。面团的发酵中正体现了这一过程：淀粉水解成糖，再由酵母中的酒精酶分解成酒精和二氧化碳。部分糖在乳酸菌和醋酸菌的作用下生成有机酸。少量蛋白质在发酵过程中也有部分水解，产生朊、胨、肽、氨基酸等低分子含氮化合物。这些中间的或最终的生成物相互作用，构成面包特殊的芳香味及后阶段焙烤时产生色变反应的基质。面团发酵的目的概括起来有以下几个方面。

1）在面团发酵过程中，通过一系列的生物化学变化，积累了足够的生成物，使最终的制品具有优良的风味和芳香感。

2）使面团发生一系列的物理、化学变化后变得柔软，容易延展，便于机械切割和整形等加工。

3）发酵过程中产生的气体均匀分布于面团中，使面筋薄层化，制品瓤心细密而透明，并且有光泽。

4）在发酵过程中进一步促进面团的氧化，增强面团的气体保持能力。

2. 面团发酵的基本原理

面团的发酵就是利用酵母菌在其生命活动过程中所产生的二氧化碳和其他成分，使面团膨松而富有弹性，并赋予制品特殊的色、香、味及多孔性结构。

酵母菌的生命活动是以面团中含氮物质与可溶性糖类作为氮源与碳源的。单糖是酵母生长繁殖的营养物质。在一般情况下，面粉中的单糖很少，不能满足酵母生长繁殖的需要。所以，有时需在发酵初期添加少量化学稀或饴糖以促进发酵。另一方面，面粉中含有淀粉和淀粉酶，淀粉酶在一定条件下可将淀粉分解为麦芽糖。在发酵时，酵母菌本身可以分泌麦芽糖酶和蔗糖酶，这两种酶可以将面团中蔗糖及麦芽糖分解为酵母可以利用的单糖，其化学变化可以分为两步进行。

第一步是部分淀粉在β-淀粉酶作用下生成麦芽糖。其反应过程为

$$\underset{\text{淀粉}}{2(C_6H_{10}O_5)_n} + nH_2O \xrightarrow{\text{淀粉酶}} \underset{\text{麦芽糖}}{n(C_{12}H_{22}O_{11})}$$

第二步是麦芽糖在麦芽糖转化酶作用下生成葡萄糖。其反应过程为

$$\underset{\text{麦芽糖}}{C_{12}H_{22}O_{11}} + H_2O \xrightarrow{\text{麦芽糖转化酶}} \underset{\text{葡萄糖}}{2C_6H_{12}O_6}$$

此外，在面粉中含有少量蔗糖，部分蔗糖在蔗糖转化酶作用下，生成葡萄糖和果糖，其反应过程为

$$C_{12}H_{22}O_{11} + H_2O \xrightarrow{\text{蔗糖转化酶}} C_6H_{12}O_6 + C_6H_{12}O_6$$

生产面包所用的酵母是一种典型的兼性厌氧微生物，其特点是在有氧和无氧条件下都能存活。当酵母在养分供应充足及空气足够的情况下，呼吸作用旺盛，细胞迅速分化，能迅速将糖分解成二氧化碳与水。其总的反应过程为

$$C_6H_{12}O_6 + 6O_2 \longrightarrow 6CO_2 + 6H_2O + 2821.4\text{kJ}$$

随着呼吸作用的进行，面团中的二氧化碳逐渐增多，面团的体积逐渐增大，氧气含量逐渐减少，酵母的有氧呼吸转变为缺氧呼吸，即发酵作用。其反应过程为

$$C_6H_{12}O_6 \longrightarrow 2C_2H_5OH + 2CO_2\uparrow + 100.5\text{kJ}$$

酵母代谢是一个很复杂的反应过程：在多种酶的参与下，经过糖酵解（或称无氧氧

化）作用，己糖生成丙酮酸。在这个过程中，有氧呼吸与糖酵解的前一段作用完全相同，只是在氧气充分供给时，丙酮酸以三羧酸循环的方式生成二氧化碳和水；当无氧气供给时，酵母本身含有脱羧酶与脱羧辅酶，可将丙酮酸经过α-脱羧作用生成乙醛，乙醛接受磷酸甘油醛脱下的氢生成乙醇。

酵母的有氧呼吸和无氧发酵的关系可用下列简式表示：

己糖→呼吸和发酵的中间产物丙酮酸 → 有氧呼吸产生水和二氧化碳；→ 无氧发酵产生乙醇、二氧化碳及其他产物

在实际生产中，上述两种作用是同时进行的，即面团内氧气充足时以有氧呼吸为主，氧气不足时则以发酵为主。在生产实践中，为了使面团充分发酵，要有意识地创造条件使酵母进行有氧呼吸，产生大量二氧化碳，在发酵后期要进行多次揿粉，以排除二氧化碳，增加氧气。但是也要适当地创造缺氧发酵条件，以便生成一定量的乙醇及乳酸等，形成面包特有的风味。

3. 影响面团发酵的因素

（1）温度

温度是影响面团发酵的重要因素。面团发酵过程对酵母有一定的温度要求，一般为25～30℃。如果温度过低，则会影响发酵速度；温度过高虽然可以缩短发酵时间，但会给杂菌生长创造有利条件，从而影响产品质量。例如，醋酸菌最适生存温度是35℃，乳酸菌最适生存温度是37℃，这两种菌生长繁殖快了会提高面包酸度，降低产品质量。发酵过程中温度高的面团，酶的作用旺盛，持气能力差。另外，在面团发酵过程中，由于酵母菌的代谢作用产生了一定的热量，也会使面团温度升高。所以，面团发酵时温度最好控制在25～28℃，高于30℃或工艺条件掌握不好，都容易产生质量问题。

（2）酵母的发酵力及用量

酵母的发酵力是酵母质量的重要指标。酵母发酵力的高低对面团发酵的质量有很大的影响。如果使用发酵力低的酵母，将会引起面团发酵迟缓，容易造成面团发酵度不足，影响面团发酵的质量。所以，要求酵母的发酵力一般在650mL以上，活性干酵母的发酵力一般在600mL以上。

在面团发酵过程中，发酵力相等的酵母，在同条件下进行面团发酵，如果增加酵母的用量，可以加快面团发酵速度。反之，如果降低酵母的用量，面团发酵速度就会显著减慢。所以，在面团发酵时，可以通过增加或减少酵母的用量来适应面团发酵工艺要求。在一般情况下，用标准粉生产面包时，活性干酵母的用量约为小麦粉用量的0.5%；用特制粉生产面包时，活性干酵母的用量为小麦粉用量的0.6%～1%。

酵母在面团发酵时的增长率还随面团的软硬而不同，在一定范围内，面团中加入的水量越多，酵母的芽孢增长越快；反之，则越慢。所以，在第一次调制面团时面团的加水量应多一些，以加速酵母的繁殖，有利于缩短发酵时间，提高生产效率。

（3）酸度

面包的酸度是衡量面包成品质量优劣的一个重要指标。面包的酸度是面团在一系列发酵过程中由各种产酸菌的代谢作用而生成的，如乳酸发酵、醋酸发酵、丁酸发酵等。

乳酸发酵是面团中经常发生的过程。面团在发酵中受乳酸菌污染，在适宜条件下便生长繁殖，分解单糖而产生乳酸。面包中的酸度约 60%来自于乳酸，其次是醋酸。乳酸虽然增加了面团酸度，但是它可以与酒精发酵产生的酒精发生酯化反应，改善面包风味。

醋酸发酵是由醋酸菌将酵母发酵过程中产生的酒精进一步酸化成醋酸。醋酸会给面包带来刺激性酸味，在面包生产中应尽量避免这类发酵作用。

丁酸发酵是丁酸菌将单糖分解成丁酸和二氧化碳。丁酸菌含有很多酶，这些酶能水解多糖成为可发酵糖，供发酵用。

面团在发酵过程中酸度的升高是由产酸菌引起的，而这些产酸菌主要来自鲜酵母。所以，严格检验酵母酸度和保持酵母纯度非常重要。另外，由于产酸菌大部分是嗜温性微生物，所以严格控制面团发酵温度，防止产酸菌的生长和繁殖是很重要的。

在面团中加入酵母数量多少，也是影响面团酸度的重要因素。面团酸度随酵母用量的增加而升高。另外，不同发酵方法对面团 pH 影响不一样。而面团 pH 与面团的持气性和面包体积大小有密切关系。pH 在小麦等电点（5.5）附近时，面包体积最大，偏离等电点越远，体积越小。这是因为在等电点时蛋白质充分显露出两性性质，蛋白质分子易互相结合而形成面筋网络。所以，在面团发酵管理上，一定要使面团 pH 不低于 5.0。

（4）小麦粉质量

小麦粉的质量主要受小麦粉中面筋和酶及其成熟度的影响。

1）面筋的影响。面团发酵过程中产生的二氧化碳需要由强力面筋形成的网络包住，使面团膨胀形成海绵状结构。如果面粉中含有弱力面筋，在面团发酵时所生成的大量气体不能保持而逸出，容易造成面包坯塌架，所以面包生产应选择高筋粉。

2）酶的影响。面团在发酵过程中需要淀粉酶将淀粉不断地分解成单糖供酵母利用，如果已变质或者经高温处理的小麦粉，其淀粉酶的活力受到抑制，降低了小麦粉的糖化能力，影响面团正常发酵。在生产中遇到这种情况时，通常在面团中加入麦芽粉来弥补上述不足。

3）小麦粉成熟度的影响。小麦粉的成熟度不足或过度都使持气能力变劣。小麦粉成熟度不足应使用面团改良剂，成熟过度应减少其用量。

（5）面团中的含水量

酵母在繁殖过程中芽孢增长率随着面团的软硬程度不同而不同。在一定范围内，面团中含水量越多，酵母芽孢增长率越快；反之，则越慢。所以，面团调制得软一些，有助于酵母芽孢增长，可以加快发酵速度。可以根据需要，第一次调制面团适当软一些，有利于加快发酵速度，缩短生产周期，提高生产效率。面团中加水量要根据小麦粉的吸水能力和小麦粉中蛋白质含量多少而定。小麦粉中蛋白质含量高，则吸水率高；反之，则吸水率低。所以在调粉时，一般要根据测得的小麦粉面筋含量来决定加水量。

正常情况下，面团软一些容易被二氧化碳膨胀，从而加快了面团发酵速度；面团硬则对气体的抵抗能力强，从而抑制了面团的发酵速度。所以，适当地提高加水量对面团发酵是有利的。

（6）原辅料

1）糖。糖的使用量为 5%～7%时产气能力大，超过这个范围，糖量越多，发酵能力越受抑制，使产气的持续时间长，此时要注意添加氮源和无机盐。糖使用量在 20%以内可增强持气能力，在 20%以上则持气能力下降。短时间内，由于抑制了酵母的发酵力，呈现出发酵耐力。但随着酸的急剧产生，pH 的下降，持气能力也随之衰退。

2）食盐。食盐抑制酶的活力，添加食盐量越多，酵母的产气能力越受抑制。食盐可增强面筋筋力，使面团的稳定性增大。

3）乳粉和蛋品。乳粉和蛋品含有较丰富的蛋白质，在面团发酵时具有 pH 缓冲作用，有利于发酵的稳定。它们均能提高面团的发酵耐力和持气性。

4）酶。糖化酶在一定时间内具有缓慢起作用的特性，在发酵的后期可增强产气能力。淀粉酶和蛋白酶的作用可使面团软化或弱化，即对面团稳定性起副作用，大量使用可显著降低发酵耐性。

4. 面团发酵的技术管理

面团发酵方法有传统发酵法和机械连续混合法。前者包括一次发酵法、二次发酵法和多次发酵法。后者包括柯莱伍德法、多美克法、埃姆弗罗法等。

一次发酵法是把全部原辅料及酵母溶液一起投入和面机，调制成面团后放在适宜温度条件下发酵成熟。这种方法生产周期短，但产品质量不易控制，烤出面包纹理较粗糙，容易空心，制品香味不足、口味较差。

二次发酵法是分两次调制面团和两次发酵。第一次调粉时，小麦粉用量为 30%～70%，加水率为 55%～60%。调制好后将面团放在 25～30℃下，相对湿度在 75%～80%，发酵时间为 3～4h，使面团全部膨起并开始略微下塌时再投入和面机内，加入剩余的小麦粉、辅料和适量水进行第二次调制面团，充分搅拌均匀后放在 28～32℃条件下进行第二次发酵，时间为 1～2h 即可成熟。至于温度与时间，需根据气温高低及小麦粉质量来掌握。

5. 面团成熟度的判断

（1）面团成熟的概念

面包制作中所讲的“面团成熟”，表示面团发酵到产气速率和保气能力都达到最大程度的时期。尚未达到这一时期的面团，称为嫩面团；超过这一时期的面团，称为老面团。

面团的成熟度与面包的质量有密切关系。用成熟适度的面团制得的面包，皮薄有光泽，瓤内的蜂窝薄、半透明，具有酒香和酯香；用嫩面团烤制的面包，面包体积小，皮色深，瓤内蜂窝不均匀，香味淡薄；用老面团制得的面包，皮色淡，呈灰白色，无光泽，蜂窝壁薄，气孔不匀，有大气泡，有酸味和不正常的气味。

（2）面团成熟的判断方法

判断面团的成熟度是面团发酵技术管理中的重要一环，常用以下几种方法。

1）用手指轻轻插入面团内部，待手指拿出后，如四周的面团不再向凹处塌陷，被压凹的面团也不立即复原，仅在凹处周围略微下落，表示面团成熟；如果被压凹的面团很快恢复原状，表示面团嫩；如果凹下的面团随手指离开而很快跌落，表示面团成熟过度。

2）用手将面团撕开，如内部呈丝瓜瓤状并有酒香，说明面团已经成熟。

3）用手将面团握成团，如手感发硬或粘手是面团嫩；如手感柔软且不粘手就是成熟适度；如面团表面有裂纹或很多气孔，说明面团已经老了。

6. 揿粉

揿粉是面团发酵后期不可缺少的工序。发酵成熟的面团，应立即进行揿粉。

（1）揿粉的作用

揿粉可使面团内的温度均匀，发酵均匀，增加气泡核心数，增加面筋的延伸性和持气性。

（2）揿粉的方法

将已起发的面团中部压下去，除去面团内部的大部分二氧化碳，再把发酵槽四周及上部的面团拉向中心，并翻压下去，再把发酵槽底部的面团翻到槽的上面来。揿粉后的面团继续发酵一定时间，使其恢复原来的发酵状态，然后进行第二次或第三次揿粉。使用高筋粉可多揿，使用低筋粉则少揿。也可采用搅拌机搅拌的方式来达到揿粉的目的。

（3）揿粉的时间

面团揿粉时间掌握的合适与否，对面包质量有着重要的作用。现在大多数面包工厂是凭经验来掌握的，即通过判断面团发酵成熟的程度来决定揿粉的时间：发酵成熟，是揿粉的最好时间；如发酵过度，则说明揿粉时间已晚，应该立即进行揿粉。

3.2.4　整型与成型

将第二次发酵成熟的面团做成一定形状的面包坯的过程称为整型，包括分块、称量、搓圆、静置、入模或装盘等工序。整型好的面包坯经过最后发酵，体积增加 1～1.5 倍，形成面包的基本形状，这个过程称为成型或醒发。

1. 整型

在整型期间，面团仍在继续发酵。在这一工序中不能使面团温度过于降低和表皮干燥。因此，操作室最好装有空调设备。操作室的温度过高或过低会影响面团继续发酵。整型室的条件：温度为 25～28℃，相对湿度为 60%～70%。

（1）面团分块称量

按照成品规格的要求，将面团分块称量。一般面包坯经焙烤后，其质量损失 7%～10%，所以在切块称量时要把质量损失考虑在内。切块与称量一般用自动定量切块机来完成，速度快，定量准确。如果手工操作，必须熟练掌握操作技术。手工操作时，将发酵成熟的面团放在操作台上，将大块的面团切成一定量的小形面块，然后进行称量。

因为在面团的切块和称量期间，面团中的气体含量、相对密度和面筋的结合状态都在发生变化。所以，在分块工序中最初的面团和最后的面团的物理性质是有差异的。为了把这种差异限制在最小程度，分块应在尽量短的时间内完成。主食面包的分块最好在 15～20min 完成，点心面包最好在 30～40min 完成。否则，发酵过度，将影响面包质量。

（2）搓圆

搓圆是将不规则的面块搓成圆球形状，使其芯子结实，表面光滑。

搓圆分手工搓圆和机械搓圆。手工搓圆是掌心向下，五指握住面块，在案面上向一个方向旋转，将面块搓成圆球形。机械搓圆是由搓圆机完成的。目前我国采用的搓圆机大致有 3 种，即伞形搓圆机、锥形搓圆机和桶形搓圆机。

（3）中间醒发

中间醒发亦称静置。小块面团经切块、搓圆后，排出了一部分气体，内部处于紧张状态，面团缺乏柔软性，如立即成型，面团表面易破裂，内部裸露出来，具有黏性，面筋受到了极大的损伤，包不住气体，面包体积小，外观差，保存时间短。中间醒发可缓和由切块、搓圆工序产生的紧张状态，使酵母适应新的环境，恢复活性，使面筋恢复弹性，调整面筋延伸方向，增强持气性，使面团柔软，表面光滑，易于成型，不黏附机器。中间醒发虽然时间短，但对提高面包质量具有不可忽视的作用。

中间醒发所需时间不等，一般为 8～20min。

中间醒发所需的工艺条件：温度为 27～29℃，相对湿度为 70%～75%。温度过高，会促进面团迅速老熟，持气性变坏和面团的黏性增大；温度过低，面团冷却，醒发迟缓，延长中间醒发时间。相对湿度太低，面包坯外表易结成硬壳，使发酵的面包内部残存硬面块或条纹；湿度过大，由于面包坯表皮结水，使黏度增大，影响下一工序的整型操作或被迫大量撒粉影响成品的外观。

经过中间醒发的面团体积应较醒发前增长 0.7～1 倍。膨胀不足，整型时不易延伸；膨胀过大，整型时排气困难，压力过大，易产生撕裂现象。

（4）整型

整型是一道技巧性很强的操作，可以按照不同的品种及设计的形状采用不同的方法整型。

2. 成型

成型也叫醒发、最终醒发或后发酵。整型完毕后的面包坯，要经过成型才能焙烤。成型的目的是消除在整型过程中产生的内部应力，使面筋进一步结合，增强面筋的延伸性，使酵母进行最后一次发酵，进一步积累产物，使面坯膨胀到所要求的体积，以达到制品松软多孔的目的。

成型一般在醒发室或醒发柜中进行，这就要求创造适宜的工艺条件，包括温度、湿度和时间三个因素。

（1）温度

成型时的温度，应根据烤炉的焙烤速度来确定。如果烤炉的焙烤能力大，成型时的温度可以升高。如果烤炉的焙烤能力小，成型时的温度可以降低。所以，一般成型室采用的温度范围为36～38℃，最高不超过40℃。温度过高，会使面包坯的表皮干燥，烤出来的面包皮粗糙，有时甚至有裂口。如果温度高于油脂熔点，由于油脂液化，面包体积就会缩小。并且，高温也会影响酵母作用。

（2）湿度

成型室的湿度条件也是面包成型的重要条件。成型室的相对湿度应控制在80%～90%，以85%为最佳，一般不应低于80%。相对湿度过低易使面包表面结皮，不易使面包坯膨起，还会影响面包皮的色泽。相对湿度过大，会在面包表面形成水滴，使烤成的面包表面有气泡或白点。成型时湿度对面包的体积和内部结构没有重大影响，但对面包皮色有很大影响。成型时湿度低，面包皮色浅、发白和斑点多；成型时湿度大，面包皮色均匀光滑。另外，成型时湿度低会加大面包的质量损耗。

（3）时间

成型的时间与温度有密切的关系，如果成型的温度一定时，成型时间的延长与缩短都能影响成品的质量。所以，成型时间一般都掌握在45～90min。成型时间不足，烤出的面包体积小，内部组织不良；成型时间过长，面包的酸度大。另外，由于膨胀过大，超过了面筋的延伸极限而跑气塌陷，面包皮缺乏光泽或表面不平。

3. 成型适宜程度的判别

成型到什么程度可入炉焙烤，这是关系到面包质量的关键。这主要是根据面粉的性能和品种的不同，凭经验来判别。

1）观察体积。根据经验膨胀到面包体积的80%，另20%在烤炉中膨胀。

2）观察膨胀倍数。成型后的面包坯体积是整型时的3～4倍为宜。

3）观察形状、透明度和手感。这是从本质上观察的方法，当面包坯随着醒发体积的增大，也向四周扩展；由不透明“发死”状态，膨胀到柔软、膜薄的半透明状态；用手指摸时，有越来越轻的感觉。

已成型的面包坯从成型室中取出略微停放使其定型后，应立即进行焙烤。在运送中要特别注意不可振动，以防止面包坯漏气而塌架。入炉前一般在面包坯表面刷一层蛋液或糖浆等液状物质，目的是为了增加面包表皮的光泽，使其丰润、皮色美观等。

3.2.5　面包的焙烤

焙烤是保证面包质量的关键工序，俗语说“三分作，七分烤”，说明了焙烤的重要性。面包坯在焙烤过程中，受炉内高温作用由生变熟，并使组织蓬松，富有弹性，表面呈现金黄色，有可口香甜气味。

1. 焙烤工艺

在焙烤时，需要根据面包的品种来确定焙烤的温度及时间。

（1）面包焙烤过程

面包的焙烤过程一般可分为三个阶段。

第一阶段：面包坯刚入炉必须使其体积进一步膨胀，所以炉内要保持 60%～70%的湿度。炉面火要低，一般控制在 120℃左右，以防面包结皮；底火要高，一般控制在 200～220℃，不要超过 260℃，有利于面包体积增大。

第二阶段：面包成熟阶段，持续时间为 2～5min。此时面火可达 270℃，使面包很快定型。本阶段面包内部温度达到 50～60℃，体积已基本达到成品体积的要求，面筋已膨胀至弹性极限，淀粉已糊化，酵母活动停止。因此，该阶段需要提高温度使面包定型，面火、底火温度可同时提高，为 200～250℃。焙烤时间为 3～4min。底火可控在 270～300℃，使面包定型成熟。

第三阶段：面包上色、增香和提高风味的阶段。此时，面包已经定型并基本成熟，炉温逐步降低，面火一般在 180～200℃，可使面包表面发生美拉德反应，产生金黄色表皮，并产生香气；底火可降到 140～160℃。

面包坯经过三个阶段的焙烤，即可制成色、香、味俱佳的面包。

（2）面包烘烤时间

面包坯越大，焙烤的时间越长，焙烤温度应越低；同样大小的面包坯，长形的比圆形的、薄的比厚的焙烤时间短；装模面包比不装模面包所需焙烤时间要长；小圆面包的焙烤时间多为 8～12min，而大面包的焙烤可长达 1h 左右。

适当延长焙烤时间有利于提高面包质量，可使面包中的糊精、还原糖和水溶物增加，水解酶的作用时间延长，提高面包的消化率。同时，还有利于面包色、香、味的形成。

使用较多鸡蛋、乳粉、绵白糖或砂糖的点心面包，极易着色。入炉温度必须降低，通常为 175～180℃，焙烤时间应适当延长，否则极易外焦里不熟。主食面包的焙烤温度可适当提高。点心面包坯内水分较多，因此焙烤时间要长些。夹馅面包的焙烤时间也要长些。

（3）烤炉内的湿度控制

炉内湿度对于面包质量有着重要影响。如果炉内湿度过低，会使面包皮过早形成并增厚，产生硬壳，表皮干燥无光泽，限制了面包体积的膨胀，增加了面包的质量损失。如果湿度适当，可加快炉内蒸汽对流和热交换速度，促进面包的加热和成熟，增大面包的体积。此外，还可以传给面包表面淀粉糊化需要的水分，使面包皮产生光泽。

比较先进的面包烤炉一般具有恒湿控制装置，可通过自动喷射水蒸气或水雾来提高炉内湿度。大型面包生产线，由于产量大，面包坯一次入炉内，面包坯蒸发出来的水蒸气即可自行调节炉内湿度。但小型烤箱湿度往往不够，需要在炉内放一盆水以增加湿度。焙烤面包时，不应经常打开炉门。烤箱上方一般设有排烟、排气孔，焙烤时应该将其关闭，防止水蒸气从炉内散失。

2. 面包表皮在焙烤中的褐变

面包在焙烤中产生金黄色或棕黄色的表面颜色，主要由美拉德反应和焦糖化反应两种途径来实现。

1）美拉德反应。面包坯中的还原糖，如葡萄糖和果糖，与氨基酸产生羰氨反应，产生有色物质。这个过程称为美拉德反应。

2）焦糖化反应。糖在高温下发生的变色作用称为焦糖化反应。参加焦糖化反应的糖包括酵母发酵剩余的蔗糖、麦芽糖、果糖、葡萄糖等。

此外，鸡蛋、乳粉、饴糖、果葡糖浆等均有良好的着色作用。

在美拉德反应中，不同种类的糖发生褐变的程度不同。一般认为，属于非还原性的糖，不起褐变反应。由于酵母所分泌的转化酶的作用，在面团发酵过程中，蔗糖降解为葡萄糖和果糖，在焙烤过程中引起褐变，使面包表面带有诱人的红褐色。

生产面包时添加不同的氨基酸或铵盐与葡萄糖，使面包表面产生不同的颜色。但是，铵盐与糖反应时会生成一些有毒的物质，故在面包生产中应控制其使用量。

在生产上，可用控制还原糖的用量调节褐变的程度，也可用增减氨基酸的量来控制，但是调节氨基酸量不如调节用糖量方便。改变 pH 和（或）温度也是控制褐变反应的重要手段。此外，在生产时还应注意调节炉内的相对湿度来控制褐变反应，炉内相对湿度大约为 30%时，褐变反应速度最快。

3. 面包香味

面包坯在高温焙烤的过程中，表皮褐变的同时，面包还产生特有的风味。这些特有风味是由各种羰基化合物形成的，其中醛类起着主要作用，而且也是面包风味的主体。此外，还有醇和其他物质。这些物质在面包表皮中的含量远比瓤中的含量多。随着焙烤时间的延长，其褐变程度也加强。这些物质形成的越多，面包的特有风味也越好。

4. 烤炉选择

焙烤是面包质量的决定性因素，烤炉的选择至关重要。一般应选择能控制面火、底火并有加湿装置的烤炉，以确保生产高质量的面包。烤炉的种类很多，应根据班产量来选择。产量很大时，应选择隧道式电烤炉，以保证生产的正常进行和面包质量的稳定。产量不大时（每天生产 0.5t 以下小麦粉），应选择箱式烤炉，既保证了面包的正常焙烤，又利于节能。

远红外加热烤炉具有加热速度快、生产效率高、焙烤时间短、节省电能、焙烤均匀、面包质量稳定等特点。因此，应尽量选择远红外加热烤炉。

5. 面包内部组织的质量要求及其影响因素

面包组织是面包感官质量评分的重要指标之一。总的质量要求是，组织均匀，色泽洁白，无大孔洞，富有弹性，柔软细腻，气孔壁薄。面包组织除受焙烤条件的制约外，还与入炉前的各道工序操作有直接关系。

1）发酵不足的面团，面包组织壁厚、坚实而粗糙，气孔不规则或有大孔洞；发酵过度的面团，面包组织壁薄，过软，易破裂，多呈圆形。

2）醒发不足的面团，面包体积小，组织紧密；醒发过度的面团，入炉后引起气孔薄膜破裂，致使面包塌陷或表面凸凹不平，组织不均匀。

3）面团搅拌过度与发酵不足的现象相同。

4）经过压片、卷起的面团，焙烤后的面包组织非常均匀，无任何大孔洞，气孔小，很像小海绵状，并成丝状和片状，可用手一片一片地撕下来。

5）焙烤温度直接影响面包的组织。如果入炉后上大火，面包坯很快形成硬壳，限制了面团的膨胀，造成面包坯内气压过大，使气孔膜破裂，形成粗糙、壁厚、不规则的面包组织。因此，适当的炉温和焙烤方法，对获得均匀的面包组织是非常重要的。一般情况下，适当延长焙烤时间，对于提高面包质量有一定作用，可以使面包中的水解酶作用时间延长，提高了糊精、还原糖和水溶性成分的含量，有利于面包色、香、味的形成和消化吸收。

表3-3为焙烤条件对面包品质的影响及其纠正方法。

表3-3 焙烤条件对面包品质的影响及其纠正方法

面包质量特征	影响因素	纠正方法
体积过小	炉温太高，面火过大	调节炉温，检查面火
体积过大	炉温太低，焙烤时间长	适当提高炉温
皮色太深	炉温太高，面火太大，焙烤时间过长	调整炉温，缩短焙烤时间
底部白，中间生，皮色深	底火偏低，上火偏高	加大底火，降低面火，调整炉温及焙烤时间
皮色灰暗	炉温偏低，焙烤时间长	调整炉温和焙烤时间
皮层过厚有硬壳	炉内湿度小，炉温低，焙烤时间长	调整湿度，提高炉温，缩短焙烤时间
皮色太浅	炉内湿度小，面火不足，焙烤时间短	调整湿度，加大面火，延长焙烤时间
皮部起泡、龟裂	炉温太高，湿度小，面火过大	调整炉内温、湿度
边缘爆裂	炉内温度高，湿度小	调整炉内温、湿度
皮部有黑斑点	炉温不均匀	调整炉温，降低面火

3.2.6 面包的冷却与包装

面包出炉以后温度很高，皮脆瓤软，没有弹性，经不起压力，如果立即进行包装或切片，必然会造成断裂、破碎或变形；刚出炉的面包，瓤的温度也很高，如果立即包装，热蒸汽不易散发，遇冷产生的冷凝水便吸附在面包的表面或包装纸上，给霉菌生长创造条件，使面包容易发霉变质。因此，为了减少这种损失，面包必须冷却后才能包装。

冷却的方法有自然冷却法和吹风冷却法。自然冷却是在室温下冷却，这种方法时间长，如果卫生条件不好易使制品被污染。吹风冷却是用风扇吹冷，冷却速度较快。因自然冷却所需时间太长，故现在大部分工厂采用吹风冷却法。不论采用哪种方法冷却，都必须注意使面包内部冷透，冷却到室温为宜。

面包在冷却过程中，由于面包本身温度比较高，而外界温度降低，温度降低一般先从面包外表皮开始，逐渐向内推移。

听形面包出炉后即可倒出冷却。摆放时，面包之间不要挤得太紧，要留有一定空隙，以便空气流通，加快冷却速度。

圆形面包出炉后，不宜立即倒盘，应连盘一起放在移动式冷却架上，待冷却到面包表皮变软并恢复弹性后，再倒在冷却台上，冷却至包装所要求的温度。

在冷却过程中，面包从高温降至室温，其质量的损耗随面包大小的不同为2%～3%，平均为2%左右。小面包的质量损耗大，大面包的损耗小。

气流相对湿度越大，面包质量损耗越小，反之质量损耗越大。

气流温度低，面包外表面的蒸汽压降低，水分蒸发缓慢，质量损耗减小。反之，温度高，面包质量损耗大。

面包的含水量越大，在冷却中的损耗越大；质量相同的面包，其体积越大，损耗越大。

冷却好的面包如果长时间暴露在空气中，水分容易很快蒸发而使面包外皮变硬，内部组织老化，失去了面包松软适口的特点及特有的风味。如卫生条件不好，也容易生霉变坏。为了避免水分的大量损失，防止面包干硬，保持面包的新鲜程度，保证产品质量，冷却好的面包一般要及时进行包装。经过包装的面包，既能保持面包的清洁卫生，减少微生物对面包的败坏，又能增加产品的美观大方。

面包的包装材料，首先必须符合食品卫生要求，不得直接或间接污染面包；其次，应不透水和尽可能不透气；再次，包装材料要有一定的机械性能，便于机械化操作。用作面包包装的材料有耐油纸、蜡纸、硝酸纤维素薄膜、聚乙烯、聚丙烯等。

包装环境适宜的条件：温度为22～26℃，相对湿度为75%～80%，最好设有空调设备。当面包冷却到28～38℃，进行包装是比较适宜的。

3.2.7　面包的老化及其预防

面包在贮藏和运输过程中的显著变化就是老化，也称陈化、硬化或固化。面包老化后口味变劣，组织变硬，易掉渣，香味消失，口感粗糙，下咽困难，犹如潮湿的皮革，其消化吸收率均降低。

从热力学上来说，面包老化是自发的能量降低过程，所以只能延缓面包老化而不能彻底防止。

影响面包老化的因素有温度、食品添加剂、原辅料、加工条件和工艺及包装等。

1. 温度

温度对面包老化有直接影响。将面包在60℃条件下保存，其新鲜度可以保持24～48h。贮存温度在20℃以上，老化缓慢；－7～20℃时面包老化速度最快，面包出炉后应尽量不通过这个温度区。其中，1℃老化最快。30℃时老化速度曲线几乎呈一直线，非常缓慢。达到－7℃，水分开始冻结，老化急剧减慢。－20～－18℃时，水分有80%冻结，在这种条件下可长时间防止老化。目前，国外常用的有效而实用的方法是：在－29～－23℃的冷冻容器内，在2h内把面包温度冷却至－6.7℃以下（－6.7℃是面包的冻结温度），然后降温至－18℃。在此温度下贮存面包可以保鲜一个月左右。

已经老化的面包，当重新加热到50℃以上时，可以恢复到新鲜柔软状态。

面包配方中使用了糖、食盐等，它们的冻结温度为－8～－3℃。如要使面包中80%的水分冻结成稳定状态，至少要在－18℃条件下贮藏。

面包贮存温度、贮存时间与硬度增加率的关系如表3-4所示。

表 3-4　面包贮存温度、贮存时间与硬度增加率的关系

贮存温度/℃	贮存时间/d	硬度增加率/%	贮存温度/℃	贮存时间/d	硬度增加率/%
9.5	3	27	17.8	24	0
12.5	24	14	22.0	24	0

高温处理也是延缓面包老化的措施之一，温度越高，面包的延伸性越大，强度越低，面包越柔软。

2. 食品添加剂

α-淀粉酶能将淀粉水解为糊精和还原糖，导致立体网络联结点减少，阻碍淀粉结晶。但用量过大，将引起产品黏度增大。一般使用量为小麦粉用量的 0.09%～0.3%。

单甘油酸酯、卵磷脂等乳化剂及硬酯酰乳酸钙（CSL）、硬酯酰乳酸钠（SSL）、硬酯酰延胡索酸钠（SSF）等抗老化剂可延缓面包的老化。SSL 可以改善面包品质，增加面包体积，延长保存期。CSL 可以改善面包的持气性，阻止淀粉结晶老化过程。乳化剂和抗老化剂的正常使用量为小麦粉用量的 0.5%左右。这些添加剂的使用可使面包柔软、延缓老化、增大制品体积，同时还有提高糊化温度、改良面团物性等作用，是目前世界各国广泛使用的添加剂。

3. 原辅料

小麦粉的质量对面包的老化有一定影响。一般来说，使用含面筋多的优质小麦粉，会推迟面包的老化时间。在小麦粉中混入 3%的黑麦粉就有延缓面包老化的效果。加入起酥油也有抗老化效果。

在小麦粉中加入膨化玉米粉、大米粉、α-淀粉酶、大豆粉以及糊精等，均有延缓老化的效果。

在面包中添加合适的辅料，如糖、乳制品、蛋（蛋黄比全蛋效果好）和油脂等，不仅可以改善面包的风味，还有延缓老化的作用，其中牛乳的效果最为显著。糖类有良好的持水性，油脂则具有疏水作用，它们都从不同方面延缓了面包的老化。在糖类中，单糖的防老化效果优于双糖，它们的保水作用和保软作用均较好。

4. 加工条件和工艺

为了防止面包老化并提高面包质量，在搅拌面团时应尽量提高吸水率，使面团软些；采用高速搅拌，使面筋充分形成和扩展。尽可能采用二次发酵法和一次发酵法，而不采用快速发酵法，使面团充分发酵成熟。发酵时间短或发酵不足，面包老化速度快。另外，焙烤过程中要注意控制温度。总之，加工工艺和方法对面包老化具有不容忽视的影响。概括起来就是“五透”：搅拌面团时要“拌透”，发酵时要“发透”，醒发时要“醒透”，焙烤时要“烤透”，冷却时要“凉透”。

5. 包装

包装可以保持面包卫生，防止水分散失，保持面包的柔软和风味，延缓面包老化，但不能制止淀粉老化。

包装温度对保持面包的质量也有一定的影响。在40℃左右的条件下包装时，保存效果好；在30℃左右的温度下包装香味保持得最佳。

3.2.8 面包的腐败及其预防

面包在保管中发生的腐败现象有两种，一是面包瓤心发黏；二是面包皮发生霉变。瓤心发黏是由细菌引起的，而面包皮霉变则是因霉菌作用所致。

1. 面包瓤心发黏

面包瓤心发黏是由普通马铃薯杆菌和黑色马铃薯杆菌引起的。病变先从面包瓤心开始，原有的多孔疏松体被分解，变得发黏、发软，瓤心灰暗，最后变成黏稠状胶体物质，产生香瓜腐败时的臭味。用手挤压可成团，若将面包切开，可看到白色的菌丝体。

马铃薯杆菌孢子的耐热性很强，可耐140℃的高温。面包在焙烤时，内部温度不超过100℃，这样就有部分孢子被保留下来。而面包瓤心的水分都在40%以上，只要温度适合，这些芽孢就繁殖生长。这种菌体繁殖的最适温度为35～42℃。因此，在夏季高温季节，瓤心发黏最容易发生。

检查瓤心发黏，除了感官检查外，还可以利用马铃薯杆菌含有的过氧化氢酶能分解过氧化氢的性质进行检查，其方法是：取面包瓤2g，放入装有10mL 3%的过氧化氢水溶液的试管中，过氧化氢被分解而产生氧气，计算2h产生的氧气量，从而确定被污染的程度。

预防方法：马铃薯杆菌主要存在于原材料、调料、工具、面团残渣以及空气中。对面包所用的原材料要进行检查。所用工具应经常进行清洗消毒。厂房应定期采用下列方法消毒：用稀释20倍的福尔马林喷洒墙壁，或用甲醛等熏蒸。另一种方法是适当提高面包的pH。当面包pH在5以下时，可以抑制这种菌。也可以添加下列防腐剂：添加面粉量0.05%～0.1%的醋酸，或0.25%的乳酸、磷酸、磷酸氢钙，或0.1%～0.2%的丙酸盐（如丙酸钙），都有一定效果。但面包酸度过高不受消费者欢迎，所以上述防腐方法只能在一定范围内使用。

如在工艺上采用低温长时间发酵，用质量好的酵母，在炉中将面包烤熟、烤透，冷透后再包装，低温下贮藏等方法也可预防瓤心发黏。

2. 面包皮发生霉变

面包皮发生霉变是由霉菌作用引起的。污染面包的霉菌群种类很多，有青霉菌、青曲霉、根霉菌、赭霉菌及白霉菌等。

初期生长霉菌的面包带有霉臭味，表面具有彩色斑点，斑点继续扩大，会蔓延至整个面包表皮。菌体还可以侵入面包深处，占满面包的整个蜂窝，以致使整个面包霉变。

可采用下述措施预防霉变：对厂房、工具定期进行清洗和消毒；定期使用紫外线灯照射和通风换气。

南方春、夏季高温多雨，面包容易生霉。生产中应做到“四透”，即调透、发透、烤透、冷透。它是预防春、夏季节面包发霉的好方法，其中冷透和发透是关键。

使用防腐剂，用 0.05%～0.15%醋酸或 0.1%～0.2%乳酸，在防霉上有良好效果。另外，添加丙酸钙、脱氢醋酸等防腐剂也能起到很好的防霉作用。加有乳制品的面包，应适当增加防腐剂的用量。

3.3 面包的其他生产工艺

3.3.1 起酥起层面包生产工艺

1. 面团搅拌和发酵

（1）搅拌机

加工起酥面包要先使用桨状搅拌器搅打油和水等，因为面团内油脂和糖较多，面团较难搅拌均匀。

（2）搅拌程序

1）先将酵母和部分水混合在一起备用。

2）加入油、糖、食盐、乳粉、乳化剂，使用中速搅拌至混合均匀和呈乳化状态。

3）蛋分数次慢慢加入并搅拌至均匀乳化。

4）加入剩余的水和小麦粉，溶解的酵母加在小麦粉上面，先用慢速将小麦粉与其他液体原辅料初步混合，再改用中速将面团搅拌至形成面筋。

（3）低温发酵

将面团分割成大小合适的面块，放置于平烤盘上，放入 1～3℃的冰箱（柜）中静置和低温发酵 3h 以上。

（4）影响面团低温发酵的因素

1）面团温度。面团的理想温度是 24℃。起酥面包面团需长时间低温发酵，虽然在低温状态下，但酵母的发酵作用仍在进行。

如果面团温度过高，将会加快其在冰箱内的发酵速度，易使面团发酵过度，将增加整型上的困难，使产品色泽不良，风味不佳。

2）面团大小。面团过大，由室温冷却到与冰箱内相同温度时间就较长，酵母的发酵作用减慢，面团发酵时间延长，也会影响面团成型和产品品质。

3）冷藏设备。要有良好的冷藏设备才能制作出好的起酥面包。因为起酥面团含有较多的油脂，面团较软，不经冷藏无法整型。即使再稀软的面团，经过数小时的冷藏后，面团自然会变硬，可塑性增大，从而提高加工性能。有条件的，最好建造一个冷藏室，可以扩大产量并保持产品质量稳定。

无冷藏设备时可采取以下措施：

① 采用糖和油脂较低的配方，减少水分用量，增大面团硬度。

② 搅拌面团时要多用或全部用冰水，控制面团温度在 20～22℃。

③ 面团搅拌后静置 15～20min，然后包油和折叠，中间再静置 15～20min，降低其韧性，接着整型。

④ 醒发室温度调整为 35℃，相对湿度为 85%。

⑤ 每次搅拌的面团不能太大。

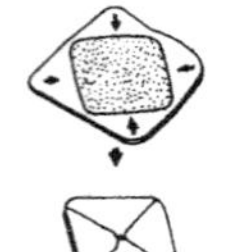

2. 包油和折叠

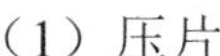

（1）压片

将经过 3h 以上低温发酵的面团滚压成厚约 3cm 的面片，以备包油。

（2）包油

常用的主要有对角包油法、四面折起包油法、三折包油法等，如图 3-3 所示。

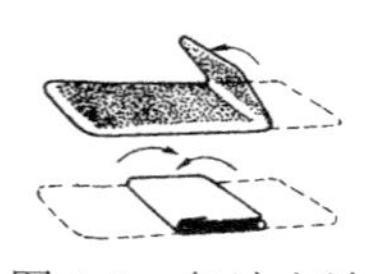

图 3-3　包油方法

冬天如果油脂太硬，无法用来包油，可以用少量小麦粉与油脂混合，用手反复搓擦或在搅拌机内搅拌至不含颗粒为止，使其硬度与面团硬度一致，否则无法折叠操作。夏季必须选择熔点高、塑性强的人造奶油或奶油。总之，不管冬夏，油脂的硬度都应和面团的软硬度一致，否则油脂会穿破面皮，使面团不能产生层次。

（3）折叠

折叠的主要目的是使包入油脂的面团产生很多层次，面皮和油脂互相隔离不相混。

折叠方法有二折法、三折法和四折法。二折法是将包油后的面团滚压平整后，从中间对折。该法起层少，效率低，不常用。常用的是三折法和四折法，效率高，层次多。

（4）冷藏静置

第一次折叠后的面团置于冰箱内冷藏静置约 15min，再做第二次折叠。第二次折叠后，如果感觉到面团延伸性好，则可以连续进行第三次折叠。如果延伸性不好无法继续折叠，则可以再次冷藏静置，整个折叠过程最多折叠三次。

3. 低温发酵

要制作高质量的起酥起层面包，折叠后的面团最好在 1～3℃的冰箱中发酵 12～24h，然后取出整型。如果不想长时间低温发酵，亦可在冰箱中发酵 2h 左右。不经过低温发酵静置，无法得到合格的起酥面包。

冷藏温度要严格控制在 1～3℃。否则，如果温度低于 0℃，酵母多被冻成休眠状态，面团无法发酵。如果温度高于 3℃，面团发酵太快。上述情况均不能制作出合格品质的起酥起层面包。

4. 整型

起酥起层面包的整型方法较多，还可以包馅成型。可在整型后的面包坯表面刷一层蛋液，使成品的表面色泽更加悦目和美观。

5. 醒发

起酥起层面包在醒发时温度和湿度比常规方法要低。因此，温度太高易使油脂从面粉中渗流出来，严重影响起酥起层面包的质量和层次。湿度太高，面包坯醒发时易变形呈扁平状。一般情况下，温度为 35℃，相对湿度为 80%。

醒发时间一般控制在成品面包大小的 2/3 左右为宜。如果醒发到成品体积，面团内的油脂、水分和酵母发酵产生的二氧化碳会使烤炉内的面包膨胀过度，出炉后严重收缩变形。

醒发后的面包坯在入炉前需再刷一次蛋液，以增加面包的表面光泽。

6. 焙烤

焙烤起酥起层面包时不宜采用太高的温度，通常为 165～175℃。焙烤时间为 10～15min，根据面包重量大小而定。

3.3.2 二次醒发法面包生产工艺

传统面包生产方法是二次发酵法和一次发酵法，其中二次发酵法的主要缺点是生产周期太长。从 1986 年以来，全国各地开始流行快速发酵法，至今仍兴盛不衰，相当普及。然而这种面包生产方法存在很多缺点，其突出的缺点是无发酵香气，面包体积小，易老化变硬，而优点是生产周期短（2.5～3h），产量大。而二次醒发法克服了快速发酵法和二次发酵法的缺点，其主要特点是生产周期短（5h 左右），产品具有发酵香气，体积较大，内部组织好，老化慢。

1. 配方

二次醒发法面包生产配方（质量分数）如表 3-5 所示。

表 3-5　二次醒发法面包生产配方（质量分数）

原料	1		2		3		4	
	种子面团	主面团	种子面团	主面团	种子面团	主面团	种子面团	主面团
小麦粉	70	30	70	30	70	30	70	30
砂糖	7	3	14	6	9.8	4.2	12.5	5.4
乳粉	1.4	0.6	1.4	0.6	2.8	1.2	1.4	0.6
油脂	1.4	0.6	1.4	0.6	2.8	1.2	1.4	0.6
鸡蛋	2.8	1.2	5.6	2.4	1.4	0.6	1.4	0.6
即发干酵母	0.6	—	0.7	—	0.6	—	0.7	—
食盐	0.56	0.24	0.35	0.15	0.56	0.24	0.42	0.18
FE-12	0.56	0.24	0.49	0.21	0.66	0.24	0.49	0.21
水	35	15	31.5	13.5	35	15	35	15
安赛蜜	—	0.06	—	0.023	—	0.04	—	0.03

2. 工艺流程

二次醒发法面包生产的工艺流程如下：原料预处理→面团调制→醒发→面团调制→压面→整理→刷水或刷油→卷条→整形→醒发→焙烤→装饰→冷却→包装→成品。

3. 操作要点

（1）配料

按照配方，分别配齐种子面团和主面团的各种原辅料。

（2）调制种子面团

根据室温计算出和面的水温，然后按下列投料顺序调制种子面团。

1）将水、砂糖、鸡蛋、食品添加剂放入和面机中，搅拌片刻，使之溶化，分散均匀。

2）加入小麦粉、即发干酵母和乳粉，搅拌至面团初步形成面筋。

3）加入油脂，搅拌到面团表面看不到油脂为止。

4）将食盐用少量水溶化后加入和面机中，搅拌到面团面筋完全扩展。面团温度应控制在 27～29℃，如果温度太低，醒发速度慢，时间长，面团不能充分膨胀；如果温度太高，醒发速度快，面团同样不能充分膨胀，而且面团会过早出现许多气孔，持气性差。

（3）种子面团醒发

醒发室温度应控制在 38～40℃，相对湿度为 80%左右，比最后醒发的湿度要低。如果温度过高，相对湿度过大，会造成面团醒发速度过快，过早地使面团表面出现许多气孔而包不住气体，使面团不能充分膨胀，面筋不能充分延伸；酵母也不能充分繁殖，使最后醒发时缺乏后劲。醒发时间控制在 110～120min。如果是低糖主食面包，则醒发时间短些，因为面团内渗透压小，面团筋力弱，发酵膨胀阻力小，醒发快。高糖点心面包醒发时间要长些，约 150min。

（4）调制主面团

按调制种子面团的顺序，将主面团的各种原辅材料调制成面团，然后加入醒发好的种子面团搅拌均匀，面团温度控制在 27～29℃。

（5）压面

压面是提高面包质量、改善面包纹理结构的重要工序之一。操作时应选择压辊为不锈钢材质、辊长 220～240mm、转速为 160～180rpm 的压面机。压面的目的是排出面团中不均匀的大气泡，改善面筋网络的物理性能，提高其延伸性，并把面片压延至规定厚度。压面时要求每压一遍，必须折叠一次，然后再压，如此反复，直至达到质量要求。压面完成的标志是面片表面光滑、细腻。压片过程中可根据具体情形来确定是否需要撒浮粉，面团过软易粘辊子应稍多撒浮粉，面团较硬可少撒或不撒浮粉。压出的面片应该长宽规格整齐，否则不易整形。

（6）面片的整理

将压好的面片放置于操作台上，用滚筒滚压成宽约 35cm、厚约 1cm 的长方形面片，切勿将面片滚压的太薄、太宽，否则刷上水后面片很易被水浸软，失去筋性，极易断条，无法成型，而且醒发时面团表面易开裂、变形。整理后的面片应长宽一致，薄厚均匀。

（7）刷水或刷油

如果面包中间不夹任何东西，应在整理后的面片表面刷一层水，要求必须刷匀，用扁刷横向、纵向反复刷，直到将表面刷起有黏性，特别是封口处更要刷到，否则封口不严，易型成两层皮，易开裂变形。但不要刷过多的水，否则面团太软，易造成面片断条。

如果制作起层面包，可在面片中间刷一层薄薄的植物油。但两边沿要刷水以利封口，卷起成型后即为层次分明的起层面包。

如果制作夹馅面包，可在面片中间铺上一层馅料，如豆沙、枣泥、可可粉等。但是馅料不要太厚，以免影响面包疏松。

（8）卷条

将面片卷起，要求卷紧、卷实。卷到最后必须将剂口封严，如封不上，可再补刷水。

（9）整形

将卷起的长条形面团搓成粗细一致的圆筒状面团，以便分块，再搓成不同形状的面包坯。

（10）醒发

醒发温度为 38～40℃，相对湿度为 85%左右。温度不宜高于 40℃。温度过高，醒发快，面包起发不充分，体积小。

往醒发室入盘时，应先平行从上往下入架，以便先入先出、先烤。如果使用烤箱应凑满一炉后再入醒发室，以便能整炉焙烤，节省电能。使用隧道炉可 4～5 盘同时入醒发室，避免门开启次数太多，以利保温、保温。

当醒发至面团表面呈半透明薄膜时方可焙烤。从醒发室取盘焙烤时，必须轻拿轻放，不得振动和冲撞，以防面团跑气塌陷。如果焙烤速度慢于醒发速度，特别是在使用烤箱时，面包坯已经醒发好而烤炉倒不过来，应立即关停加热、加湿装置，并把醒发好的面包坯放在醒发架的最底层，必要时甚至可以打开醒发室门，放掉热蒸汽以降温、降湿，防止面包坯继续醒发而过度。

（11）焙烤

烤炉要提前预热。一般烤箱提前 0.5h 预热，隧道炉提前 1h 预热。炉内上部温度高，下部温度低，因此使用烤箱时应先从下往上入炉，入满炉后可使面包坯上下温度一致。

使用隧道炉时应逐盘推进，待第一盘内面团膨胀起来后再入下一盘。焙烤时要先低温、后高温，低温膨胀，中温定形，高温着色。对于隧道式烤炉，低温区不需面火只需底火，170～175℃。中温区需同时面火、底火，即 190～200℃。高温区应加大面火，降低底火，面火为 210～220℃，底火为 180℃左右。

如果使用不能控制面火和底火的烤炉，低温区应设置为 170～175℃，中温区 190～200℃，高温区 215～220℃。炉温还应根据面包品种来调整，对于低糖（糖含量小于 7%）普通面包，最高炉温可达 230～240℃，否则不易着色。而糖、蛋、乳多的点心面包最高炉温不能超过 200℃，因着色过快，易造成外焦内生。面包出炉后必须检查底部是否已经着色，如果发白说明面包内部未熟，心部发黏，必须重新烤。

（12）冷却

面包出炉装饰后应冷却至内部温度达 32～38℃。如果不冷却包装，易发生霉变和变形。

3.3.3　柯莱伍德法机械快速发酵法

柯莱伍德法机械快速发酵法（简称“柯莱伍德法”）是英国焙烤工业研究协会参照美国的连续混合面团法，应用高速搅拌产生能量促进面团起发的原理而研制出来的一种新型面包生产方法。

1．柯莱伍德法的原理

应用高速搅拌机把机械能输入面团中，然后释放出来使面团膨胀。面团要达到最佳膨胀水平，每克面团要耗能 40J。该法搅拌面团要比常规法多耗能 5～8 倍，而这多出的能耗又与常规法酵母发酵产生的能量水平相同。

高速搅拌机在加压情况下进行面团搅拌，当压力释放时，面团在突然减压情况下瞬间膨胀而完成发酵。因此，该方法是利用强烈的机械搅拌，把搅拌与发酵两个工序结合在一起，在搅拌中完成发酵的。

除了使用高速搅拌机外，还采取以下辅助措施：添加面团改良剂；酵母用量比常规法增加 50%～100%。

2．柯莱伍德法的工艺流程、工艺要点及特点

（1）工艺流程（图 3-4）

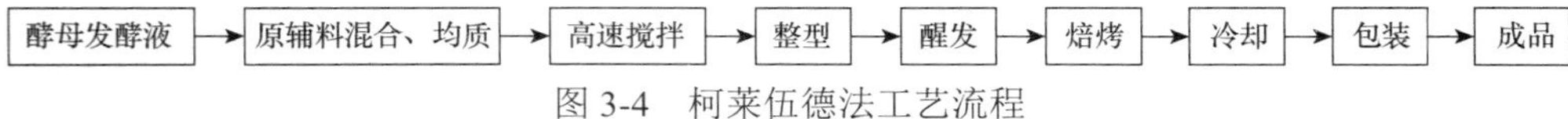

图 3-4　柯莱伍德法工艺流程

（2）工艺要点

1）面团调制。时间为 3.5～5min，搅拌后面团温度为 28～31℃。

2）中间醒发。时间一般为 8min，不超过 10min，室温为 29℃。

3）醒发。时间约 25min。

（3）柯莱伍德法的特点

1）大大缩短了生产周期，从面团调制到出成品仅需 1h。

2）节省了人力、设备和车间面积。

3）可使用面筋含量低的面粉，如蛋白质含量为 8.3%～10.5%的中筋面粉。

4）从配料到出成品完全由机械化完成，自动化程度高，保证了产品卫生。

目前，英国和美国等欧美国家的面包工厂大都采用柯莱伍德法。

3.3.4　冷冻面团法生产面包工艺

冷冻面团法是 20 世纪 50 年代发展起来的面包生产新工艺，它是指在面包的生产过程中，运用冷冻原理与技术处理成品或半成品，使其于此阶段保留或贮藏一段时间，待需用时经解冻处理，而后接上后续工序，继续余下的生产流程，直至成为成品为止。目

前，该方法在许多国家和地区已经相当普及，特别是国内外面包行业流行连锁店经营方式，使冷冻面团法得到了很大发展。冷冻面团面包在美国、英国、法国、日本等国倍受青睐。我国冷冻面团面包的生产起步较晚，但具有很大的开发潜力。

使用冷冻面团法生产面包有下述几种方法，生产者可根据不同情况灵活运用。

1. 成型面包冷冻方法

成型面包冷冻方法是把面团成型后，连同烤盘一起，立即送入急冻室，急冻至面团坚硬，取出装于薄膜袋中，放入纸箱内，送入冻藏库。待需用时取出，然后置于烤盘上摆放好，先移至 0℃左右放置片刻，再移到解冻至室温，入醒发室醒发，最后焙烤。

此种方法生产面包，不用前发酵，省力且效果好，适宜中等规模以上的面包加工厂使用。

现举一生产实例。

原料配方：面包专用粉 25kg，砂糖 5kg，脱脂乳粉 750g，食盐 250g，全蛋液 2.5kg，起酥油 2kg，干酵母 200g，改良剂 80g，水 10.5～11kg。

制作要点：一次加料，搅拌温度为 18～24℃，切块分割面团为 200g，中间醒发 10～15min，整型，－18℃冷冻保存，解冻 1h，38℃醒发 2.5h，210℃焙烤 45min 左右。

2. 未经成型面团冷冻方法

将经发酵的面团分割成所需重量并滚圆，然后急冻。需用时解冻，再成型、醒发、焙烤，成为成品。

现举一例。

原料配方：面包专用粉 20kg，普通小麦粉 5kg，砂糖 6kg，食盐 0.9kg，脱脂乳粉 1kg，起酥油 2.2kg，全蛋液 2.2kg，耐冷藏酵母 2kg，改良剂 70g，水 10～10.5kg。

制作要点：一次投料，搅拌温度为 18～24℃，发酵时间为 60min，发酵温度为 38℃，切块、分割为 100g，－18℃冷冻保存，常温（25℃）解冻 60min，整型，醒发（温度 38℃，相对湿度 75%）约 60min，200℃焙烤 8～10min。

3. 预醒发面团冷冻方法

该方法是把醒发好的面团急冻，然后放到冷库，再贮存或运输到焙烤店或其他地方。待焙烤时，经冷藏解冻、常温解冻（或直接放入冷藏醒发两用冷库），再入炉焙烤即可。

4. 预焙烤制品冷冻方法

该法是把产品焙烤至七成熟（即体积膨胀定型、表皮尚未出现颜色或颜色极淡），取出后冷却至常温，然后急冻、冷藏，待需用时再解冻、焙烤至完全成熟。该方法主要用于低成分面包和法国面包、脆皮面包等的生产。

5. 烘后制品的冷冻方法

由于制品已是焙烤完成后的产品，故其冷冻方法与一般食品无差异，只需冷却至室温后便可冷冻、冷藏，然后解冻、出售。

6. 即烤冷冻面团冷冻方法

即烤冷冻面团是由法国卡里夫公司研制的，其工艺流程与冷冻面团工艺相同，但面团无须解冻，可在冷冻状态下直接进入烤炉焙烤。该种面团只进行到发酵完全成熟程度的60%，然后冷藏，冻结面团运往各焙烤地直接焙烤。因其焙烤时间、焙烤温度变化和排出水蒸气的速度及数量都和普通面包坯不同，所以需要特别的烤炉才能使面团充分膨胀并烤制出外观漂亮、风味良好的面包。

3.4 面包制作实例

3.4.1 软面包的制作

1. 原料配方

高筋粉1650g，S-500面包改良剂10g，食盐30g，酵母30g，水1050g，乳粉50g，砂糖150g，固体白菜油150g。

2. 制作过程

1）将高筋粉、S-500面包改良剂、食盐、酵母、乳粉、砂糖、固体白菜油称量好倒入和面机，慢速搅拌并加入水，3～5min后改为快速搅拌，约8min（图3-5）。

2）检查面团，柔软细腻、能拉出透明的薄膜即可（图3-6）。

3）进行基本醒发5min（图3-7）。

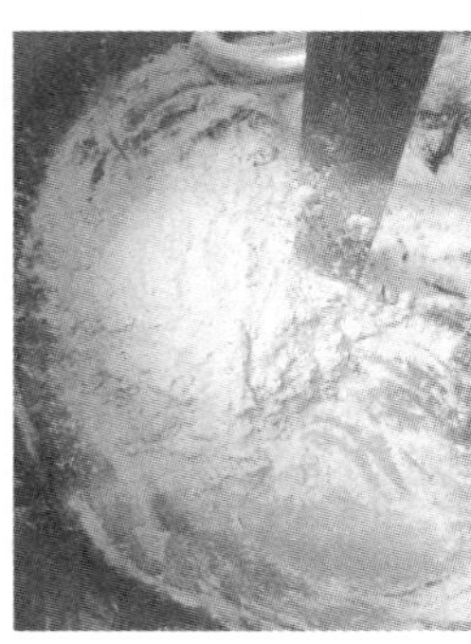

图3-5　和面

图3-6　检查面团

图3-7　醒发

4）将面团分成3g的等份，滚圆后松弛15min（图3-8）。

5）将面团重新揉圆，收口朝下码入烤盘，放入醒发箱进行最后发酵（图3-9）。发酵温度约30℃，湿度75%。

6）发酵完成后用软毛刷刷上蛋液。

7）烤箱预热180℃，中层，焙烤15min至表面呈现漂亮的焙烤色，出炉。

3. 质量标准

成品色泽金黄，均匀一致，柔软又弹性，香甜适口（图3-10）。

图3-8　松弛面团

图3-9　码入烤盘

图3-10　软面包成品

4. 制作要点

1）搅拌面团至能拉出透明的薄膜。
2）刷蛋液焙烤，不打蒸汽。

3.4.2 法式面包的制作

法式面包（baguette）因外形像一条长长的棍子，所以俗称法式棍，是世界上独一无二的硬式面包。与软面包不同，它的外皮和里面都很硬。制作法式面包是对面包师水平的考验，上等的法式面包的外皮脆而不碎。

1. 原料配方

高筋粉1125g，S-500面包改良剂30g，食盐20g，酵母20g，水750g。

2. 制作过程

1）将高筋粉、S-500、食盐、酵母称量好倒入和面机，慢速搅拌3～5min并加入水，之后快速搅拌6～7min（图3-11）。
2）检查面团，能拉出粗糙的薄膜即可。
3）进行基本发酵，至原来的2倍大，用手轻轻挤压面团排出气泡（图3-12）。

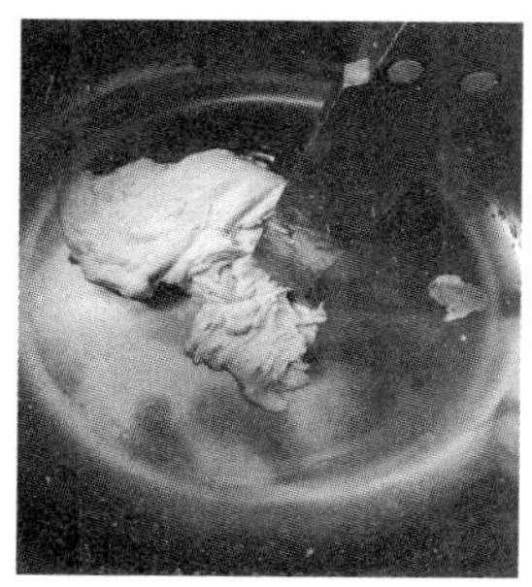
图3-11　和面

图3-12　发酵

4）将面团分成 35g（或 300g）的等份，滚圆后松弛 15min（图 3-13）。

5）将面团擀开成面片，从上下往中间折叠，开口捏紧，呈长棍形（或橄榄形）（图 3-14）。

6）开口朝下码入烤盘，用水喷雾打湿表面，放入醒发箱进行最后发酵（图 3-15）。

图 3-13　松弛面团

图 3-14　制作面包坯

图 3-15　最后发酵

7）发酵完成后，用刀在面团表面划出一道道切口，用水喷雾打湿面团表面（图 3-16）。

8）烤箱预热 210℃，中层，喷蒸汽焙烤 15min 至表面呈现漂亮的焙烤色，出炉（图 3-17）。

3. 质量标准

成品色泽金黄，均匀一致，表皮脆香，内里软绵，有嚼劲（图 3-18）。

图 3-16　划出切口

图 3-17　焙烤

图 3-18　法式面包成品

4. 操作要点

1）搅拌面团至能拉出粗糙的薄膜。

2）将面团擀开成面片，从上下往中间折叠，成型后二次发酵。

3）喷蒸汽焙烤。

3.4.3　吐司面包的制作

吐司，是英文 toast 的音译，粤语（广东话）称为多士，实际上就是用长方形带盖或不带盖的烤听制作的听型面包。用带盖烤听烤出的面包经切片后呈正方形，夹入火腿或蔬菜后即为三明治（图 3-19）。用不带盖烤听烤出的面包为长方圆顶形，类似长方形大面包。下面介绍的是一种白吐司面包的制作方法。

1. 原料配方

面包粉 800g，食盐 10g，酵母 10g，乳粉 24g，蛋清 32g，S-500 面包改良剂 5g，黄油 45g，砂糖 45g。

2. 制作过程

1）将发酵母倒入温水中搅拌均匀，黄油切块，室温软化。

2）将除黄油外的所有材料放入和面机内，揉成光滑的面团。

3）放入黄油，继续揉至完全扩展出手套膜。揉好面团放面盆中，盖上湿毛巾或保鲜膜发酵至 2 倍大（图 3-20）。

图 3-19　吐司面包

图 3-20　静置发酵

4）发好的面团用手指按下不回弹，取出面团用压面机压面排气（见图 3-21）。

5）将面团圈起呈长条状，再将其分切成 4 等份，盖上湿毛巾或保鲜膜醒 10min（图 3-22）。

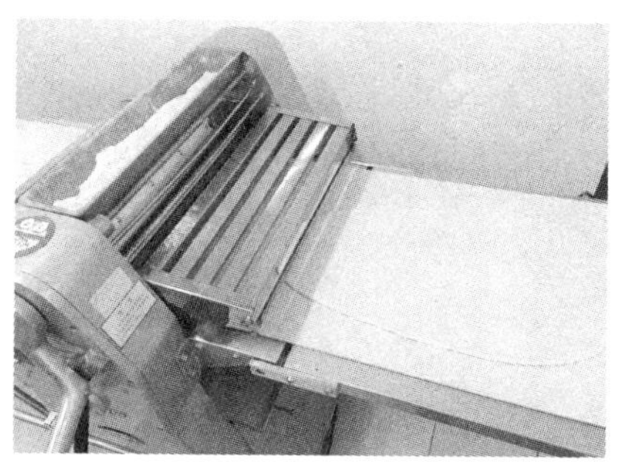

图 3-21　压面

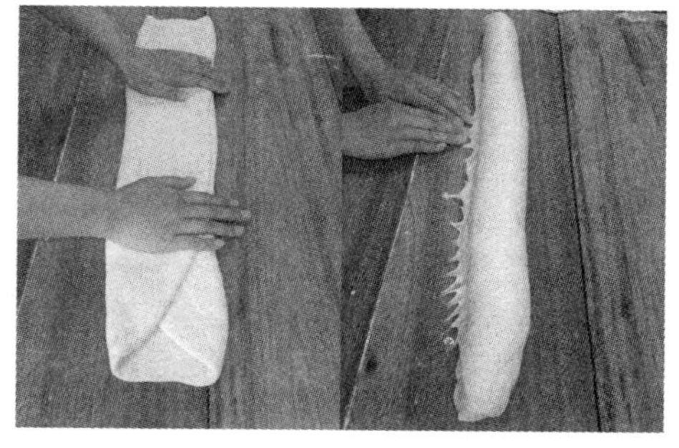

图 3-22　将面团搓成长条状

6）重复步骤 5 将 4 份面团擀成牛舌状再圈好，放入吐司模具中，盖上湿毛巾或保鲜膜发至九成满（图 3-23）。

7）面包发好后，烤箱预热 180℃，烤 45min 调换方位再烤 15min，出炉后立即脱模（图 3-24）。

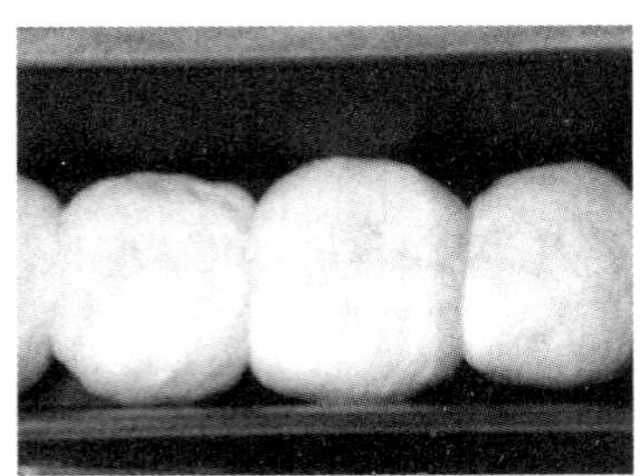

图 3-23　再次发酵

图 3-24　烤制成熟

思考题

1. 简述面包的概念及分类。
2. 简要说明面包生产的工艺流程。
3. 简述酵母的分类及特点。
4. 面包面团调制经历哪几个阶段？
5. 影响面包面团调制的因素有哪些？
6. 何谓面团发酵成熟？
7. 如何判断面团是否发酵成熟？
8. 简述面团发酵过程中撤粉的作用及方法。
9. 面包焙烤经历哪几个阶段？
10. 影响面包内部组织结构的因素有哪些？
11. 简述面包老化的概念及控制措施。
12. 面包生产中常用的食品添加剂有哪些？各有什么作用？

第4章　饼干生产工艺

知识目标

了解原辅材料对产品质量的影响；熟悉影响面团调制、辊轧、饼干成型、烘烤质量的主要因素和控制方法；掌握韧性饼干、酥性饼干、苏打（发酵）饼干的生产工艺流程。

能力目标

能够按照配方正确称量及预处理原辅料；具有准确判断面团调制重点、熟练进行成型和烘烤的能力。

相关资源

中国焙烤食品糖制品工业协会

智慧职教焙烤食品生产技术课程

智慧职教烘焙职业技能训练

伊莎莉卡烘焙网

饼干是以小麦粉（或糯米粉）为主要原料，加入（或不加入）糖、油脂及其他辅料，经调粉、成型、焙烤制成的水分低于6.5%的松脆食品。饼干口感酥松，水分含量少，体积轻，块形完整，易于保藏，便于包装和携带，食用方便。

4.1　饼干的分类

根据GB/T 20980—2007《饼干》，饼干按加工工艺分可分为13类。

1. 酥性饼干

酥性饼干（short biscuit）是以小麦粉、糖、油脂为主要原料，加入膨松剂和其他辅料，经冷粉工艺调粉、辊压（或不辊压）、成型、焙烤制成的表面花纹多为凸花、断面结构呈多孔状组织、口感酥松或松脆的饼干。

2. 韧性饼干

韧性饼干（semi hard biscuit）是以小麦粉、糖（或无糖）、油脂为主要原料，加入膨松剂、改良剂及其他辅料，经热粉工艺调粉、辊压、成型、焙烤制成的表面花纹多为凹花、外观光滑、表面平整、一般有针眼、断面结构有层次、口感松脆的饼干。

韧性饼干又可细分为就能型、冲泡型（易溶水膨胀的韧性饼干）和可可型（添加可可粉原料的韧性饼干）三种类型。

3. 发酵饼干

发酵饼干（fermented biscuit）是以小麦粉、油脂为主要原料，酵母为膨松剂，加入各种辅料，经调粉、发酵、辊压、叠层、成型、焙烤制成的松脆、具有发酵制品特有香味的饼干。

4. 压缩饼干

压缩饼干（compressed biscuit）是以小麦粉、糖、油脂、乳品为主要原料，加入其他辅料，经调粉、辊印、焙烤成饼干后，再经粉碎，添加油脂、糖、营养强化剂，或再加入其他干果、肉松、乳制品等，拌和、压缩制成的饼干。

5. 曲奇饼干

曲奇饼干（cookie）是以小麦粉、糖、糖浆、油脂、乳品为主要原料，加入膨松剂和其他辅料，经冷粉工艺调粉，采用挤注或挤条、钢丝切割或辊印方法中的一种形式成型、焙烤制成的具有立体花纹或表面有规则波纹的饼干。

曲奇饼干分为普通型、花色型（在面团中加入椰丝、果仁、巧克力碎粒或不同谷物、葡萄干等糖渍果脯的曲奇饼干）、可可型（添加可可粉原料的曲奇饼干）和软型（添加糖浆原料、口感松软的曲奇饼干）四种类型。

6. 夹心（或注心）饼干

夹心（或注心）饼干［sandwich（or filled）biscuit］是在饼干单片之间（或饼干空心部分）添加糖、油脂、乳品、巧克力酱、各种复合调味酱或果酱等夹心料而制成的饼干。

夹心（或注心）饼干分为油脂型（以油脂类原料为夹心的夹心饼干）和果酱（以水分含量较高的果酱或调味酱原料为夹心料的夹心饼干）两种类型。

7. 威化（华夫）饼干

威化（华夫）饼干（wafer）是以小麦粉（或糯米粉）、淀粉为主要原料，加入乳化剂、膨松剂等辅料，经调浆、浇注、焙烤制成多孔状片子，通常在片子之间添加糖、油脂等夹心料的两层或多层的饼干。

威化饼干分为普通型和可可型（添加可可粉原料的威化饼干）两种类型。

8. 蛋圆饼干

蛋圆饼干（macaroon）是以小麦粉、糖、鸡蛋为主要原料，加入膨松剂、香精等辅料，经搅打、调浆、挤注、焙烤制成的饼干。

9. 蛋卷

蛋卷（egg roll）是以小麦粉、糖、鸡蛋为主要原料，添加或不添加油脂，加入膨松剂、改良剂及其他辅料，经调浆、浇注或挂浆、焙烤卷制而成的饼干。

10. 煎饼

煎饼（crisp film）是以小麦粉（可添加糯米粉、淀粉等）、糖、鸡蛋为主要原料，添加或不添加油脂，加入膨松剂、改良剂及其他辅料，经调浆或调粉、浇注或挂浆、煎烤制成的饼干。

11. 装饰饼干

装饰饼干（decoration biscuit）是在表面涂布巧克力酱、果酱等辅料或喷撒调味料或裱粘糖花而制成的表面有涂层、线条或图案的饼干。

装饰饼干分为涂层型（饼干表面有涂层、线条、图案或喷撒调味料的饼干）和粘花型（饼干表面裱粘糖花的饼干）两种类型。

12. 水泡饼干

水泡饼干（sponge biscuit）是以小麦粉、糖、鸡蛋为主要原料，加入膨松剂，经调粉、多次辊压、成型、沸水烫漂、冷水浸泡、焙烤制成的具有浓郁蛋香味的疏松、轻质的饼干。

13. 其他饼干

其他饼干是指上述类型以外的饼干。

4.2 韧性饼干生产工艺

韧性饼干也称为硬质饼干，一般采用中筋小麦粉制作，其面团中油脂与砂糖的比率较低，为使面筋充分形成，需要较长时间调粉，以形成韧性很强的面团，并因此而得名。这种饼干表面较光洁，花纹呈平面凹纹型，通常带有针孔；香味淡雅，质地较硬且松脆，横断面层次比较清晰。常见的品种有动物饼干、玩具饼干、什锦饼干、牛奶饼干等。

4.2.1 韧性饼干的配方

韧性饼干配方中油脂、砂糖比一般约为 1∶2.5，油脂与砂糖和小麦粉之比约为 1∶2.5。表 4-1 为几种韧性饼干的配方。

表 4-1　韧性饼干的配方

原料	基本配方	普通韧性饼干	牛奶饼干	动物饼干	钙质饼干
小麦粉/kg	94	94	94	94	94
淀粉/kg	6	6	6	6	6
精炼油/kg	12	8	—	10.7	6.7
猪油/kg	—	1.5	18	—	4
磷脂/kg	1	—	—	2	1.6
白砂糖粉/kg	30	21	31	31	18.7
淀粉糖浆/kg	3～4	4	—	—	1.0
全脂乳粉/kg	3	—	1.3	—	—
鸡蛋/kg	—	—	1.3	—	—
食盐/kg	0.3～0.5	0.43	0.2	—	0.43
小苏打/kg	0.7	0.8	1.0	1.0	0.8
碳酸氢铵/kg	0.4	0.5	0.4	0.4	0.4
碳酸氢钙/kg	—	—	—	—	1.0
香油/kg	0.1	—	—	1.6	—
抗氧化剂/g	1.2	1.2	2.8	—	1.6
柠檬酸/g	2.4	2.4	5.6	3.2	3.2
亚硫酸氢钠/g	—	4.5	4.5	4.5	4.5
奶油香精/mL	—	—	50	—	—
香兰素/g	—	—	24	—	—
水果香精/mL	适量	35	—	60～100	40～80
水	适量	适量	—	—	—

4.2.2　韧性饼干的用料要求及预处理

1. 小麦粉、淀粉

韧性饼干要求有较高的膨胀率，宜用高筋粉，湿面筋含量一般控制在30%左右。面筋含量过高，会影响产品的质量。因此，对面筋含量过高的小麦粉，宜配入适量的淀粉加以稀释、调整，使之符合产品的要求。

小麦粉使用前必须过筛，形成微小的细粒。各类淀粉也应过筛。过筛的目的在于使小麦粉和淀粉中混入一定量的空气，有利于饼干的酥松。过筛装置中必须增设磁铁，以便吸附金属杂质。磁铁在使用期间要检查有无磁性，凡是磁性退减的，必须充磁或更换。

根据季节的不同，对小麦粉的温度应采取适当的措施进行调节，如夏季应将小麦粉贮存在干燥、低温、通风良好的场所，以便降低小麦粉的温度；冬季使用的小麦粉，应提前运入车间以提高其温度，避免黏度增大。

2. 糖、油及其比例

生产韧性饼干，糖、油用量比大约为2∶1。用糖量增高，油脂用量也应相应提高。制作低油饼干，一般采用液体油脂。油脂用量增加时，需相应地提高油脂熔点。加入一些固体油脂，可提高油脂熔点。

砂糖不易充分溶化，如果直接使用砂糖会使饼干坯表面有可见的糖粒，焙烤后饼干表面出现孔洞，影响外观。一般用糖粉或将砂糖溶化为糖浆，过滤后使用。普通液体植物油脂、猪油等可以直接使用。奶油、人造奶油、椰子油等油脂在低温时硬度较高，可以用搅拌机搅拌使其软化或放在暖气管旁加热软化。切勿用直接火熔化，否则会破坏油脂的乳状结构而降低成品的质量。

3. 磷脂

磷脂是一种很理想的食用天然乳化剂，在糕点和饼干生产中被广泛使用，配比量一般为油脂用量的5%～15%，用量过多会使制品产生异味。

4. 膨松剂

韧性饼干生产中一般采用混合膨松剂，总配比量为小麦粉的1%左右。单独使用小苏打，用量过大，会使制品内部发黄、有碱味；单独使用碳酸氢铵，制品的涨发率过大。两者只有配合作用才能得到理想的饼干结构。

5. 风味料

乳品和食盐等作为风味料，能提高产品的营养价值，改善口感。有些产品还可以加入鸡蛋等辅料作为风味料。

6. 香料

在饼干生产中采用耐高温的香精油，如香蕉香精、橘子香精、菠萝香精、椰子香精等香精油。香料的用量应符合食品添加剂使用标准的规定。

7. 其他添加剂

为了防止油脂酸败，在夏季各食品厂往往在油脂中加入抗氧化剂。常用的抗氧化剂有叔丁基对羟基茴香醚（BHA）、2,6-二叔丁基对甲酚（BHT）、没食子酸丙酯（PG）等。按食品添加剂使用标准，其用量不大于油脂用量的0.01%。

为了缩短韧性面团调粉时间和降低面团弹性，在配方中使用亚硫酸盐作为面团改良剂。饼干中的亚硫酸钠最大使用量不得超过50mg/kg。亚硫酸盐具有很强的还原性，可以使面筋蛋白质中的双硫键断裂，使面团变得柔和松弛。具体使用时要根据面筋含量等情况灵活掌握，如果用量不足，效果不明显；若用量过大，会造成断头现象。此外，在面团中使用质量较差的油脂时，就不宜使用这类改良剂，以免引起制品的酸败。

4.2.3 韧性饼干的生产工艺流程

韧性饼干的生产工艺流程如图 4-1 所示。

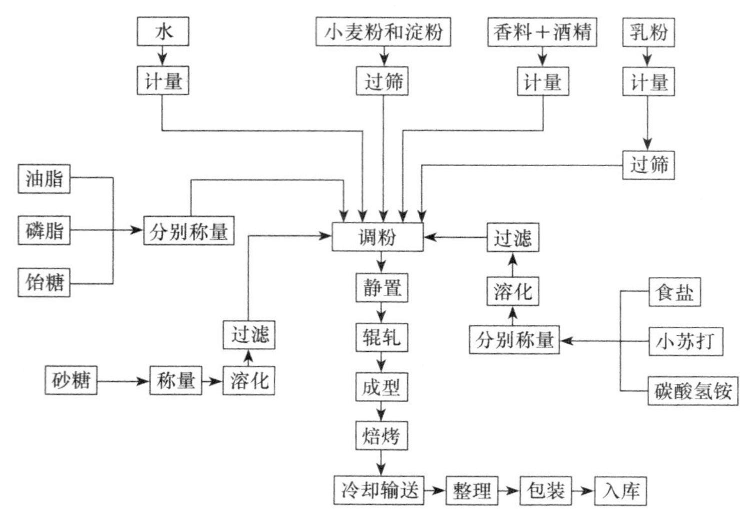

图 4-1　韧性饼干的生产工艺流程

4.2.4 韧性面团的调制

面团的调制就是将预处理过的原辅材料按照要求配合好，然后在调粉机中加入定量的水（或不加水），用搅拌的方式制成适于加工饼干的面团或浆料的过程。

韧性面团俗称热粉，其在调制完毕时具有比酥性面团更高的温度。韧性面团的糖、油用量少，面筋形成量大；吸水量多，具有较强的结合力和延伸性；靠搅拌和改良剂调节润胀度；涨发率较大，密度较小；成品口感松脆，可做中低档产品。

面团的调制是饼干生产中非常关键的一道环节。面团调制得是否适当，直接关系到产品的外形、花纹、酥松度以及内部的结构等性能，不仅对产品质量有重要影响，而且对成型操作能否顺利进行起着决定性的作用。

1. 面团形成的基本过程

（1）蛋白质和淀粉的吸水

面团是由面粉中的两种面筋性蛋白质及面粉本身的淀粉和其他辅助材料组成的。面团调制，不单是各种材料简单的物理混合，而是一系列物理、化学作用的结果。面团调制开始时，部分面粉中的蛋白质和淀粉开始吸水，当面筋性蛋白质遇水时，水分子与蛋白质的亲水基团互相作用形成水化离子。随着搅拌的进行，蛋白质胶粒吸水也继续进行，反应在蛋白质颗粒表面进行，是放热反应，吸水量不大，体积增加不明显。这时尚有部分面粉粒子尚未接触到水分，呈干粉状态，配料中的其他成分也没有被搅拌均匀。这一阶段物料呈分散的非均匀混合状态。

（2）面团的形成

蛋白质胶粒表面吸水后，在机械的继续搅拌下，物料与水分逐渐混合均匀，干粉减少，蛋白质胶粒和淀粉也不断吸收水分，并使水分进入胶粒内部。由于胶粒内部有低分子量可溶性物质存在，当吸水作用进一步进行时，就形成了足够的渗透压，水分子便以渗透和扩散的方式进入蛋白质胶粒内部，使胶粒吸水量大增。反应不放热。吸水作用使蛋白质胶粒之间形成一个连续的膜状基质，并将同时吸收水分的淀粉颗粒覆盖而结合在面团内。从物理状态看，面团的体积会显著膨胀，这就是面筋的胀润，面团也就初步形成。在面团形成过程中，吸收到胶粒内部的水称为水化水或结合水。分布在胶粒表面的水称为附着水，充塞于面筋网络结构中。

（3）面团的成熟

在搅拌桨叶的继续搅拌下，上述初步形成的面团中的面筋网络与其他物料的结合程度差异减少，水分分布均匀，整个面团的调制达到成熟阶段，此时面团具有工艺上所要求的软硬适度，有适度的弹性和塑性，光滑而柔润。

2. 影响面团形成的主要因素

（1）小麦粉中蛋白质的质与量

吸水后的小麦蛋白质分子互相结合，形成具有一定的弹性和黏性、不溶于水的胶状物——面筋质，它形成焙烤制品的骨架。由于小麦粉中所含蛋白质的种类与比例不同，形成的面筋质数量与性质也各不相同。其中，麦谷蛋白是高分子质量蛋白质，它对面团面筋质的形成起重要作用。高分子质量蛋白质的分子表面积很大，容易产生非共价力的聚合作用，部分剩余蛋白质的碎片起了侧向粘接的作用，可以抵抗骨架的歪扭并带有一定的弹性。分子质量较小的麦胶蛋白只能形成不太牢固的聚合体，但也能促使面团的膨胀。面筋性蛋白质吸水胀润的程度与面团调制时加水的速度、温度、混合物料的次序、搅拌时间以及调制方式都有关系。例如，加水缓慢，就会使面筋蛋白质吸水迅速而充分，反之则吸水慢而不充分。在一般情况下，面粉中蛋白质的吸水率占面团总吸水量的60%～80%，所以蛋白质的质与量决定着面团的吸水量。

各种小麦粉因种类性状不同，以化学和物理形式结合的水量也不同。面粉的吸水力随其中蛋白质化学结合形式和蛋白质性质不同而异。面筋质越多、灰分越少的小麦粉吸水量就越大。在制粉工艺中，淀粉粒受伤较多，或面粉的原含水量低、粒度细时，都会使面粉在调制面团时吸水量增加。

（2）糖和油脂的反水化作用

糖具有强烈的反水化作用，油脂的反水化作用虽不像糖那样强烈，但其也是一种重要的反水化物质。面粉中面筋性蛋白质吸水胀润反应是依靠胶粒内部的浓度所造成的渗透压力使水分子以扩散的方式渗透到蛋白质分子中去，使吸水量大增，面筋质大量形成，面团弹性增强，黏度相应降低的。如果面团中含有较多的糖，特别是调制时加入了糖浆，由于糖的吸湿性会吸收蛋白质胶粒之间的游离水分，会使胶粒外部浓度增加，胶粒内部的水分向外转移，从而降低蛋白质胶粒的胀润度，使调粉过程中面筋质形成程度降低，弹性减弱。这就是糖在面团调制过程中的反水化作用。油脂的反水化作用是因为油脂能吸附在蛋白质分子表面，形成一层不透性的薄膜，阻止水分子向胶粒内部渗透和在一定程度上减少表面毛细管的吸水面积，使面筋吸水减弱，得不到充分胀润。另外，油脂的存在也使蛋白质胶粒之间的结合力下降，使面团的弹性降低，韧性减弱，这种作用随着油脂温度的升高而变得更为强烈。

（3）调制面团时的温度

温度是形成面团的主要条件之一。面团的温度越低，面筋的结合力也就越差，起筋变得迟缓。反之，面筋蛋白质的吸水力会增大，其膨润作用就会增强。当温度达到 30℃时，面筋蛋白质胀润达到最大程度。在此温度条件下，如果加水充足，蛋白质吸水量可达到 150%～200%。此时，淀粉也可使吸水量达到自身重量的 30%。淀粉粒的吸水主要是吸附水，体积增加不大。

但温度升高时，吸水量增大，如果温度超过其糊化温度界限（53～64℃）时，淀粉能大量吸收水分，体积大大增加，黏度大幅度增大。面团温度要根据面粉中面筋的含量与特性、水温、室温、油脂等辅料的情况灵活掌握。

（4）加料次序

小麦粉与其他原辅材料的混合顺序与面团中面筋质的形成有很大关系。当需要面团有较大韧性时，可在面粉中直接加水捏和均匀。若需面团塑性较大时，就应先将砂糖、油脂、乳粉等与水混合均匀，然后投入面粉进行搅拌；也可先将小麦粉与油脂拌匀，再加入其余原辅材料及少量水进行调制，以减少面团起筋。

（5）调制时间

若要使面团充分形成面筋，混合时间宜适当加长。另外，某些面团在捏合后还要放置一段时间，以便使面筋继续形成。对需要含面筋量少的面团，调制的时间就应适当缩短。

（6）调制的方式

调制面团时都使用搅拌机（和面机）进行混合作业。由于各类饼干制品的要求不同，对搅拌机桨叶与搅拌速度的选择也不同。面团搅拌时间稍长，容易起筋。但时间过长；面筋又会因被拉断而失去弹性。因此，调制韧性面团时可用卧式双桨及立式双桨调粉机。调制酥性面团时，可用作用面较大的桨叶，如肋骨形桨叶的搅拌机，因其剪断力较大，可控制面团的筋力。另外，还可通过调节搅拌机桨叶的旋转速度来改善面团的性能。

3. 韧性面团的调制技术

韧性面团在调制过程中，通过搅拌、撕拉、揉捏、甩掼等处理，原料得以充分混合，面团的各种物理特性（如弹性、软硬度、可塑性等）都得到较大的改善，为后道工序创造了必要的条件。韧性面团的调制要求是调得软一些，面团具有较强的延伸性和适度的弹性，柔韧而光滑，并有一定程度的可塑性，适合于制作凹花有针孔的饼干。这种面团制成的饼干其胀发率较酥性饼干大得多。

韧性面团的调制分两个阶段。第一阶段是使面粉吸水。面筋颗粒的表面首先吸水，水分向面筋内部渗透，最后内部吸收大量水分，体积膨胀，充分胀润，使面筋蛋白质水化物彼此联结起来，形成了面团。随着搅拌的进行，各种物料逐渐分布均匀，面筋中的各种化学键已经形成，面团内部逐渐形成网状结构，结合紧密，软硬适度，具有一定的弹性。第二阶段是要使已经形成的面筋在搅拌机的搅拌下不断拉伸撕裂，使其逐渐超越弹性限度而使弹性降低。此时，面团回软，这是面团中蛋白质网络被破坏，弹性降低而反映出来的面团流变性的变化，面团的弹性显著减弱，这便是调粉完毕的重要标志。

韧性面团所发生的质量问题绝大部分是由于面团未充分调透，调粉操作中未曾很好地完成第二阶段的全过程，被操作者误认为已经成熟而进入辊轧和成型工序所致。当然，也并不排除确有调过“火候”的情形。为此，调制好韧性面团，应注意以下几个方面。

（1）正确使用淀粉原料

调制韧性面团时，通常需使用一定量的小麦淀粉或玉米淀粉作填充剂，以稀释面筋浓度，限制面团的弹性，还可以适当缩短调粉时间，且亦能使面团光滑，黏性降低，可塑性增强，成品形态好，花纹保持能力增强。一般淀粉的用量为小麦粉的5%～10%。淀粉使用过量，则不仅使面团的黏结力下降，还会使饼干胀发率减弱，破碎率增加，成品率下降；反之，若淀粉用量不足小麦粉的5%，则冲淡面筋的效果不明显，起不到调节面团胀润度的作用。

（2）控制面团的温度

韧性面团温度较高，一般控制在38～40℃。这样有利于降低其弹性、韧性、黏性和柔软性，使后续操作顺利，制品质量提高。如果面团温度过高，面团易走油和韧缩、饼干变形、保存期变短；如果温度过低，所加的固体油易凝固，面团变得硬而干燥，面带断裂，成型困难，色泽不匀。另外，温度过低，所加的面团改良剂反应缓慢，起不到降低弹性、改变组织的效果，影响质量。为此，冬季使用85～95℃的糖水直接冲入小麦粉中，这样在调粉过程中就会使部分面筋变性凝固，从而降低湿面筋的形成量，也可以使面团温度保持在适当范围内。冬季有时还须采用将面粉预热的办法来确保面团有较高的温度，夏天则需用温水调面。

（3）添加面团改良剂

添加面团改良剂可以调节面筋的胀润度和控制面团的弹性及缩短面团的调制时间。常用的面团改良剂为含有二氧化硫基团的各种无机化合物。如前述的亚硫酸氢钠和焦亚硫酸钠等。

（4）掌握面团的软硬度

韧性面团通常要求调得较软些，这样可使面团调制时间缩短，延伸性增大，弹性减弱，成品酥松度提高，面片压延时光洁度高，面带不易断裂，操作顺利，质量提高。面团含水量应保持在22%～28%。要保证面团的柔软性除了要用热水调粉外还要保证调粉第二阶段的正确完成。第二阶段完成的标志是面团的硬度开始降低。采用双桨卧式调粉机，调制时间控制在20～25min，转速控制在25r/min左右。

（5）面团的静置措施

在使用高筋粉调制面团或面团弹性过强时，采取调粉完毕后静置10min以上（10～20min），有的甚至用静置30min以上再生产的办法来降低弹性。面团经长时间的搅拌机桨拉伸、揉捏，产生一定强度的张力，并且面团内部各处张力大小分布很不均匀。面团调制完毕后内部张力还一时降不下来，这就要将面团放置一些时间，使拉伸后的面团恢复其松弛状态，内部的张力得到自然降低，同时也使面团的黏性有所降低。面团的静置作用是调粉过程所不能代替的，但不能千篇一律地采用静置的方法。如果调粉完毕后的面团其各种物理性状都已符合要求，就不必再静置。另外，静置期间各种酶的作用可使面筋柔软。

（6）面团的终点判断

面团调制好后，面筋的网状结构被破坏，面筋中的部分水分向外渗出，面团明显柔软，弹性显著减弱，面团表面光滑、颜色均匀，有适度的弹性和塑性；撕开面团，其结构如牛肉丝状，用手拉伸则出现较强的结合力，拉而不断，伸而不缩，这便是调粉完毕的标志。

4.2.5 面团的辊轧

面团的辊轧过程，简单地讲就是使形状不规则，内部组织比较松散的面团通过相向、等速旋转的一对轧辊（或几对轧辊）的辊轧过程，使之变成厚度均匀一致、横断面为矩形的内部组织密实的面带。辊轧可以排除面团中的部分气泡，防止饼干坯在焙烤后产生较大的孔洞，还可以提高面团的结合力和表面光洁度，可以使制品横断面有明晰的层次结构。

在辊轧过程中，面带在其运动方向上的伸长比沿轧辊轴线方向的扩张大得多，因此在面带运动方向上由伸长变形产生的纵向张力要比横向扩张产生的张力大。为使面带内部张力分布均匀，要在辊轧时多次折叠并旋转 90°，并在进入成型机辊筒时旋转方向，使面带所受的张力均匀，成型后饼干坯不变形，如图 4-2 所示（图中面辊间的数字是面带厚度，单位为 mm）。

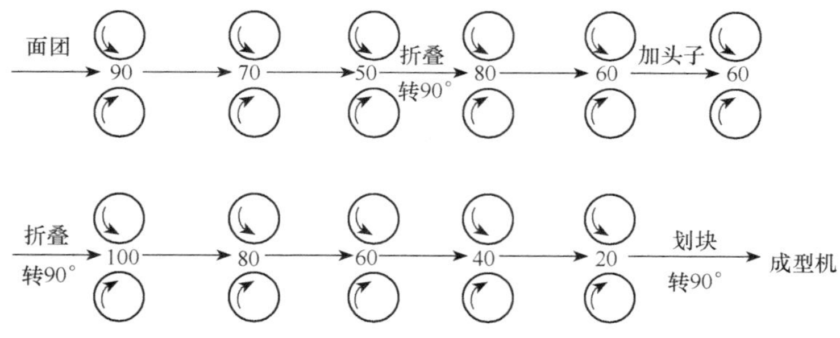

图 4-2 韧性饼干的辊轧过程

辊轧时其压延比（辊轧前面带的厚度与辊轧后面带的厚度之比）应不超过 3∶1，辊轧的次数以 9～13 次为宜。在辊轧过程中对成型分下来的头子的使用也很有讲究。头子不掺入面团，就会造成浪费；头子掺入面团量过多，就会给生产带来不利影响，并会影响饼干成品质量。任何面团中加入头子都必须做到头子和新鲜面团之间的搭配比例合适。

当面团连接力较差时，掺入适量的头子可以提高面团的连接力，有利于成型。因为头子在经过多次辊轧后内部形成了较多的面筋，所以弹性明显提高。但若头子量加入过多，就会增加面带的硬性。头子的用量最好掌握在新鲜面团的 1/3 左右，并且头子与新鲜面团的温差也不能太大，否则就可影响整个面团的温度，使其温度升高或降低。加入头子时，要把头子均匀地铺在面带表面，这样经过压面，使面带与头子粘连，然后经过翻折，就把头子夹在了面带中间，再经逐步压薄，使面带结构均匀。如果头子铺得不均，成型时的面带软硬不一致，弹性、结合力、机械硬化现象不均匀，会造成粘辊、粘模、粘帆布、色泽不均匀、形态不整齐、酥松度不均匀等多种弊病。

在辊轧时，如果发生粘辊筒、粘帆布现象，可在面带上撒些面粉，但应注意不应将面粉撒得过多或不均匀，否则会降低面带上下层之间的结合力，焙烤时产生局部起泡现象。

4.2.6　韧性饼干的成型

韧性饼干采用冲印机冲印成型。冲印成型是一种将面团辊轧成连续的面带后，用印模将面带冲切成饼干坯的成型方法。这种方法有广泛的适应性，不仅能用于生产韧性饼干，而且能用于其他饼干，如发酵（苏打）饼干和某些酥性饼干等，其技术也比较容易掌握。冲印成型设备是饼干生产厂家不可缺少的成型设备，在没有其他成型设备的情况下，只要有冲印成型机就可以生产多种大众化的饼干，甚至是较好的酥性饼干。反之，如果只有辊印成型机而无冲印成型机，就不能生产发酵饼干和韧性饼干，一般的酥性饼干的生产也要受到限制，只能生产高档的酥性和甜酥性饼干。

冲印成型机操作要求十分高，要求皮子不粘辊筒，不粘帆布，冲印清晰，头子分离顺利，落饼时无卷曲现象。不管面团是否经过辊轧，成型前必须压延成规定厚度。已经经过辊轧的面带仍然较厚，且经过划块折叠的，不能直接冲印成型，也必须在成型机前的 2～3 对辊筒上再次辊轧成薄片，方能冲印成型。不需特殊辊轧的面团，可在成型机前的辊筒上辊轧成规定厚度、光滑的面片再进行冲印成型。

由于韧性饼干面团弹性大，焙烤时易于产生表面起泡现象，底部也会出现洼底，即使采用网带或镂空铁板也只能解决洼底而不能杜绝起泡，所以必须在饼坯上冲有针孔。

冲印成型机前的辊筒有 1～3 对，目前以 2～3 对辊筒的冲印成型机较多。轧制面带时，先将韧性面团撕裂或轧成小团块状在成型机的第一对辊筒前的帆布输送带上堆成 60～150mm 厚，由输送带穿过第一对辊筒，辊轧成 30～40mm 厚的初轧面带，再进入第二对辊筒，辊轧成 10～12mm 厚的面带，最后再经第三对辊筒轧成 2.5～3.0mm 厚的面皮，即可进入成型工序冲印成型。

对于辊筒直径的配置，应注意：第一对辊筒直径必须大于第二、三对辊筒的直径，一般为 300～350mm，多数情况下为 300mm，第二、三对辊筒的直径为 215～270mm，以 216mm 者居多。这样的变化能使辊筒的剪切力增大，即使是比较硬的面团亦能轧成比较紧密的面带。每对辊筒的下辊位置固定，上辊可以上下调节，通过调节上下辊之间的距离达到调节面片厚度的目的。饼干冲印成型机工作原理如图 4-3 所示。

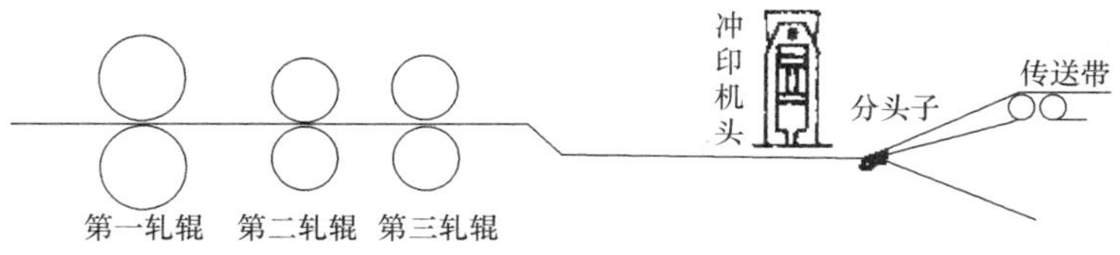

图 4-3　饼干冲印成型机工作原理

由冲印成型机返回的头子应均匀地平摊在底部。因为头子坚硬，结构比较紧密。此外，面团压成薄片后表面水分蒸发，比新鲜面团干硬，铺在底部使面带不易粘帆布。如发现冲印后粘帆布时，可在第一对辊筒前的帆布上刷上薄薄一层面粉，粘辊筒时也可撒少许面粉或涂些液态油。每对辊筒的上下均须装有弹性可调的刮刀，使其在旋转过程中自行刮清表面的粉屑，防止越积越多，造成面带不光洁和粘辊。要想做到在面带通过各对辊筒时既不拉长又不断裂，既不重叠也不皱起，就要调好每对辊筒之间的距离及各对辊筒的运转速度和帆布的运输速度，务必使各部分的运转协调一致。为了保证冲印成型的正常操作，防止面带绷得过紧、拉长或拉断，在面带的压延和运输过程中，要使第二对辊筒和第三对辊筒轧出的面带保持一定的下垂度，以消除面带压延后内部产生的张力。面带经毛刷扫清面屑和不均匀的撒粉后即可进入成型阶段。

成型是依靠冲印成型机上印模的上下运动来完成的。因为韧性饼干的面团由于面筋水化充分，面团弹性较大，焙烤时饼坯的涨发率大并容易起泡，底部易出现凹底。因此，韧性饼干的生产宜使用带有针柱的凹花印模，饼坯表面具有均匀分布的针孔，就可以防止饼坯焙烤时表面起泡现象的发生。

冲印成型的特点就是在冲印后必须将饼坯与头子分离。头子用另一条角度约为 20°的斜帆布向上输送，再回到第一对辊筒前面的帆布上重复压延。韧性饼干的头子分离并不困难。头子分开后，长帆布应立即向下倾斜，防止饼干卷在二条帆布之间。

4.2.7　韧性饼干的焙烤与冷却

1. 韧性饼干的焙烤

冲印成型机制出饼坯后，要进入烤炉焙烤成饼干。烤炉的种类很多，小规模食品工厂多采用固定式烤炉，而大型食品工厂则采用传动式平炉。平炉采用钢带、网带为载体。平炉是隧道式烤炉的发展，炉膛内的加热元件是管状的，燃料可以用重油、煤油、煤气或电热。传动式平炉一般长 40～60m。根据焙烤工艺要求，分为几个温区。前部位为 180～200℃，中间部位为 220～250℃，后部位为 120～150℃。饼干坯在每一部位中有着不同的变化，即膨胀、定型、脱水和上色。烤炉的运行速度要根据饼坯厚薄进行调整，厚者温度低而运行慢，薄者则相反。

饼干坯由载体（钢带或网带）输送入烤炉后为开始阶段，由于饼干坯表面温度低，仅为 30～40℃，使炉内最前面部分的水蒸气冷凝成露滴，凝聚在饼干坯表面，所以刚进炉的瞬间，饼干坯表面不是失水而是增加了水分，直到表面温度达到 100℃左右，表面层开始蒸发失水为止。虽然吸湿作用是短暂的，但是饼干坯表面结构中的淀粉在高温高湿情况下迅速膨胀糊化，能使焙烤后的饼干表面产生光泽。利用这一特性，可在炉膛内最前部加喷蒸汽，增大炉膛内湿度，使饼干坯表面层能吸收更多的水分来促进淀粉的糊化，从而获得更为光润的表面。

当冷凝阶段过后，饼干坯很快进入膨胀、定型、脱水和上色阶段。

在焙烤过程中，饼干坯的水分变化可以分为三个阶段。

第一阶段时间约为 1.5min，这是变速阶段，水分蒸发在饼干坯表面进行，高温蒸发层的蒸汽压力大于饼干坯内部低温处的蒸汽压力，一部分水分又被迫从外层移向饼干坯中心。这一阶段，饼干坯中心的水分较焙烤前约增加 2%，所排除的主要是游离水。表层温度约 120℃。

第二阶段为快速焙烤阶段，约需 2min。此时，水分蒸发面向饼干内部推进，饼干坯内部的水分层逐层向外扩散。这个阶段水分的蒸发速度基本不变，表层温度在 125℃以上，中心温度也达到 100℃以上，这一阶段水分下降的速率很快，饼坯中大部分水分在此阶段散逸，主要是游离水，还有部分结合水。

在焙烤的第三阶段，饼干坯的温度达到 100℃以上。这个阶段属于恒速干燥阶段，水分排出的速度比较慢，排除的是结合水。饼干焙烤的最后阶段，水分的蒸发已经极其微弱，此时的作用是使饼干上色，使制品获得美观的棕黄色。这种反应即美拉德反应，其反应最适宜的条件是 pH6.3，温度 150℃，水分 13%左右。

在焙烤过程中，影响水分排出的因素有炉内相对湿度、温度、空气流速及饼干坯厚度等。炉内相对湿度低有利于水分蒸发，但在焙烤初期相对湿度过低会使饼干坯表面脱水太快，使表面很快地形成一层外壳，造成内部水分向外扩散的困难，影响饼干坯的成熟和质量。因此，加大炉内的相对湿度有利于饼干坯的焙烤。

炉内空气流速大，方向与饼干坯垂直有利于水分蒸发。

饼干坯的水分含量高，干燥过程较慢，焙烤时间相对比较长。糖、油脂等辅料少且结构坚实的面团比糖、油脂等辅料多的疏松面团难以焙烤。

饼干坯厚，内部水分向外扩散慢，需要的焙烤时间较长，且表面易焦煳。因此，厚饼干坯需要采用低温长时间的烘烤工艺。

饼干坯的形状和大小也影响着焙烤速度。在其他条件相同的情况下，饼干坯比表面积的值越大，焙烤的速度越快，饼干坯最理想的形状是长方形。

饼干坯在网带上或烤盘上排列越稀疏，接受热量越多，水分蒸发越快捷；反之，则接受热量越少，水分蒸发越缓慢。为了提高焙烤速度和保证成品质量，饼干坯应排列均匀，最好是满带或满盘烘烤。

韧性饼干的面团因在调制时使用了比其他饼干较多的水，且因搅拌时间长，淀粉和蛋白质吸水比较充分，面筋的形成量较多，面团弹性较大，所以在选择焙烤温度和时间时，原则上应采取较低的温度和较长时间。在下述温度分布情况下一般焙烤 4～6min。也就是说，在焙烤的最初阶段底火升高快一些，待底火上升至 250℃以后，面火才开始渐渐升到 250℃。在此以后，由于处于定型和上色阶段，底火应比面火低一些。图 4-4 为韧性饼干焙烤时的温度曲线。

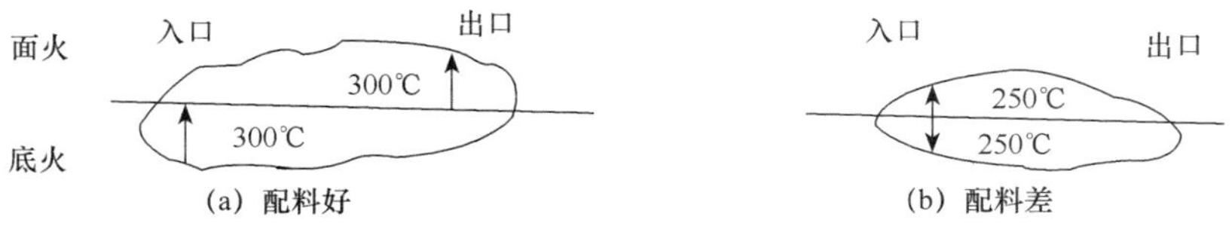

图 4-4　韧性饼干焙烤时的温度曲线

由于焙烤工艺所需要遵循的因素十分复杂，特别是某种较高档的饼干产品，油糖含量十分高，比较接近于酥性饼干，故可采用高一些的温度进行焙烤。

2. 韧性饼干的冷却

饼干刚出炉时的表面温度很高，可达 180℃。中心层温度约为 110℃。必须把饼干冷却到 38～40℃时才能包装，如趁热包装，不仅影响饼干内热量的散失和水分的继续蒸发，饼干易变形，而且会加速油脂氧化酸败，降低贮存中的稳定性。

在冷却过程中，饼干水分发生剧烈的变化。饼干经高温焙烤，水分是不均匀的，中心层水分含量高，为 8%～10%，外部低。冷却时内部水分向外转移，随着饼干热量的散失，转移到饼干表面的水分继续向空气中扩散，5～6min 后，水分挥发到最低限度；随后的 6～10min 属于水分平衡阶段；之后饼干就进入了吸收空气中水分的阶段。但上述数据并不是固定的，它随空气的相对湿度、温度以及饼干的配料等而变化。所以，应根据上述因素来确定冷却时间。根据经验，当采用自然冷却时，冷却传送带的长度为炉长的 150%才能使饼干的温度和水分达到规定的要求。

饼干不宜用强烈的冷风冷却。如果饼干出炉后立刻暴露在 20～30℃下进行低温冷却，此时室内相对湿度若在 60%以下，就会因降温迅速，热量交换过快，水分急剧蒸发，饼干内部就会产生较大内应力，在内应力的作用下，饼干出现变形，甚至出现裂缝。所以，饼干出炉后不能骤然冷却，也要避免以强烈通风的方法使饼干快速冷却。

较长的烤炉，在烤炉的后区，在饼干还未出炉时，即应停止加热，这样就不至于使饼干出炉后立即遇冷而产生内应力，造成裂缝或变形。

饼干出现裂缝的情形在当天难以发现，到第二天裂缝才逐渐明显，裂缝大多数出现在饼干中心部位，而且每块裂缝的部位大同小异。在生产中如发现饼干裂缝出现，应立即采取措施防止冷却过快，以免造成大量饼干的损失。

冷却至适宜温度的饼干，应立即进行包装贮藏和上市出售。

4.3　酥性饼干生产工艺

酥性饼干外观花纹明显，结构细密，孔洞较为显著，呈多孔性组织，口感酥松，属于中档配料的甜饼干。糖与油脂的用量要比韧性饼干多一些，一般要添加适量的辅料，如乳品、蛋品、蜂蜜或椰蓉等营养物质或赋香剂。生产这种饼干的面团是半软性面团，面团弹性小，可塑性较大。饼干块形厚实而表面无针孔，口味比韧性饼干酥松香甜。

4.3.1　酥性饼干的配方

酥性饼干的配方中油糖之比为 1∶（1.35～2），油糖与小麦粉之比亦为 1∶（1.35～2）。酥性饼干的配方如表 4-2 所示。

表 4-2　酥性饼干的配方

原料	基本配方	普通酥性饼干			高档酥性饼干		
		牛奶饼干	香浓饼干	甜趣饼干	巧克力饼干	奶油饼干	椰蓉饼干
小麦粉/kg	93	93	93	93	90	90	90
淀粉/kg	7	7	7	7	10	10	10

续表

原料	基本配方	普通酥性饼干			高档酥性饼干		
		牛奶饼干	香浓饼干	甜趣饼干	巧克力饼干	奶油饼干	椰蓉饼干
糖粉/kg	32～34	28.4	30.3	33.6	36	36.7	36
葡萄糖浆/kg	—	4.0	—	—	3.0	1.33	—
起酥油/kg	14～16	—	—	16	14	21.3	30
奶油/kg	—	2.0	—	—	12	6.67	20
猪油/kg	—	15	20	—	—	—	—
磷脂/kg	1	1.0	2.0	1.0	—	—	—
全脂乳粉/kg	4	4.0	—	—	6.67	6	—
鸡蛋/kg	—		—	—	—	4	10
食盐/kg	0.5	0.33	—	—	0.83	0.50	0.50
椰丝/kg	—	—	—	—	—	—	8
香精/mL	适量	—	—	—	200（巧克力）	300（奶油）	300（椰油）
香兰素/g	—	—	60	60	33	33	—
可可粉/kg	—	—	—	—	12	—	—
小苏打/kg	0.6	0.67	0.87	0.6	0.33	0.33	0.50
碳酸氢铵/kg	0.3	0.33	0.4	0.33	0.17	0.17	0.27
BHT/g	—	2.67	3.33	2.67	4.67	5.33	10
柠檬酸/g	—	4.0	6.67	5.3	9.33	10.67	20
水/kg	适量	适量	适量	适量	适量	适量	适量

注：表中 BHT 为抗氧化剂，生产中也可采用其他抗氧化剂。无论采用哪一种抗氧化剂，按照国家标准，其用量均按不大于油脂用量的 0.01%计算。

4.3.2　酥性饼干的用料要求

1．小麦面粉

酥性饼干不要求有很高的膨胀率，一般使用低筋粉，其湿面筋含量应在 24%左右，含糖、油脂较高的甜酥性饼干要求面筋含量在 20%左右。如果采用高筋粉制作酥性饼干就必须使用淀粉进行调整。加淀粉的量要根据小麦粉中的面筋含量而定。

2．油脂

酥性饼干用油量较多，有些可高达 30%～40%，在这种情况下，不仅要考虑采用稳定性优良、起酥性较好的油脂，而且要考虑全部采用熔点较高的固态油脂，否则油脂用量大的配方会因熔点太低发生“走油”现象，即面团温度太高或油脂熔点太低使油脂流散度增大。当这种现象发生时，产品酥性松度变差，表面不光滑，在操作中面皮变得无结合力。人造奶油或椰子油是理想的酥性饼干生产用油脂。

3. 砂糖

由于糖具有强烈的吸水性，使用糖浆可以防止水与面粉蛋白质直接接触而过度胀润，控制形成过量面筋。因此，食品厂都将砂糖制成糖浆，浓度一般控制在 68%。为了使部分砂糖转化为转化糖浆，可以在砂糖中添加少量的食用盐酸，用量为每千克砂糖添加 6mol/L 盐酸 1mL，糖浆在使用前必须先经中和、过滤。

其他辅料的要求及处理方法与韧性饼干相同。

4.3.3　酥性饼干的生产工艺流程

酥性饼干的生产工艺流程如图 4-5 所示。

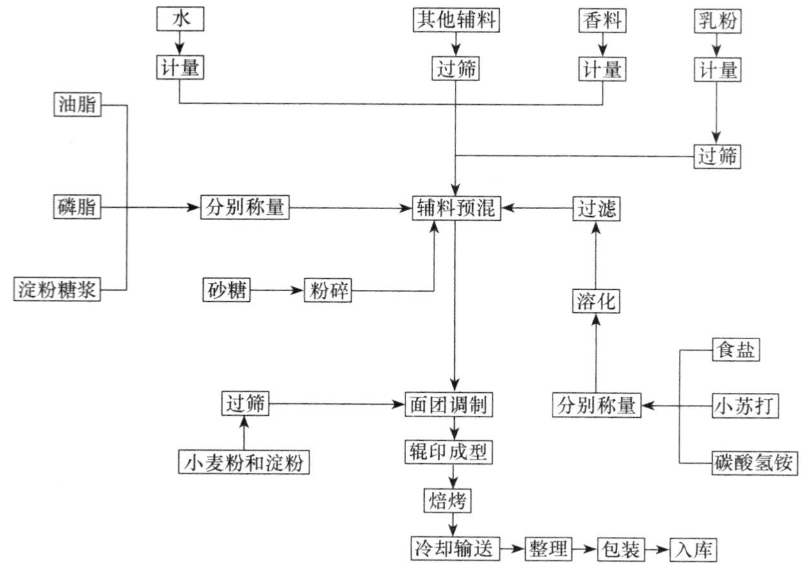

图 4-5　酥性饼干的生产工艺流程

4.3.4　酥性面团的调制

1. 调制要求

酥性面团因其温度接近或略低于常温，比韧性面团的温度低得多，故又称“冷粉”。这种面团具有较强的可塑性和有限的黏弹性。在操作过程中还要求面团有结合力，而不至断裂，不粘辊筒和模具。成型后的饼坯有良好的花纹，且具有良好的花纹保持能力，形态不收缩变形，焙烤时具有一定的胀发能力，成品花纹清晰。为此，酥性面团在调制中应遵循有限胀润的原则，适当控制面筋性蛋白质的吸水率，根据需要控制面筋的形成，限制其胀润程度，才能使面团获得有限的弹性。

2. 投料顺序

从如图 4-5 所示的工艺流程中可以看出，酥性面团调粉操作之前应先将油脂、糖（或糖浆)、水、乳品、蛋品、膨松剂等辅料投入调粉机中预混均匀，并使混合液充分乳化形成乳浊液。在形成乳浊液的后期再加入香精、香料，这样可以防止香味过量挥发。辅料预混结束后，再加入小麦粉进行面团调制操作。这样的配料顺序不仅可以缩短面团的调制时间，而且能使小麦粉在一定浓度的糖浆及油脂存在的状况下吸水胀润，从而限制面筋性蛋白质的吸水，控制面团的起筋。

在使用酥性饼干专用粉生产酥性饼干时，应根据酥性饼干专用粉的使用说明进行调粉操作。

3. 影响酥性面团调制的因素

除了投料顺序外，酥性面团在调制时，还应严格控制加水量、面团温度、调粉时间、头子和淀粉的添加量等。

（1）油脂用量

糖和油脂都具有反水化作用，是控制面筋胀润度的主要物质，所以它们在酥性饼干面团调制中的用量都比较高。一般而言，糖的用量可达小麦粉用量的 32%～50%，油脂用量更可达 40%～50%或更高一些。

（2）加水量与软硬度

在酥性面团调制时，加水量的多少与湿面筋的形成量有密切的关系。加水太多，面筋蛋白质就会大量吸水，为湿面筋的充分形成提供条件，甚至可以使调好的面团因在输送、静置及成型操作中蛋白质继续吸水胀润，形成较大的弹性而使生产困难。调粉中也不能随便加水，更不能一边搅拌一边加水。加水量一般控制在 3%～5%，最终面团的含水量在 16%～20%。在生产实际中，较软的面团容易起筋，调粉的时间要短些。较硬的面团要适当增加调粉时间，以防止形成散沙状。一般冲印成型所需的面团要稍软些，油脂、糖含量少的面团要稍硬些。用控制加水量来限制面筋的胀润度，可防止面团弹性增大而使饼坯变形。

（3）加淀粉和头子量

对于用面筋含量较高的面粉调制酥性面团时需加入淀粉，可使面团的黏性、弹性和结合力适当降低。但淀粉的添加量不宜过多，一般只能使用面粉量的 5%～8%，过多使用就会影响饼干的胀发力和成品率。另外，生产过程中头子的使用量应适度。一般掺入量以新鲜面团的 1/10～1/8 为宜。但若在面筋筋力十分弱、面筋形成十分慢的情况下，加入头子以弥补面团结合力不足而便于操作。

（4）调粉温度

酥性面团属冷粉，调好的面团要有较低的温度。温度升高会提高面筋蛋白质的吸水率，增加面团的筋力。同时，温度过高还会使高油脂面团中的油脂外溢，给以后的操作带来很大的困难。面团温度太低，面带内部结合力较弱，会使面片表面黏性增大而易粘辊筒，不利于操作。面团的温度应控制在 20～26℃，冬季面团的温度可以比此温度稍高 2～3℃。在实际操作中，冬季可用水或糖水的温度来调节面团的温度；夏季气温高，要使用冰水和经过冷藏的小麦粉、油脂来调制面团。

（5）调粉时间和静置时间

调粉时间的长短是影响面筋形成程度和限制面团弹性的直接因素。适当掌握调粉时间，可得到理想的调粉结果。酥性面团一旦调粉时间过长，就会使面团的筋力增大，造成面片韧缩、花纹不清、表面不平、起泡、凹底、体积收缩变形、饼干不酥松等。调粉时间不足会使面团结合力不够而无法形成面片，同时会因黏性太大而粘辊、粘帆布、粘印模、饼干涨发力不够、饼干易摊散等。酥性面团调制完毕后是否需要静置，以及静置多长时间，要视面团各种性能而定。倘若面团的弹性和结合力、塑性等均已达到要求，这样的面团就无须静置。若面团按预定的规程和要求调制完毕后黏性过大、膨润度不足及筋力差时，可适当静置几分钟至十几分钟，以使面筋性蛋白质的水化作用继续进行，降低面团和黏性，增加结合力和弹性，以补偿调粉不足。酥性面团的调制质量除了与上述几种工艺因素有关外，还与小麦面粉的粗细度、筋力、温度、面筋数量等有关。表 4-3 介绍了一些酥性面团调制的工艺参数。

表 4-3　酥性面团调制工艺参数

项目	普通酥性面团	高档酥性面团
面团温度/℃	26～30	19～25
面团总水分含量/%	16～18	13～15
调粉时间/min	5～15	8～18

4.3.5　酥性面团的辊轧成型

1. 辊印成型

高油脂饼干一般都采用辊印成型机成型。用冲印成型机生产高油脂饼干时，面带在辊筒压延及帆布输送和头子分离等处容易断裂。另外，辊印成型的饼干花纹图案十分清晰。辊印设备占地面积小，产量高，无须分离头子，运行平稳，噪声低。辊印成型机工作原理如图 4-6 所示。

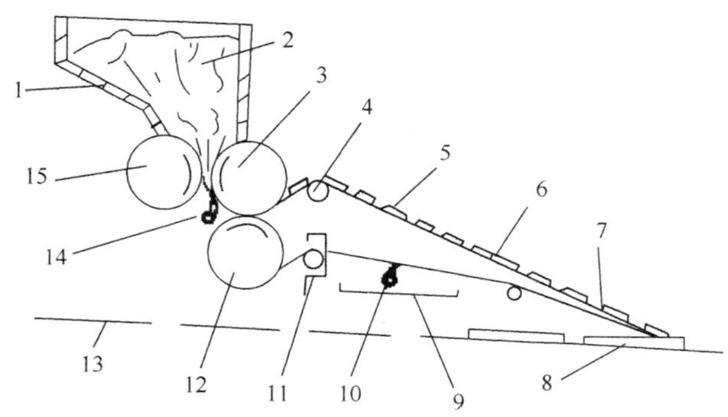

图 4-6　辊印成型机工作原理

1. 料斗；2. 面团；3. 印花模辊；4. 帆布带辊；5. 生坯；6. 帆布输送带；7. 落盘铲刀；8. 烤盘；9. 残料盘；10. 残料铲刀；11. 张紧装置；12. 橡胶脱模辊；13. 送盘链条；14. 印花模辊铲刀；15. 喂料槽辊

在辊印成型过程中，分离刮刀的位置直接影响饼干坯的重量，当刮刀刃口位置较高时，凹槽内切除面屑后的饼干坯略高于轧辊表面，从而使得单块饼干坯的重量增加；当刃口位置较低时，又会使饼干坯毛重减少。刃口位置以在花纹中心线下 2～5mm 处为宜。

橡皮脱模辊的压力大小也对饼干坯成型质量有一定影响。若压力太小，会出现坯料粘模现象；若压力太大，会使饼干坯厚度不匀。因此，橡皮脱模辊的调节，应使其在能顺利脱模的前提下，尽量减小压力。

辊印成型要求面团稍硬一些，弹性小一些。面团过软会形成坚实的团块，造成喂料不足，脱模困难，有时会因刮刀铲不清饼坯底板上的多余面屑，使脱出的饼坯外缘形成多余的尾边，影响饼干的外观。若面团调得过硬及弹性过小，同样会使压模不结实，造成脱模困难或残缺，烘出的饼干表面有裂纹，破碎率增大。

辊印成型还适用于面团中加入芝麻、花生、桃仁、杏仁及粗砂糖等小型块状物的品种。

2. 连续压面机

连续压面机是一种比较先进的压面机，连续式的 5～6 道辊筒的连续压面机组，衔接在成型机前，它的动作包括折叠和转向 90°的运动。可分立式和卧式两种。立式压面机一般是将调制好的面团放入上部的料斗。经过自上而下的几对轧辊压成面带，然后转送到折叠型层压器，即将面带由摆动转送带往复摆动落下，作折叠运动，同时又由下方与摆动方向成 90°方向运动的转送带，将一边折叠一边流下的面带横向移动，于是便完成了折叠和转动的连续动作。还有的立式压面机是将面团分别通过二对辊筒压成面带后，在中间和入油酥，再重叠起来，压延、折叠、转向、压薄后，进入成型机。较新式的连续压面机为卧式，它有一个履带式轧棍组，如图 4-7 所示。每根辊筒在轧辊旋转的同时又作反方向自转运动，这样，面带的表面层就能受到表面摩擦而产生光泽。同时，在连续辊压中逐渐被拉伸、压薄。

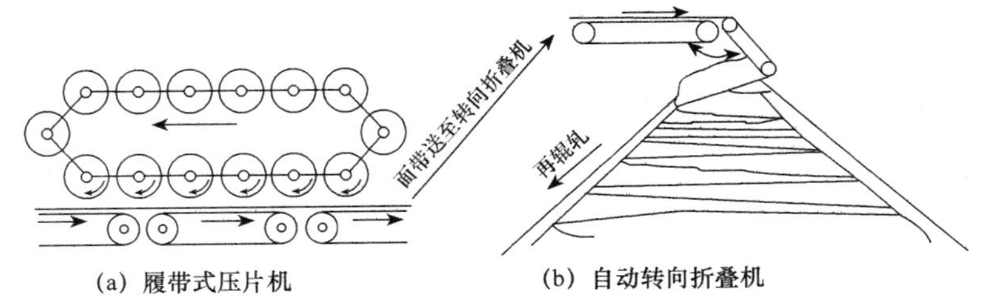

图 4-7　连续压面机

一些饼干如千层酥类，在面带中要求裹入大量油脂（奶油或起酥油），为防止油脂的走油，它利用包馅机的原理，用螺旋挤出成型机将面团挤成圆筒状，再在挤出时，从中间向中空的圆筒状面带里挤出油脂，然后再用履带式压片机压延成面带，并折叠、旋转、辊轧，送入成型机。有些不需要充填油脂的饼干也可以用这样的方法辊轧。

立式压面机常用于酥性面团的辊轧，这样辊轧的面带，要用冲印成型的方法成型。

4.3.6 酥性饼干的焙烤与冷却

酥性饼干的配料使用范围广，块形各异，厚薄相差悬殊，在焙烤过程中要确定一个统一的焙烤参数是困难的。对配料中油脂、糖含量高的高档酥性饼干而言，可以采用高温短时间的焙烤方法。

由于酥性饼干配料中油脂、糖多，膨松剂用量少，在面团调制时面筋形成量低，入炉后易发生饼坯不规则膨大的“油摊”现象，并可能产生破碎，所以一入炉就要使用高温，迫使其凝固定型。另外，为了防止成品破碎，加工采用厚饼干坯的加工工艺，饼干坯厚度比一般饼干坯厚 50%～100%，宜采用低温焙烤。在口味方面，这种饼干即使涨发率小、结构紧密一些，也不失其疏松的特点，其较高的油脂含量足以保证制品有较高的疏松性。

油脂、糖含量高的高档酥性饼干，在焙烤中容易出现摊得过大的现象。解决这个问题除在调粉时适当提高面筋的胀润度之外，还应对烤炉中间区（饼坯的定型阶段）实施湿度控制。

对于配料一般的普通酥性饼干来说，需要依靠焙烤来涨发体积。因此，饼干坯入炉后宜采用较高的底火、较低而具上升梯度的面火的焙烤工艺，使其能保证在体积膨胀的同时，又不致在表面迅速形成坚实的硬壳。此类饼干由于辅料较少，参与美拉德反应的基质不多，即使面火稍高也不致上色太快。这种产品如果一进炉就遇到高温，极易起泡。因为饼干坯表面迅速结成的硬壳能阻止二氧化碳等气体的排除，当气体滞留形成的膨胀力逐渐增高时就会鼓泡。另外，如果饼干坯一进炉就遇到高温底火，就会造成饼干坯底部迅速受热而焦煳，在使用无气孔的钢带或铁盘作载体时，会因尚柔软的饼干坯因底部受形成气体的急剧膨胀而造成凹底。这种情况更易发生在辅料少、面筋量形成较多的产品中。因此，底火温度也要逐渐上升。图 4-8 和图 4-9 是不同配料酥性饼干的烘烤热曲线。

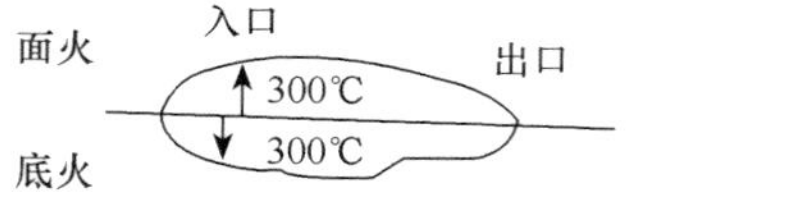

图 4-8　配料较好的甜酥性饼干

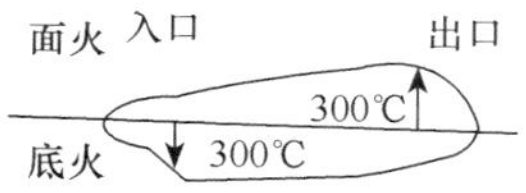

面火　入口　出口
300℃
底火　300℃

图 4-9　配料一般的甜酥性饼干

酥性饼干冷却时，除了考虑到韧性饼干冷却中涉及的有关因素外，还要注意输送带的线速度应比烤炉钢带的线速度大些，也就是饼干在炉外冷却时，前进的速度应大于在炉内的前进速度，这样既有较好的降温效果，还可防止饼干在冷却运输带上的积压。因为酥性饼干出炉时形体很软，一旦产生积压，饼干就要受外力作用而变形。一般冷却带的长度宜为烤炉长度的 1.5 倍以上，但冷却带过长，既不经济，又占空间。冷却适宜的条件是温度为 30～40℃，室内相对湿度为 70%～80%。如果在室温 25℃、相对湿度约为 80%的条件下，进行饼干自然冷却，经过约 5min，其温度可降至 45℃以下，水分含量也达到要求，基本上符合包装要求。

酥性饼干的包装及要求见韧性饼干的包装。

4.4　发酵（苏打）饼干生产工艺

发酵（苏打）饼干是采用酵母发酵与化学膨松剂相结合的发酵性饼干，具有酵母发酵食品固有的香味，内部结构层次分明，表面有较均匀的起泡点，由于含糖量极少，所以呈乳白色略带微黄色泽，口感松脆。

4.4.1　发酵（苏打）饼干的配方及用料要求

发酵饼干又称为苏打饼干，可分为咸发酵饼干和甜发酵饼干两种，甜发酵饼干可使用韧性饼干的配比来生产。表 4-4 为几种发酵（苏打）饼干的配方。

表 4-4　发酵（苏打）饼干的配方

原料	饼干品种			
	基本配方	无夹酥苏打饼干	夹油酥苏打饼干	甜苏打饼干
小麦粉/kg	100	100	100	100
起酥油/kg	16	16	16	20
磷脂/kg	1	1	—	0.6
糖粉/kg	—	—	—	3.0
淀粉糖浆/kg	—	2.2	2.0	—
全脂乳粉/kg	2	—	—	—
鸡蛋/kg	4	—	—	—
食盐/kg	1	1.6	1.8	1.6
小苏打/kg	0.5	0.6	0.5	0.4
鲜酵母/kg	0.5	0.6	0.4	0.4
香兰素/g	—	44	20	40
抗氧化剂/g	1.6	2	2.5	2.7～3
柠檬酸/g	3.2	4.5	4.4～8	2.7～8
亚硫酸钠/g	—	18	16	16

发酵（苏打）饼干要求有较大的膨胀率，应使用高筋粉。但是，为了提高饼干的酥松程度，一般配入 1/3 的标准粉。

生产中使用精炼油，有利于提高产品的质量。

为了提高饼干的酥松度，第二次调粉时可加入少量的小苏打。加入少量的饴糖或葡萄糖浆可提高发酵速度。

4.4.2　发酵（苏打）饼干的生产工艺流程

发酵（苏打）饼干的生产工艺流程如图 4-10 所示。

4.4.3　发酵（苏打）饼干面团的调制与发酵

发酵（苏打）饼干是利用生物膨松剂——酵母在生长繁殖过程中产生二氧化碳，并使其充盈在面团中，二氧化碳在烤制时受热膨胀，加上油酥的起酥效果，而形成特别酥松的成品质地和具有清晰的层次结构的断面。酵母发酵时，面团中的蛋白质和淀粉会部分地分解成易被人体消化吸收的低分子营养物质，使制品具有发酵食品的特有香味。

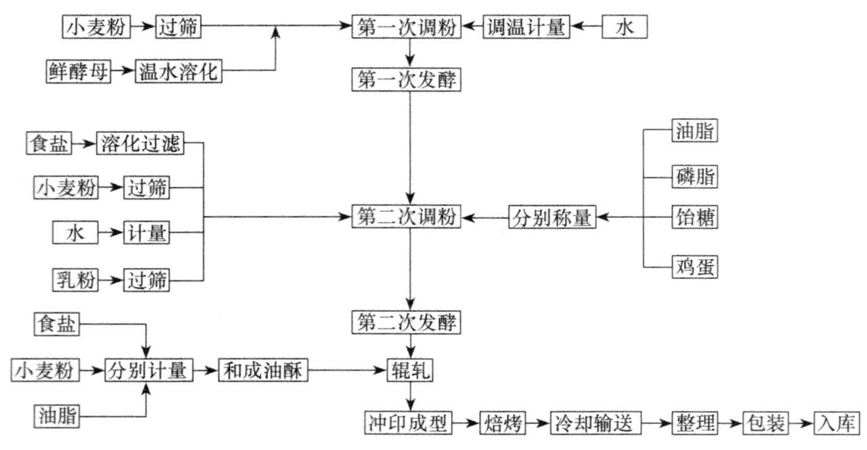

图 4-10 发酵（苏打）饼干的生产工艺流程

发酵（苏打）饼干面团的配料不能像酥性饼干那样含有较多量的油脂和糖分，其原因之一就是高糖分、高油脂会显著影响酵母的发酵力。高糖分所形成的高渗透压会使酵母细胞发生质壁分离，甚至使发酵作用停止。高油脂可在酵母细胞外形成油膜，阻断酵母细胞与外界的联系，影响酵母的呼吸，同样可使发酵作用停止。另外，面团在发酵过程中所产生的二氧化碳是靠面团中的面筋的持气能力而保存于面团中的，为此，在选择面粉时应尽量采用面筋含量高、品质好的小麦粉。

面团的调制和发酵一般采用二次发酵法。

1. 第一次调粉和发酵

第一次调粉通常使用小麦粉总量的 40%～50%，加入预先用温水溶化的鲜酵母液或用温水活化好的干酵母液。鲜酵母用量为 0.5%～0.7%，干酵母用量为 1.0%～1.5%。再加入用以调节面团温度的温水，加水量应根据小麦粉的面筋含量而定，面筋含量高的加水量就应高些。一般而言，标准粉加水量为 40%～42%，特制粉为 42%～45%。调制的时间需 4～6min，至面团软硬适度、无游离水即可。面团的温度要求冬季为 28～32℃，夏季为 25～29℃。调粉完毕即可进行第一次发酵。

第一次发酵的目的是通过面团较长时间的静置，使酵母在面团中大量地繁殖，增加面团的发酵潜力，酵母在繁殖过程中产生的二氧化碳气体使面团体积膨大，内部组织呈海绵状结构；面团发酵的结果使其弹性降低到理想的程度。

随着发酵作用的继续进行，除酵母得到大量繁殖外，面团也因受到发酵产物的作用而经历了较大的变化。面粉中的面筋性蛋白质受到乳酸菌和醋酸菌的代谢产物——乳酸和醋酸的作用而变性，同时酵母在无氧条件下产生的酒精也会使面筋溶解和变性。酵母呼吸所产生的二氧化碳有相当一部分溶于面团的水分中，另一部分则进入面团形成无数的微小气室。由于面筋的网络结构所具有的持气性和二氧化碳的慢扩散率使面团的体积逐渐鼓胀。当二氧化碳逐渐增多达到饱和时，面筋的网状结构处于紧张状态，继续产生的二氧化碳气体就会使面团中的膨胀力大大超过面筋本身的抗胀限度而使面团塌架，此时，面团的高度就会回落，性能也会变得稀软。这一系列的变化，会使面团在发酵终了时，形成海绵状组织，面筋量减少，面团的弹性降低到理想的程度，并产生发酵所特有的风味。发酵完毕时，面团的pH有所降低，为4.5～5，发酵时间为6～10h。

2. 第二次调粉和发酵

第一次发酵好的面团，常称为“酵头”。在酵头中加入其余50%～60%的小麦粉和油脂、食盐、饴糖、鸡蛋、乳粉等原辅料，在调粉机中调制5～7min。冬季面团温度应保持在30～33℃，夏季保持在28～30℃。如果要加入小苏打，应在调粉接近终了时再加入，这样有助于面团的光滑和保持面团中的二氧化碳。

第二次调粉发酵和第一次调粉发酵的主要区别是配料中有大量的油脂、食盐以及碱性膨松剂等物质使酵母作用变得困难。但由于酵头中大量酵母的繁殖，使面团具有较强的发酵潜力，所以3～4h就可发酵完毕。第二次调粉时应尽量选择弱质粉，可使口感酥松，形态完美。前后两次调粉的共同点是调粉时间都很短。习惯上认为长时间的调粉会使饼干质地僵硬。

3. 影响面团发酵的因素

（1）面团温度

对发酵（苏打）饼干面团温度的掌控，具有特殊的意义。因为发酵面团所使用的膨松剂是酵母，酵母的生长与繁殖受到许多因素的影响，温度就是其中的重要因素之一。因为面团的温度就是酵母赖以生存的温度，面团的温度掌握得是否适当，直接关系到酵母的生活环境。所以，面团的温度对酵母的生长和繁殖具有重要意义。酵母繁殖适宜的温度是25～28℃，而在面团中的最佳发酵温度是28～32℃。第一次发酵的目的是既要使酵母大量繁殖又要保证面团能发酵产生足够的二氧化碳气体，所以面团的温度应该掌握在28℃左右。但是，夏季如在无空调设备的发酵室内发酵，便无法控制面团的温度，面团易受气温的影响而温度升高，在发酵过程中因酵母发酵和呼吸所产生的热量不易散发而聚集在面团内，也易使面团的温度迅速升高。所以，夏季宜把面团的温度调得低一些（一般低2～3℃）。冬季则不然，由于发酵室内的温度通常低于28℃，调制好的面团在室内初期温度就会低一些，到了发酵后期，才会因酵母本身生命活动过程中所产生的热量而使温度略有回升。因此，冬季调制面团时，应将温度控制得高一些。

（2）加水量

发酵面团的加水量是一个波动范围较大的参数，加水量的多少依据小麦粉的品质及吸水率等因素而定。小麦粉的吸水率大，加水应多些；吸水量小，加水就宜少些。在进行二次调粉操作时，加水量多少不仅要看面粉的吸水率，还要看第一次发酵的程度。第一次面团发得越老，加水量就越小。反之，第一次发酵不足，在第二次调粉时就应适当地多加一些水。另外，酵母的繁殖力随面团加水量增加而增大，故在第一次发酵时，面团可适当地调得软一些，以利于酵母增殖。面团调制时加水量稍多，虽可使湿面筋形成程度高，但其抗胀力弱，所以面团发得快，体积大，且由于发酵过程中有水生成，加之油脂、糖及食盐的反水化作用，就会使面团变软和发黏，不利于成型作业，所以调制面团时不能过软。另一种情况是筋力过弱的小麦粉亦不能采用软粉发酵，否则发酵完毕后会使面团变得弹性过低，造成成品僵硬。当然，面团在调制时若加水量太少，也会使面团硬度过高，导致成品变形。

（3）用糖量

酵母正常发酵时的碳素源主要依靠其自身的淀粉酶水解面粉中的淀粉而获得。但在第一次调粉时，原料中能供鲜酵母发育和繁殖所需要的碳素源主要是小麦粉中原有的含量很少的可溶性糖分，以及由小麦粉和酵母中的淀粉酶水解淀粉而获得的可溶性糖分。但是，在发酵初期酵母中的淀粉酶活力不强，小麦粉本身的淀粉酶活力甚低，这些糖分不能充分满足酵母生长和繁殖的需要，此时，就需要在第一次调粉时在面团中加入 1%～1.5%的饴糖或蔗糖、葡萄糖，以加快酵母的生长繁殖和发酵速度，这与加入淀粉酶有相同的效果。如果小麦粉中淀粉酶的活力很高，就不必再加糖。同时，还应该注意到，过量的糖对发酵是极为有害的，糖浓度较高的面团会产生较大的渗透压力，使酵母细胞萎缩，并会造成细胞原生质分离而大大降低酵母的活力。第二次调粉时，无论何种发酵饼干加糖的目的都不是为了给酵母提供营养，而是从工艺上考虑和成品的口味要求而加入的。

（4）用油量

发酵（苏打）饼干要使用较多的油脂，以使制品酥松。油脂总使用量比韧性饼干和某些低档的酥性饼干多，但多量的油脂对酵母的发酵是不利的。调制发酵面团通常使用优良的猪板油或其他固体起酥油。另外，在解决既要多用油脂以提高饼干的酥松度，又要尽量减少对酵母发酵活动的影响的矛盾时，一般采用将一部分油脂在和面时加入，另一部分则与少量小麦粉、食盐等拌成油酥，在辊轧面团时加到面片之中。

（5）用盐量

发酵（苏打）饼干的食盐加入量一般为小麦粉用量的 1.8%～2.0%。食盐对面筋有增强其弹性和坚韧性的特点，使面团抗胀力提高，从而提高面团的持气性；同时，食盐又是小麦粉中淀粉酶的活化剂，能增加淀粉的转化率，供给酵母充分的糖分；食盐是调节口味的主料，满足改善口味的需要。食盐的显著特点就是具有抑制杂菌的作用。但过多地加入食盐就会适得其反，酵母的耐盐力虽然比其他有害菌强得多，但过高的食盐浓度同样会抑制其活性，使发酵作用减弱。为此，通常将配方中用盐总量的 30%在第二次调粉时加入，其余 70%的食盐则在油酥中拌入，以防数量过多的食盐对酵母的发酵作用产生影响。

发酵面团在发酵过程中物理性能方面的变化首先是干物质重量的减轻，这是因为面团在发酵过程中酵母菌利用了一些营养素，产生的二氧化碳有相当一部分挥发损失掉，故使面团的重量有所减轻，面团中各气体的成分也有了明显的改变，发酵前面团内的气体主要是空气，发酵后面团中充斥了大量的二氧化碳和少量的乙醇，结果使面团体积膨大，并带有酒香味。其次是热量的放出和含水量的增加。酵母无论是在无氧呼吸还是有氧呼吸过程中都要产生一定的热量，并且有水生成，因而面团就会变软、发黏，流散性增强。发酵后的面团中有机酸含量增加，pH 降至 4.5～5.0。

综上所述，发酵面团的调制受到许多因素的影响，一些因素有了变化，其他因素也要相应地进行调整。

4.4.4 发酵（苏打）饼干面团的辊压与成型

1. 面团的辊轧

在发酵（苏打）饼干生产过程中，面团辊轧也是一道不可缺少的重要工序。发酵面团在发酵过程中形成了海绵状组织，经过辊压可以驱除面团中多余的二氧化碳，以利于发酵作用的继续进行，并使面带形成多层次结构；经过辊扎后的面带有利于冲印成型；发酵饼干生产中的夹酥工序也需在辊压阶段完成。夹入油酥的目的是为了使发酵（苏打）饼干具有更加完善层次结构，提高饼干的松脆性，并赋予制品以特色风味。

发酵（苏打）饼干的油酥一般由小麦粉、油脂和食盐调制而成，也有的加入一些抗氧化剂和柠檬酸。各种原料的配比：以面团小麦粉用量为 100 计，则相应的油酥用粉为 27.8，油脂为 8.1，食盐为 2.8。当然，也可以视需要或具体情况加以调整。

发酵（苏打）饼干的面团辊轧通常都采用立式压面机进行辊压。在面团辊轧过程中，需要控制的一个重要工艺参数是压延比。如前所述，压延比是经过同道轧辊前后面片的厚度之比，它反映了面片经辊轧后厚度变薄的程度。压延比的大小对辊轧后面片结构有很大影响。发酵饼干面团在辊轧过程中，应根据不同辊轧阶段的具体情况合理地控制压延比。在未加油酥之前压延比不宜超过 3∶1，否则，压延比过大，面带压得太紧太薄，便不利于加油酥后的再压延，影响制品膨松。压延比也不能太小，过小则新鲜面团辊轧不均，使焙烤后的饼干出现膨松度不均匀和色泽不均匀的所谓“花斑”现象。这种现象的出现是由于头子已经过了成型机辊筒压延的机械作用而产生机械硬化现象，若不能与新鲜面团轧压均匀，却又经第二次成型的机械作用，会使蓬松的海绵状结构变得结实，表面坚硬，焙烤时影响热的传导，不易上色，饼干僵硬，出现花斑。加入油酥以后的辊轧，更应注意压延比，一般要求为（2～2.5）∶1，压延比过大，表面易轧破，油酥外露，造成饼干涨发率差，颜色变深，色泽不匀，出现僵片、残次品等。油酥的加入必须待面带辊轧光滑后加入，头子也必须铺匀，辊轧好后，不采用划块，而用折叠 4 次，并旋转 90°角。一般包油酥两次，每次包入油酥两层。

2. 冲印成型

发酵面团经辊轧后，折叠成匹进入成型机。首先要注意面带的接缝不能太宽，由于接缝处是两片重叠通过轧辊，压延比陡增，易压坏面带的油酥层次，甚至使油酥裸露于表面成为焦片。面带要保持完整，否则会产生色泽不均匀的残次品。

如前所述，发酵（苏打）饼干的压延比要求甚高，这是由于经过发酵的面团有着均匀细密的海绵状结构。经过夹油酥辊轧以后，使其成了带有油酥层的均匀面带。压延比过大将会破坏这种良好的结构而使制品不酥松，不光滑。

成型时，面带在压延和运送过程中不仅应防止绷紧，而且要让成型机第二对和第三对辊筒轧出的面带保持一定的下垂度。使压延后产生的张力立即消除，防止饼坯变形。

发酵（苏打）饼干的印模与韧性饼干不同，韧性饼干采用凹花有针孔的印模，发酵（苏打）饼干不使用有花纹的针孔印模。因为发酵（苏打）饼干弹性较大，冲印后花纹保持能力很差，所以一般只使用带针孔的印模就可以了。

4.4.5　发酵（苏打）饼干的焙烤与冷却

发酵（苏打）饼干的饼坯在焙烤初期中心温度逐渐上升，饼干坯内的酵母作用也逐渐旺盛起来，呼吸作用十分剧烈，产生大量的二氧化碳，使饼干坯在炉内迅速胀发，形成海绵状结构。除酵母的发酵活动外，蛋白酶的作用也因温度升高而较面团发酵时剧烈得多。中心层的温度达到 45～60℃时，蛋白酶水解蛋白质生成氨基酸的作用最明显。但中心层温度的增高迅速，使得这种作用进行的时间十分短暂，因此不可能有大量氨基酸生成。

面粉本身的淀粉酶在焙烤初期也由于温度升高而变得活跃起来，由于一部分淀粉受热而糊化，淀粉酶容易作用。当饼干坯温度达到 50～60℃时，淀粉酶的作用加大，生成部分糊精和麦芽糖。当饼坯中心温度升到 80℃时，各种酶的活动因蛋白质变性而停止，酵母死亡。

发酵时面团中所产生的酒精、醋酸在焙烤过程中受热而挥发，乳酸的挥发量极少，小苏打受热分解而使饼干中带有碳酸钠。所以，通常饼干坯此时的 pH 经焙烤后会略有上升。pH 即便稍有升高，焙烤时也不能大量驱除乳酸，消除过度发酵面团所带来的酸味。

在焙烤过程中，温度逐渐上升而使蛋白质脱水，其水分在饼干坯内形成短暂的再分配，并被剧烈膨胀的淀粉粒吸收。这种情况只存在于中心层，表面层由于温度迅速升高，脱水剧烈而不明显。所以，饼干坯表面所产生的光泽不完全依赖其本身便凝固，失去其胶体的特性。在烤炉中饼干坯的中心层只需经过约 1.5min 就能达到蛋白质的凝固温度，所以，第二阶段焙烤是蛋白质变性阶段。

焙烤的最后阶段是上色阶段，此时由于饼干坯已脱去了大量的水分而进入表面上色阶段。图 4-11 为发酵（苏打）饼干焙烤温度示意。

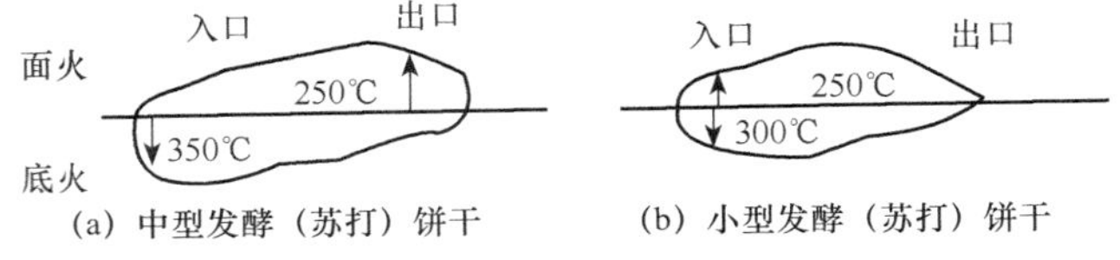

(a) 中型发酵（苏打）饼干　　(b) 小型发酵（苏打）饼干

图 4-11　发酵（苏打）饼干焙烤热曲线

pH 对发酵（苏打）饼干的焙烤上色关系甚大。如果面团发酵过度，糖分被酵母和产酸菌大量分解，致使参与美拉德反应的糖分减少，pH 下降，不易上色。如甜苏打饼干焙烤时，除了美拉德反应外，后期尚有糖类的焦糖化反应存在。在甜苏打饼干配方中除砂糖外，乳品和蛋品也有上色作用，都属于美拉德反应类型。

发酵（苏打）饼干的焙烤，入炉初期底火需旺盛，面火温度可以低一些，使饼干处于柔软状态，不迅速形成硬壳，有利于饼干坯体积的涨发和二氧化碳的外逸。加强底火使热量迅速传导到中心层，促使饼干坯内的二氧化碳急剧膨胀，在一瞬间即将饼坯涨发起来。如果炉温过低，焙烤时间过长，饼干易成为僵片。在焙烤的中间区域，要求面火渐增而底火渐减，因为此时虽然水分仍然在继续蒸发，但重要的是将涨发到最大的体积固定下来，以获得良好的焙烤弹性。如果此时温度不够高，饼干坯不能凝固定型，涨发起来的饼干坯重新塌陷而使饼干密度增大，制品最后不够酥松。最后阶段上色时的炉温度通常低于前面各区域，以防成品色泽过深。

发酵（苏打）饼干的焙烤不能采用钢带和铁盘，应采用网带或铁丝烤盘。因为钢带不容易使发酵（苏打）饼干产生的二氧化碳在底面散失，若果用钢丝带可避免此弊端。

发酵（苏打）饼干焙烤完毕必须冷却到 38～40℃才能包装。其他要求与韧性饼干相同。

4.5　其他常见类型饼干的生产工艺

4.5.1　威化（华夫）饼干

威化饼干又称华夫饼干，是一种具有多孔性结构且饼片与饼片之间夹有馅料的多层夹心饼干。

威化饼干的加工方法是先把小麦粉、淀粉、砂糖粉、油脂等原辅料调制成面浆并制成饼干薄片，然后涂上夹心，将数片合在一起切割。威化（华夫）饼干多为孔性结构，具有强烈的吸湿性，口感酥脆，入口易化。

1. *原料配比及配方实例*

威化饼干由单片和馅心组成。单片是由小麦粉、淀粉、油脂、水及化学膨松剂等组成的浆料，经焙烤、切割而成。其基本原料的配比：以小麦粉与淀粉的总和为 100（基数）计，油脂为 2～5，水约为 140～160。馅心是以油脂为基料，加上糖粉和香料等搅拌而成的浆料。其基本配比：油脂为 100，糖粉用量为 100～130，香料适量。

根据风味料的不同，其配方可分为可可型、柠檬型和奶油型等，其配方如表 4-5 所示。

表 4-5　威化饼干的配方

	原料	可可型威化饼干配方	柠檬型威化饼干配方	奶油型威化饼干配方		原料	可可型威化饼干配方	柠檬型威化饼干配方	奶油型威化饼干配方
单片	特制粉	100	100	100	馅心	砂糖粉	108	108	120
	淀粉	32	32	32		乳粉	—	10	14
	精炼油	2.4	2.4	2.4		精炼油	80	80	—
	小苏打	1.0	1.0	1.0		抗氧化剂	0.0165	0.0165	0.025
	碳酸氢铵	0.6	0.4	0.6		柠檬酸	0.0165	0.0165	0.0165
	可可料	4	—	—		香兰素	0.088	—	0.12
	明矾	0.5	0.5	0.5		橘子香精	—	52（mL）	—
	酱色	3	—	—		奶油	—	—	22
	水	196～204	196～204	196～204		氢化油	—	—	80

2. *工艺流程*

威化饼干的生产工艺流程如图 4-12 所示。

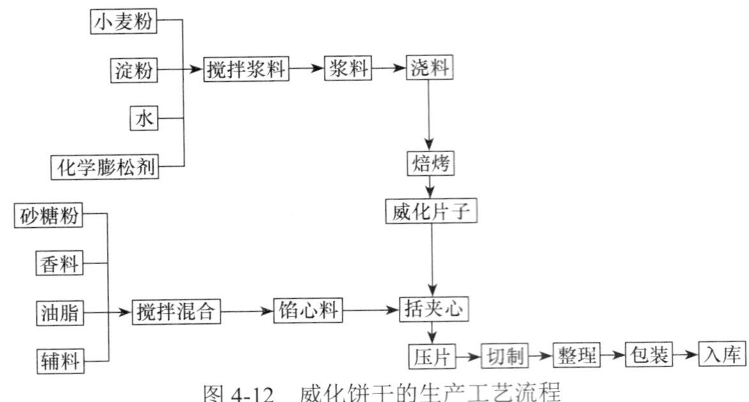

图 4-12　威化饼干的生产工艺流程

3. 面浆及馅心料的调制

面浆及馅心料的调制是保证威化饼干质量的关键性工序。面浆的调制是指将配好的小麦粉、淀粉、膨松剂置于搅拌机容器中，加入适量的水，经过充分搅拌混合，使浆料中均匀地混有较大量空气，以便通过焙烤得到结构疏松的制品。馅心料的调制是指将糖粉、油脂等原料，经过搅拌器高速搅拌，使糖粉、油脂、空气等充分混合而成松软的制品。

（1）影响面浆调制的因素

1）投料顺序。先加水，开动搅拌机后，再逐步加入小麦粉、淀粉、小苏打、碳酸氢铵、明矾、油脂等原辅料。

2）小麦面粉品质。选用蛋白质含量较低的小麦粉，以减低面浆的起筋程度，有利于饼干片在焙烤时充满烤模并得疏松的结构。配方中加入一定量的淀粉，一方面可降低筋力，改善制品的结构；另一方面可增加制品表面的光泽。

3）面浆温度。调制结束时面浆温度以 19～22℃为宜，最好不要超过 25℃。气温高时，料温要适当降低，以防面浆发酵变质，致使面浆有酸味、成品易破碎。

4）加水量。加水量的多少不仅影响操作，而且直接影响到威化片的品质。加水量太多，则浆料太稀，浇片时流动性大，产生过多的边皮和面头，同时威化片也太薄，容易脆裂；加水量太少，则面浆太厚，流动性差，不能充满烤模，容易缺角，也增加废料。面浆浓度一般掌握在 16～18°Bé。

5）油脂用量。在调浆时加入适量的油脂，既可提高威化片的表面光泽，削弱其吸湿作用，又可在焙烤时防止粘模。

6）调浆时间。调浆时搅拌至小麦粉、淀粉、油脂和水等充分混合，并含有大量空气的均匀状浆料即可。调粉时间过长，会使浆料起筋、威化片不酥脆。

7）膨松剂。为能使膨松剂产生较多的气体，除了使用小苏打、碳酸氢铵外，还要添加适量的明矾，这样可避免威化片因使用多量的小苏打而带来的碱味，还可避免威化片色泽发黄。

（2）影响馅心调制的因素

1）糖粉的粗细度。威化饼干的特点是入口即化，如果糖分太粗，会有沙粒感，影响口感。通常要求糖粉的粒度为 100 目以上。

2）油脂熔点。馅心所用油脂要求在室温下呈固体，熔点在 30～40℃为宜，而不能用液态油，现在一般工厂均用低度氢化油，也有用精炼猪油的。

3）油、糖配比。油、糖配比通常为 1∶1，但为突出风味的缘故，可作适当的调整。另外，还可在馅心中加一些花生酱或芝麻酱等。

4）搅拌及充气。馅心调制，不仅要使糖、油等混合均匀，还要通过搅拌，充入大量空气，使馅心体积膨大、疏松、洁白。搅拌结束后，馅心的比重一般应掌握在 0.6～0.7。

5）馅心温度。调制好的馅心，温度应控制在 25℃以下。馅心应均匀、细腻、无颗粒。

4. 成型与焙烤

威化饼干的成型有半机械化和连续化的两种方式。半机械化生产是将面浆倒入刻有方格或菱形花纹的转盘式威化制片机的烤模中，合上模盖板后，迅速加热，使其在短时间内经受高温而使水分蒸发，面浆中的空气和化学膨松剂所产生的气体，在密闭的烤模内产生很大的压力，使面浆充分膨胀，充满整个烤模的有效空间。在烤模顶部两侧开有狭小的气孔，水蒸气和其他气体带着余浆料从小孔中急速排出。

随着焙烤过程的进行，威化片内的水分不断蒸发，水蒸气不断排出，威化片的体积逐步收缩，从而形成具有多孔性结构的酥脆的威化片。

焙烤时，可采用 200℃以下焙烤 4～6min 的工艺条件，焙烤过程可划分为三个阶段。

首先是制片定型阶段。此阶段膨松剂发生剧烈的化学变化，面浆中蛋白质开始凝固，淀粉糊化，形成泡沫状多孔性的威化支架。

其次是焙烤脱水阶段。这一阶段占用时间最长，为 2.5～3min。这时，已经定型的威化片中，蛋白质开始变性，淀粉也由部分糊化达到全部糊化，体积开始收缩。威化片的表面温度由开始定型时的 100℃左右上升到 130～140℃，中心温度超过 100℃，威化片的水分降至 10%左右。

最后是上色阶段。随着炉内温度的进一步上升，威化片继续排出少量的水分，同时产生褐变反应，使之出现淡黄色，并具有焙烤制品特有的香气。

5. 冷却

威化片刚出炉时，表面温度可达 150℃左右，水分含量为 6%左右，经过冷却与制片，使其温度降至 38℃左右，水分也降至 2%以下。但多孔、低水分的威化片很容易吸湿，所以冷却、制片后应立即进行冷却，并进行切片和包装。

6. 夹心、切片、包装

威化饼干的主要风味来自中间的夹心。夹心是按规定的涂布形式和重量要求将已制好的馅心料直接、均匀地涂在威化片上。每层馅心的厚度一般为 2～3mm，然后将它们依次叠合。一般制成有三层威化片和两层馅心的威化饼干。威化片与夹心的重量之比一般为 1∶2。

夹心后，必须按一定规格进行切片，方可进行包装。包装时要严格把关，剔除缺角少边、色泽不匀的制品。所用包装材料要求渗水性很低，以防威化饼干吸湿还软。

4.5.2 蛋圆饼干

蛋圆饼干（蛋黄酥）是一种以小麦粉、砂糖和鸡蛋为主要原料的面制品。外形为冠形或双冠形，体积小，直径为22～25mm，内部结构呈多孔状，口感酥脆、香甜。

1. 原料的配比及配方实例

蛋圆饼干的基本原料配比一般以小麦粉为100计，砂糖粉为60～80，鸡蛋为30～40。蛋圆饼干要求使用标准粉，如使用高筋粉就必须配入较多的淀粉来降低面粉中的面筋含量，使之符合产品质量要求，面筋含量应控制在20%左右。此外，在配方中增减鸡蛋用量，则应相应地改变膨松剂的用量，如在配方中降低鸡蛋的用量则应增加小苏打及（或）碳酸氢铵的用量，以提高酥松度。表4-6为蛋圆饼干的基本配方。

表4-6　蛋圆饼干的基本配方

原料	用量/kg	原料	用量/kg
小麦粉（标准粉）	92	饴糖	8
淀粉	8	小苏打	0.35
砂糖粉	68	香精油	260mL
鸡蛋	36	水	43～52

2. 蛋圆饼干的生产工艺流程

蛋圆饼干的生产工艺流程如图4-13所示。

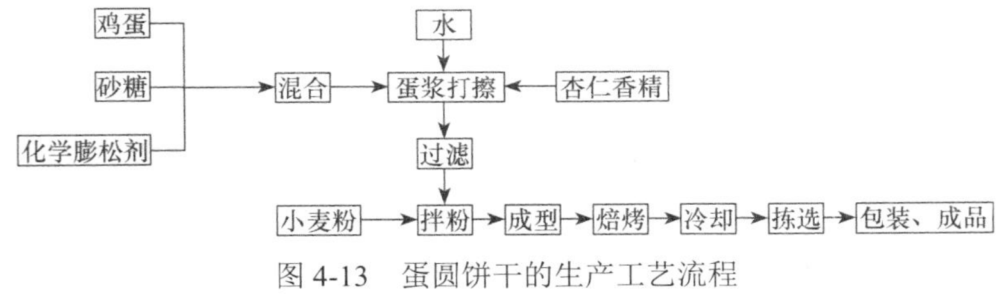

图4-13　蛋圆饼干的生产工艺流程

3. 浆料的调制

调制浆料，应先将鸡蛋、砂糖、膨松剂等辅料在搅拌机中混合，边打擦边缓缓加水。在蛋浆打擦高度和泡沫稳定性良好时，再加入面粉，轻轻地混合成浆料。

蛋圆饼干的多孔状组织是由于蛋浆在打擦中空气分散在液相中形成的。没有气相分布在液相中，蛋圆饼干就不会含有多孔性组织。在打擦中浆体是以水为分散介质，空气为分散相，具有表面活性的蛋白质为起泡剂逐渐形成的一个均匀体系，空气为液相包围着，形成高厚的泡沫。气泡的形成及稳定性与液—气界面上的表面张力及液相中的物料对气泡膜的保护作用有关。液体的表面张力小，形成气泡的能力就强。浆料在搅打过程中特别应注意以下几个问题。

1）搅拌机应具有可变速性，搅拌器应选用多根不锈钢丝制成的圆“灯笼”形，南方地区称为“蛋发帚”形，这种形式的搅拌器具有带入空气和分割气泡的作用，打蛋效果好。开始打蛋时，转速应快一些，以 125～130r/min 为好，5min 后转速减慢，以 70r/min 为好，后期转速过快易打过头。

2）鸡蛋用量控制在总量的 14%～25%，砂糖的用量为 30%～35%，糖蛋比例应接近 2∶1 为宜。加水量不能太多，否则影响起泡，一般用量是不应超过糖蛋用量的 2/3。在打擦时泡沫不再增加时加入，禁止在打蛋之前或打蛋以后加入。

3）蛋浆的温度应控制在 28～30℃，打擦时间不应超过 25min，此刻蛋浆的打擦度应为 320%～330%，蛋浆的相对密度应为 0.42～0.48g/cm^3。

4）搅拌要均匀，防止起疙瘩。这种现象常因拌粉不匀和冻蛋溶化不透所致。

5）使用的小麦粉若面筋含量很高时，可以加入淀粉以冲淡面筋。

面浆调好后，应及时进入成型工序进行成型。

4. 蛋圆饼干的成型

蛋圆饼干的成型方法是将配好的浆料用挤浆的方式滴加在烤炉的载体（钢带）上的，一次成型，进炉焙烤，目前蛋圆饼干的生产设备主要有两种形式：一是以烘盘为载体的间歇挤出滴加式成型机；二是以钢带为载体的连续挤出滴加式生产流水线，它由挤浆部分、烤炉部分和冷却部分组成。

5. 焙烤与冷却

（1）饼坯的整型

当浆料经过活塞挤到钢带上时，成型嘴与饼坯之间的料浆仍然牵连在一起，当成型嘴上升时，浆料才被拉断。拉断后的浆料下沉到饼坯表面，形成一个凸起的尖顶。如果该尖顶不塌平的话，那么饼干焙烤成熟后，表面就不光滑，直接影响饼干的外观。为了消除这一弊端，当饼坯成型以后，就需要有一段静置的时间，使凸起的尖顶自然下塌，然后进入焙烤炉内进行焙烤。挤注时，饼坯间距应保持在 30mm 以上，以防相互粘连。

（2）焙烤

蛋圆饼干的焙烤，一般分为三个阶段。

1）饼干坯的涨发。蛋圆饼干的涨发主要依靠鸡蛋在搅擦过程中形成的气泡，这些气泡被蛋白质薄膜包裹着，当饼干坯受热时，气体膨胀，从而使饼干坯体积增大；其次依靠少量的小苏打等化学膨松剂受热产气，使制品内部形成细小气孔，达到疏松的目的。

2）饼干坯的定型。饼干坯在焙烤受热后，淀粉开始吸水糊化，随后蛋白质开始变性凝固。这时，饼干坯的内部胀发作用停止，游离水分蒸发完毕，结合水也有部分被缓慢蒸发，饼坯得以定型。

3）饼干坯的上色。由于蛋圆饼干用蛋、糖量较高，很容易上色，故上色阶段宜采用较低的温度，一般用面火为 190℃左右，底火为 180℃左右，上色时间约 1min。

（3）冷却

刚出烤炉时蛋圆饼干温度在 100℃以上，此时的饼干仍是软的，需经 1min 左右的冷却，待其温度降到 60℃以下时，再用铲刀将钢带上的饼干铲下。放到冷却输送带上，进一步冷却到 38℃以下时，进行整理、包装。

4.5.3 蛋卷

蛋卷是以小麦粉、糖、油和膨松剂等为原料，经调浆、制皮、卷制、切割等工序而制成的酥脆可口、味美香甜的焙烤食品。

1. 原料配比及配方实例

蛋卷的基本原料配比一般为小麦粉为 100，砂糖粉为 60～70，油脂为 7～17，鸡蛋为 7～17。表 4-7 为蛋卷的配方实例。

表 4-7　蛋卷配方实例

原料名称	用量/kg	原料名称	用量/kg
小麦粉	90	小苏打	0.5
淀粉	10	香兰素	0.15
砂糖粉	70	核黄素	0.005
鸡蛋	15	碳酸氢氨	0.15
精炼油	17	—	—

2. 工艺流程

蛋卷的生产工艺流程如图 4-14 所示。

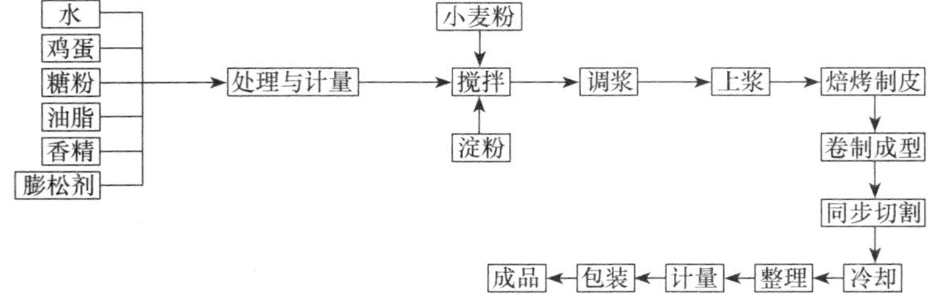

图 4-14　蛋卷的生产工艺流程

3. 浆料的调制

蛋卷的浆料调制要求在限制面筋胀润的情况下进行。因此，浆料调制时应先将水、蛋、糖和油等辅料在搅拌机中搅打均匀后，再加入小麦粉和淀粉并适度搅拌。浆料调制完毕后应立即使用。

蛋卷的浆料应具有适当的黏稠性、延伸性和持气能力。小麦粉最好采用酥性饼干生产专用粉，若使用特制粉，则应加入适量的淀粉。

4. 焙烤

蛋卷是由浆料在高温炉上上浆后，经焙烤成皮，趁热卷制而成。尽管浆料水分较高，但由于皮子厚度仅为 1mm 左右，失水极快，故在面火温度为 150℃，底火为 350～400℃时，仅焙烤 30s 左右即可。蛋卷焙烤时间与炉温和浆料浓度有关。

5. 成型

蛋卷与其他制品的明显不同之处在于焙烤后成型。在成型前先将皮子从焙烤辊筒上完好地剥落下来，进入卷坯装置，连续卷制成有一定倾角的蛋圆筒。由于皮子保持有较高温度，故在剥离时，仍呈柔软状态。

6. 同步切割

当螺旋形蛋卷筒源源进入冷却部分时，温度为 80℃左右，仍处于柔软状态。此时宜采用冷却辊使蛋卷在转动中冷却，然后用同步切割机构将蛋卷筒分段切割成长度均匀的蛋卷，使之便于包装和销售。切割完毕后，必须将蛋卷进一步冷却到 38℃左右，才可进行整理、计量与包装。

4.5.4 曲奇饼干

曲奇饼干是一种近似于点心类食品的饼干，亦称甜酥饼干。曲奇饼干是饼干中配料最好、档次最高的产品，其标准配比是油：糖＝1：1.35，(油+糖）：小麦粉＝1：1.35。面团弹性极小，光滑而柔软，可塑性极好。曲奇饼干结构虽然比较紧密，膨松度小，但由于油脂用量高，故产品质地极为疏松，食用时有入口即化的感觉。它的花纹深，立体感强，图案似浮雕，块形一般不很大，但片子较厚，可防止饼干破碎。

1. 原料的配比

曲奇饼干的基本配方如表 4-8 所示。

表 4-8　曲奇饼干的基本配方

原料名称	用量/kg	原料名称	用量/kg
小麦粉（标准粉）	100	全脂乳粉	6～10
固体油脂	30～40	卵磷脂	0.1～0.2
白砂糖	40～41	小苏打	0.3～0.4
鸡蛋	20～30	香精油	适量
饴糖	4～6	—	—

2. 工艺流程

曲奇饼干的生产工艺流程如图 4-15 所示。

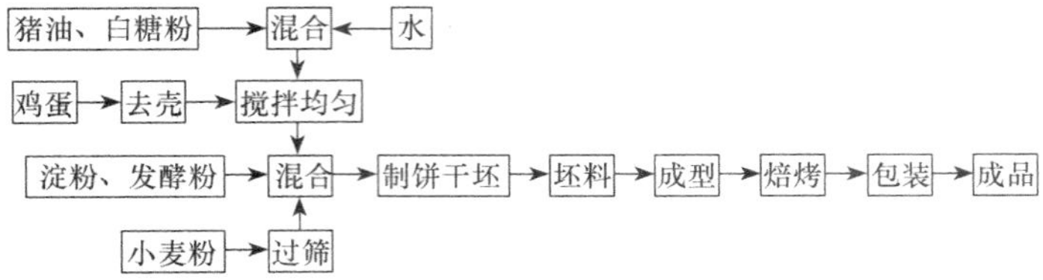

猪油、白糖粉 → 混合 ← 水
混合 → 搅拌均匀
鸡蛋 → 去壳 → 搅拌均匀
搅拌均匀 → 混合
淀粉、发酵粉 → 混合 → 制饼干坯 → 坯料 → 成型 → 焙烤 → 包装 → 成品
小麦粉 → 过筛 → 混合

图 4-15　曲奇饼干的生产工艺流程

3. 调粉

曲奇面团由于辅料用量很大，调粉时加水量甚少，因此一般不使用或使用极少量的糖浆，而以糖为主。而且因油脂量较大，不能使用液态油脂，以防止面团中油脂因流散度过大而造成“走油”。如发生“走油”现象，将会使面团在成型时变得完全无结合力，导致生产无法顺利进行。要避免“走油”，不仅要求使用固态油脂，还要求面团温度保持在 19～20℃，以保证面团中油脂呈凝固状态。在夏天生产时，对所使用的原料、辅料要采取降温措施。例如，小麦粉要进冷藏库，投料时温度不得超过 18℃；油脂、糖粉亦应放置于冷藏库中；调粉时所加的水可以采用部分冰水或轧碎的冰屑（块），以调节和控制面团温度。曲奇饼干面团在调粉时的配料次序与酥性饼干相同，调粉时间也大体相仿。调粉操作时，虽然采用降温措施和大量使用油糖等辅料，但调粉操作中不会使面筋胀润度偏低。这是因为在调粉过程中它不使用糖浆，所加的清水虽然在物料配力备齐后能溶化部分糖粉，但终究不如糖浆浓度高，仍可使面筋性蛋白质迅速吸水胀润，因而亦能保证面筋获得一定的胀润度。如面团温度掌握适当，曲奇面团不大会形成面筋的过量胀润，因而这种面团的调粉操作仍然须遵循控制有限胀润的原则。

4. 成型

为了尽量避免在夏季操作过程中曲奇面团的温度升高，同时因面团黏性不太大，在加工过程中一般不需静置和压面，调粉完毕后可直接进入成型工序。曲奇面团可采用辊印成型、挤压成型、挤条成型及钢丝切割成型等多种成型方法生产，但一般不使用冲印成型的方法。选择成型方法不仅是为了满足不同品种的需要，也是为了尽可能采用不产生头子，以防头子返回掺入新鲜面团中，造成面团温度的升高。辊切成型在生产过程中有头子产生，因而在没有空调设备的车间，在夏季最好不使用这种成型方法。

5. 焙烤

从曲奇饼干的配方看，由于糖、油数量多，按理可以采用高温短时的焙烤工艺，在通常情况下，其饼坯中心层在 3min 左右即能升到 100～110℃。但这种饼干的块形要比酥性饼干厚 50%～100%，这就使得它在同等表面积的情况下饼坯水分含量较酥性饼干高，所以不能采用高速焙烤的办法。通常，焙烤的工艺条件是在 250℃下焙烤 5～6min。

曲奇饼干成熟之后常易产生表面积摊得过大的变形现象，除调粉时应适当提高面筋胀润度进行调节之外，还应注意在饼干定型阶段烤炉中区的温度控制。通常采用的办法是将中区湿热空气直接排出。

6. 冷却

曲奇饼干糖、油含量高，故在高温情况下即使水分含量很低，制品也很软。刚出炉时，制品表面温度可达 180℃左右，所以特别要防止弯曲变形。焙烤完毕时饼干水分含量尚达 8%。在冷却过程中，随着温度逐渐下降，水分继续挥发，在接近室温时，水分达到最低值。稳定一段时间后，又逐渐吸收空气中的水分。当室温为 25℃，相对湿度为 85%时，从出炉至水分达到最低值的冷却时间大约为 6min，水分相对稳定时间为 6～10min，因此饼干的包装，最好选择在稳定阶段进行。

7. 曲奇饼干手工制作实例

手工制作曲奇没有固定的花样，其大小、形状可随意变化，成品具有香、酥、入口即化的特点。

（1）牛油曲奇的制作

1）原料配方。黄油 400g，糖粉 400g，鸡蛋 200g，蛋糕粉 1000g。

2）制作过程。

① 将黄油、糖粉一起打发（图 4-16）。

② 将鸡蛋分次加入，每加一次要充分搅匀（图 4-17）。

③ 将蛋糕粉过筛，与油脂搅匀（图 4-18）。

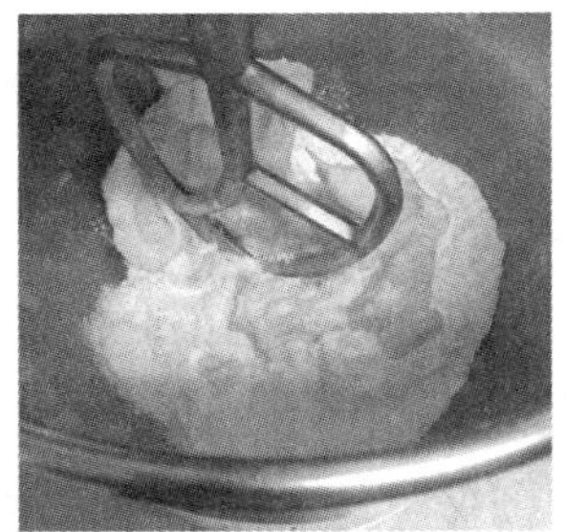

图 4-16　打发黄油和糖粉

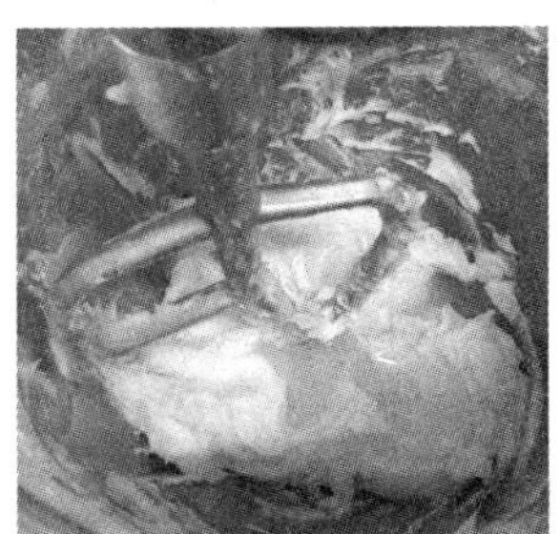

图 4-17　分次加入鸡蛋

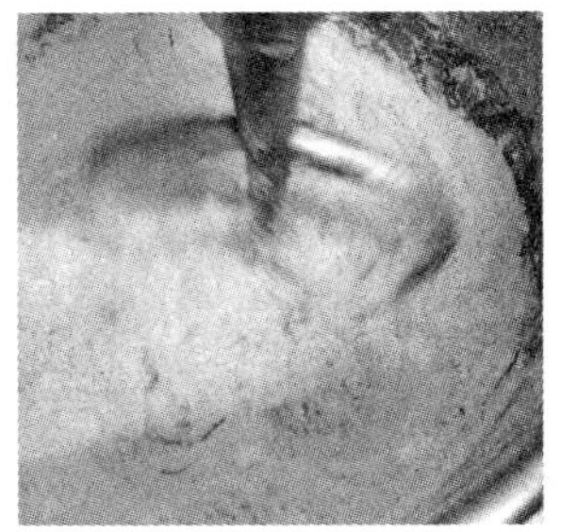

图 4-18　加入蛋糕粉搅匀

④ 将面糊装入挤袋内，挤成 S 形或螺旋形面坯（图 4-19）。

⑤ 在挤好的螺旋形面坯上点上红色的果酱（图 4-20）。

⑥ 烤箱预热，面火 180℃，底火 170℃，烤至色金黄即可（图 4-21）。

图 4-19　挤面糊

图 4-20　点缀果酱

图 4-21　烤至成熟

图 4-22　成品

3）质量标准。色泽金黄、大小一致、香甜酥化（图 4-22）。

4）制作要点。

① 黄油要打发。

② 鸡蛋要分次加入。

③ 蛋糕粉要过筛。

（2）巧克力牛油曲奇的制作

1）原料配方。黄油 400g，糖粉 400g，鸡蛋 200g，可可粉 100g，蛋糕粉 900g。

2）制作过程。

① 将黄油、糖粉一起打发（图 4-23）。

② 将鸡蛋分次加入，每加一次要充分搅匀（图 4-24）。

图 4-23　打发黄油和糖粉

图 4-24　分次加入鸡蛋

③ 将蛋糕粉、可可粉过筛，与油脂搅匀（图 4-25）。

④ 将面糊装入挤袋内，挤成 S 形或螺旋形即可（图 4-26）。

⑤ 烤箱预热，面火 180℃，底火 170℃，烤金黄即可。

3）质量标准。色泽金黄、大小一致、香甜酥化（图 4-27）。

图 4-25　将蛋糕粉、可可粉与油脂搅匀

图 4-26　挤面糊

图 4-27　成品

4）制作要点。

① 黄油要打发。

② 鸡蛋要分次加入。

③ 蛋糕粉要过筛。

（3）大理石曲奇的制作

1）原料配方。黄油 450g，糖粉 325g，鸡蛋 70g，高筋粉 60g，蛋糕粉 680g，可可粉 26g。

2）制作过程。

① 将黄油、糖粉一起打发。

② 将鸡蛋分次加入，每加一次要充分搅匀。

③ 将高筋粉、蛋糕粉过筛，和油脂搅匀。

④ 将搅匀的面团取出一半备用（图 4-28）。

⑤ 将可可粉加入剩下的面团里，继续慢速搅拌均匀（图 4-29）。

图 4-28　取出一半面团留用

图 4-29　加入可可粉

⑥ 将两种颜色的面团搓成长条状，缠绕成一条，再搓成直径为 3.5cm 的圆条，放入冰箱冷冻 2h（图 4-30）。

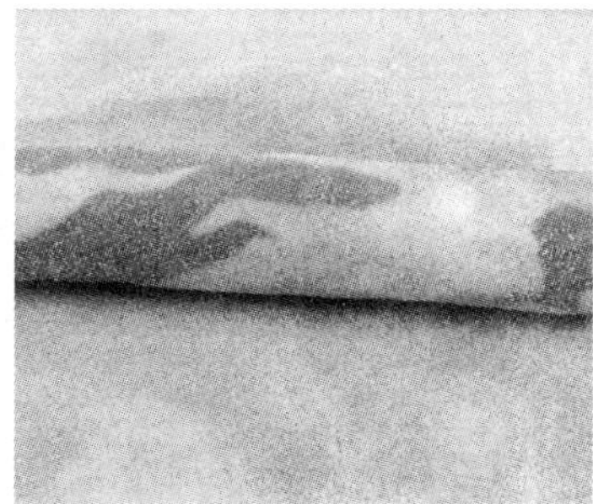

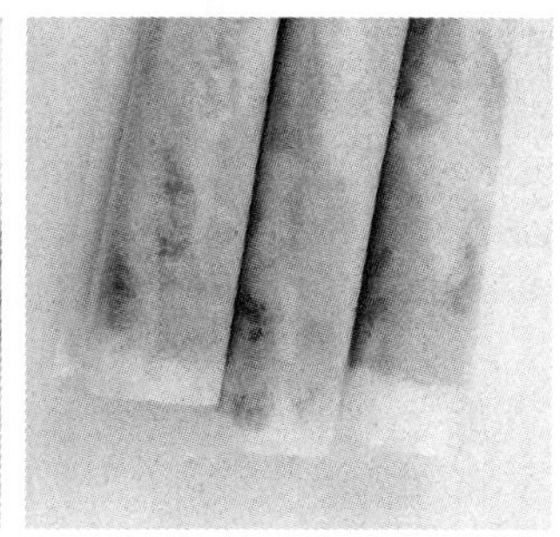

图 4-30　将面团搓成条状

⑦ 将冷冻好的面条拿出，切成 3mm 厚的小圆片，整齐摆放在不粘烤盘内，面片上刷上蛋液（图 4-31）。

⑧ 烤箱预热，面火 180℃，底火 170℃，烤至金黄即可。

3）质量标准。色泽金黄、大小一致、香甜酥化（图 4-32）。

4）制作要点。

① 黄油要打发。

② 鸡蛋要分次加入。

③ 蛋糕粉要过筛。

图 4-31　面片上刷蛋液

图 4-32　成品

（4）杏仁曲奇的制作

1）原料配方。黄油 500g，砂糖 500g，鸡蛋 200g，杏仁粉 400g，蛋糕粉 1000g，杏仁片 400g。

2）制作过程。

① 将黄油、砂糖一起打发（图 4-33）。

② 将鸡蛋分次加入，每加一次要充分搅匀（图 4-34）。

③ 将蛋糕粉过筛，与油脂搅拌均匀（图 4-35）。

④ 将杏仁粉和杏仁片加入油脂一起搅拌均匀（图 4-36）。

图 4-33　打发砂糖和黄油

图 4-34　加入鸡蛋

图 4-35　加入蛋糕粉

图 4-36　加入杏仁粉和杏仁片

⑤ 将搅好的面团取出，分份搓成 13g 重的小圆球，整齐摆放在不粘烤盘内（图 4-37）。

⑥ 用餐叉将小圆球压成圆饼，在小圆饼上刷上蛋液（图 4-38）。

⑦ 烤箱预热，面火 180℃，底火 170℃，烤至金黄即可（图 4-39）。

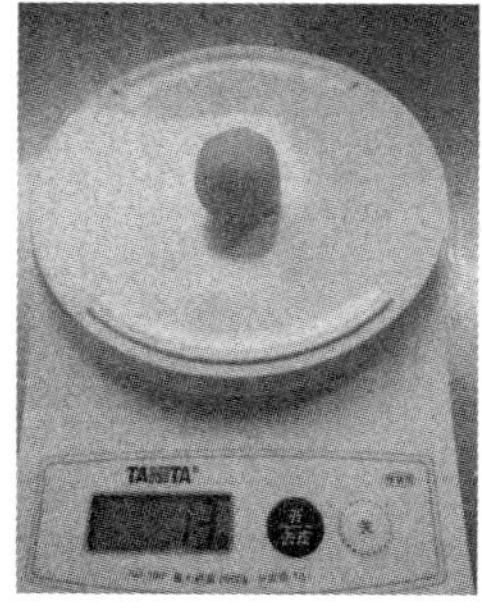

图 4-37　称重

图 4-38　压制圆饼

图 4-39　烤至成熟

3）质量标准。色泽金黄、大小一致、香甜酥化（图 4-40）。

4）制作要点。

① 黄油要打发。

② 鸡蛋要分次加入。

③ 蛋糕粉要过筛。

图 4-40　成品

4.5.5　夹心饼干

在两块精制的饼干之间添加高熔点起酥油、砂糖粉、维生素、香料等配料后，即成夹心饼干。

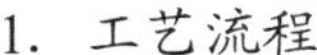

1. 工艺流程

夹心饼干的生产工艺流程如图 4-41 所示。

图 4-41　夹心饼干的生产工艺流程

2. 制作方法

（1）浆料调制

1）先将油脂加温，使其处于熔融状态。放入搅拌缸，边搅拌边加入砂糖粉、香料，至混合均匀，一般搅拌时间为 5～10min。糖粉和油脂的比例无严格规定，根据油脂熔点的高低、天气温度的变化等原因变动，一般情况为 5.5∶1。

2）浆料调制后即夹心，仅防油脂变冷而凝固。如一时使用不完，要保存在一定温度下，使浆料始终处于柔软状态。

（2）上浆

先将饼干的底面朝上，固定平放，然后用机器或手工均匀地涂上一层浆料。在饼干平面的四周要注意保留适当的空隙，以防夹浆后两块重叠受压时，浆料外溢。浆料和饼干两者比例适当，浆料过多，会太甜或太腻；浆料过少，则会失去产品的特色。一般浆料和饼干之比以 1∶3 为宜。

（3）夹心

另取一块饼干，将其底朝下，复合在涂好浆料的饼干上面，稍受压，使两块饼干和浆料粘在一起。

（4）包浆

浆料刚夹好后，由于油脂尚未凝固，极易受外力发生移动，影响外观，造成破碎，故夹心后应立即进行包装。包装有以下作用：①固定形态，减少破碎；②减少外来污染，保证食品卫生；③防止受潮，减少与空气中氧接触的可能性，延长产品保存期；④增加美观，提高夹心饼干的商品价值。

（5）成品

夹心饼干应密封保存，贮存于干燥通风处，防止温度过高，以免夹心熔化或变质。

3. 质量要求

（1）饼干

夹心饼干所采用的饼干，习惯上称“单片”，其生产工艺与一般甜饼干相同。对饼干的质量要求，除符合规定的理化指标外，还有四点要求。

1）形态平整。有利于将夹心浆料均匀地涂在饼干的底面上，并保证另一块饼干复合在上面时互相贴切。

2）片形薄。如果饼干片形过厚，既影响夹心后的口味，又影响外观，饼干厚度以每块不超过 3.5mm 为宜。

3）形状规则。在夹心浆料时如果饼干的形状不规则，则不能保证上下两块饼干重叠整齐，给操作带来不便，所以一般块形以选用长方形或圆形为好。

4）口味突出。饼干中的口味，要尽可能地与夹心浆料中的口味相近似，以求得协调，使某一口味更突出。如饼干突出奶油口味，那么在设计夹心浆料配方时，也要重点突出奶油口味。

（2）油脂

夹心浆料中油脂用量较高，选择好合适的油脂，是能否生产出好的夹心饼干的关键。油脂应符合以下要求。

1）有较高的熔点。大多数的植物油熔点较低，在常温下成液体状态。此类油脂用夹心浆料不能起到粘结饼干和浆料中其他配料的作用，故不能用作夹心浆料的油脂。高熔点的起酥油由于熔点较高，在常温下面固态或半固态，夹心饼干就是利用油脂的这一特性，将固态或半固态的起酥油加温熔化，渗入其他配料后添加在两块饼干之间，当温度下降后，油脂又恢复到原来状态，而把饼干和其余料黏结在一起。

2）能直接食用。夹心后不再以高温焙烤，故必须保证油脂卫生并能直接食用。高熔点起酥油在精制过程中，因为已在真空高温条件下进行了长时间的脱色脱臭处理，故能保证食用的安全性。

3）有良好的色泽。色泽是衡量食品价值的一个重要标志。良好的色泽给人以舒适的感觉。如起酥油洁白的色泽、略带奶黄的色泽，对增进食欲有良好有促进作用。

4）有优良的风味。愉快而又优良的风味，是促进食欲的重要因素之一。夹心采用的高熔点起酥油，已在加工精制过程中进行了脱臭处理，故口味醇正。加之配方中油脂量较高，使夹心饼干具有高油脂产品特有的风味。

5）有较高的稳定性。油脂的稳定性表现在产品有较长的贮存期，对提高产品的经济价值有很大的意义。一般植物油脂稳定性较差，在产品贮存过程中易产生酸败味而不能食用。起酥油在精制过程中，基本上消除了油脂内的不稳定因素，保证了产品有较长的贮存期。

（3）糖粉

糖粉和油脂是组成夹心浆料的主要成分，其作用是增加甜度、提高营养价值。对糖粉的要求是：细度在 80 目以上。夹心浆料的细腻程度主要取决于糖粉的细度，细度越高口感越细腻，反之会产生粗糙感。细度高的另一优点是有助于浆料混合均匀。

（4）维生素

夹心浆料中添加维生素是夹心饼干的特色之一，绝大多数的维生素在高温下由于受热分解，其营养受到破坏，维生素的这一特性，限制了在饼干中的使用，夹心饼干中浆料一再经高温焙烤，故可在浆料中根据需要添加多种维生素，如维生素 B_1、维生素 B_2、维生素 C 等，起到增补营养的效果。有些维生素（如维生素 C）还能起到改善口味、延长产品保存期的作用。

4. 产品特色

夹心饼干除具有焙烤制品的特有风味外，还具有甜香酥松、细腻爽口、营养丰富的特色，所以深受消费者欢迎，尤为儿童们所喜爱。

4.6 饼干生产常见缺陷及解决措施

4.6.1 饼干粘底

饼干粘底的原因及解决措施如下。

1）饼干过于疏松，内部结合力差，此时应减少膨胀剂用量。

2）饼干在烤炉后区降温时间太长，饼干坯变硬，此时应注意烤炉后区与中区温差不应太大，后区降温时间不能太长。

4.6.2 饼干起泡

饼干起泡的原因及解决措施如下。

1）烤炉前区温度太高，尤其面火温度太高，此时应控制烤炉温度不可一开始就很高，面火温度应逐渐增高。

2）面团弹性太大，焙烤时面筋挡住气体通道不易散出，使表面起泡，此时应降低面团弹性，并用有较多针柱的模具。

3）膨松剂结块未被打开，此时应注意对结块的膨松剂粉碎后再用。

4）辊轧时面带上撒面粉太多，应尽量避免撒粉或少撒粉。

4.6.3 饼干不上色

饼干不上色的原因及解决措施：可能是配方中含糖量太少，此时需增加转化糖或饴糖用量。

4.6.4 饼干不光泽、表面粗糙

饼干不光泽、表面粗糙的原因及解决措施如下。

1）饼干喷油量太少，或喷油温度太低，以致产生油雾困难，喷雾不匀，油不易进入饼干表面，影响饼干光泽，此时可增大喷油量，或将油温控制在 85～90℃，并在油中加入适量增光剂和辣椒红。

2）配方中没有淀粉或淀粉量太少，此时可加入适量淀粉，必要时在炉内前部增设蒸汽设备，加大炉内湿度，使饼干坯表面能吸收更多的水分来促进淀粉糊化，以增加表面光泽。

3）调粉时间不足或过头，应注意掌握好调粉时间。

4）面带表面撒粉太多，应尽量不撒或少撒面粉。

4.6.5 饼干收缩变形

饼干收缩变形的原因及解决措施如下。

1）在面带压延和运送过程中面带绷得太紧。此时，应调整面带使其在经第二和第三对轧辊时保持有一定下垂度，帆布带在运送面带时应保持面带呈松弛状态。

2）面团弹性过大，可适当增加面团改良剂用量或增加调粉时间，并添加适量淀粉（小麦粉用量的 5%～10%）来稀释面筋量。

3）面带始终沿同一方向压延，引起面带张力不匀，此时应将面带在辊轧折叠时不断转换 90°。

4.6.6 饼干冷却后仍发软、不松脆

饼干冷却后仍发软、不松脆的原因及解决措施如下。

1）饼干坯厚而炉温太高，焙烤时间不够，水分没有完全被烤干，造成皮焦里生，内部残留水分太多。此时应控制饼干坯厚度，适当调低炉温，增加焙烤时间，使成品饼干含水量小于 6%。

2）烤炉中后段排烟管堵塞，排气不畅，造成炉内温度太高，此时应保持排气畅通，强化排烟管保温能力，使出口排气温度不低于 100℃，以免冷凝水倒流入炉内。

4.6.7 饼干易碎

饼干易碎的原因及解决措施如下。

1）饼干涨发过度，过于疏松，此时应减少膨松剂的使用量。

2）配料中淀粉和饼干屑用量太多，此时应适当减少其用量。

4.6.8 饼干凹底

饼干凹底的原因及解决措施如下。

1）饼干涨发程度不够，此时可增加膨松剂尤其是小苏打的用量。

2）饼干上针孔太少，应在饼干模具上增加更多的针柱。

3）面团弹性太大，此时可适当增加面团改良剂用量或增加调粉时间，并添加适量淀粉（小麦粉量的 5%～10%）来稀释面筋量。

4.6.9 饼干产生裂缝

饼干产生裂缝的原因及解决措施如下。

1）饼干出炉后由于冷却过快，强烈的热交换和水分挥发，使饼干内部产生附加应力而发生裂缝。一般情况下，冬天温度低且干燥，饼干易发生裂缝，尤其是含糖量低的饼干更为多见，此时应避免冷却过快，必要时在冷却输送带上加罩，有条件可采用调温调湿设备。

2）与面筋形成量、加水量、配方中某些原辅料的比例、焙烤温度、饼干造型，以及花纹走向、粗细、曲线的交叉和图案的布局等有关。针对发生裂缝的具体原因，可采取

改进配方、选择炉温、设计饼干模具等措施加以解决。

4.6.10　饼干口感粗糙

饼干口感粗糙的原因及解决措施如下。

1）调粉时间不足或过头，此时应正确及时判断调粉钟点。

2）配方中膨松剂用量太少或太多，应适量加入膨松剂。

3）配方中油、糖用量偏少，应适当增加油、糖用量并加入适量磷脂。

思考题

1. 试述饼干的含义及类型。
2. 饼干面团调制前各种原料需要如何处理？
3. 影响韧性饼干面团形成的主要因素有哪些？
4. 韧性面团调制时应注意哪些问题？
5. 面团辊轧的作用是什么？哪些面团必须经过辊轧工序？为什么？
6. 酥性饼干与韧性饼干面团调制时的区别有哪些？为什么？
7. 饼干生产时有哪几种成型方式？其原理是什么？
8. 面团调制完毕后，为什么面团有时需要静置？
9. 饼干生产过程中会什么会出现“走油”现象？
10. 饼干在焙烤过程中发生了哪些变化？
11. 试比较韧性饼干和酥性饼干生产工艺的异同。
12. 出炉后的饼干为什么不能立即包装？
13. 饼干生产中常见的缺陷有哪些？

第 5 章　糕点生产工艺

知识目标

了解各式糕点的分类方法及其特点；熟悉面团（面糊）及馅类的调制、糕点的成型、糕点的成熟技术；熟悉糕点生产器具及设备；掌握典型的中西式糕点的加工及生产技术。

能力目标

能够正确使用糕点生产的器具及设备；具有初步的糕点装饰能力；具有初步的产品质量的判断能力。

相关资源

中国焙烤食品糖制品工业协会

智慧职教焙烤食品生产技术课程

智慧职教烘焙职业技能训练

伊莎莉卡烘焙网

5.1　糕 点 概 述

糕点是以小麦粉、食糖、油脂为主要原料，配以蛋制品、乳制品、果仁等辅料，经过调制、熟制加工而成的，具有一定色、香、味、形的食品。蛋糕和月饼也是糕点，但因为产量较大、特色明显，故本书将蛋糕和月饼分别介绍。

糕点的品种繁多，总的可以分为中式糕点和西式糕点两大类。二者除国度上的区别外，在投入的原料、产品的风味和制作风格上均有很大的不同。

我国的糕点历史悠久、花样繁多、制作考究、造型精美。特别是我国幅员辽阔、民族众多，各地区地理、气候、物产条件、人民生活习惯不同，糕点的品种具有浓厚的地方色彩和独特的民族特色，所以在花色品种、生产方法、口味及色泽上形成了各种不同的派别。我国的糕点总称中国糕点，并以长江为界线分为南点（长江以南，南方风味糕点）与北点（长江以北，北方风味糕点）。

西式糕点在 19 世纪末 20 世纪初传入我国，起初只有沿海几个主要城市出售，厂商也大都是外国人。到了 20 世纪 50 年代，西式糕点已经基本普及全国。进入 21 世纪，面包店、西饼店、蛋糕店如雨后春笋般地在全国各地出现，极大地丰富了人们的日常生活。西式糕点的特点在于其用料讲究，加工精细，造型别致，花式繁多，美观大方。

5.1.1　西式糕点的分类及产品特点

1. 西式糕点的分类

西式糕点（pastry）简称西点，是由国外引入的一类糕点。制作西式糕点的主要原料是小麦粉、糖、黄油、牛乳、香草粉、椰子丝等。西式糕点的分类，目前尚无统一的标准，按产品的温度可分为常温西点、冷点和热点；按口味可分为甜点和咸点；按干湿特性可分为干点、软点和湿点；按用途可分主食、餐后甜点、茶点和节日喜庆糕点等；按传统则分为面包、蛋糕和点心三大类，每一类又可进一步细分出很多种类。因面包、蛋糕已经分章细述，故本章所述西式糕点分类主要指西式点心的分类。

西式点心主要包括起酥类、混酥类、泡芙、布丁等类型。

1）起酥类（puff pastries）。起酥类点心又称帕夫点心，是水调面坯、油面坯互为表里，经反复擀制折叠而成的一层面与一层油交替排列的多层结构的糕点，产品层次清晰、松酥爽口。此类点心有甜咸之分，是西点中常见的一类点心，如冰花酥、奶卷如意酥、奶油风轮酥、糖粉花酥等。

2）混酥类（short pastries）。混酥类又称油酥类或松酥类，是以黄油、小麦粉、砂糖、鸡蛋等主要原料（有时需加入适量膨松剂）调制成面团，采用擀制、成型、成熟、装饰等工艺制成的一类酥松而无层次的点心，如各式挞、派等。

3）泡芙（puff or eclair）。泡芙又称为气鼓、哈斗或奶油空心饼。圆形泡芙的英文名为 puff，长方形泡芙的英文名为 eclair，是西点中的一种小甜食。制作泡芙，是将奶油、水或牛奶煮沸后烫制小麦粉，再搅入鸡蛋制成面糊，经挤注成型、焙烤或油炸而成的空心坯，冷却后内部夹入馅心。

4）布丁（puddings）。布丁是以淀粉、油脂、糖、牛奶和鸡蛋为主要原料，搅拌成糊状，用蒸或烤等不同方法制成的甜点。

西式糕点以国度为别，又可分为英式糕点、俄式糕点、德式糕点、美式糕点等类型。

2. 西式糕点的产品特点

西式糕点用料讲究，造型艺术精美，品种丰富，在西餐饮食中占有举足轻重的地位。

（1）用料特点

西式糕点多以乳品、蛋品、糖类、油脂、小麦粉、干鲜水果等为原料，其中蛋、糖、油脂的比例较大，配料中干鲜水果、果仁、巧克力等的用量也大。

西式糕点用料十分讲究，特别是在现代西式糕点制作中，不同品种其面坯、馅心、装饰、点缀等都有各自的选料标准，各种原料之间又有着恰当的比例，大多数原料要求称量准确。

（2）工艺特点

西式糕点在制作工艺上具有工序繁、技法多（主要有捏、揉、搓、切、割、抹、裱型、擀、卷、编、挂等)，注重火候，多依赖设备与器具，工艺严格，成品规则、标准，容易实现生产的机械化、自动化和批量化，生产场地和制品清洁卫生等特点。西式糕点的成熟以焙烤为主要方式，讲究造型、装饰，给人以美的享受。

(3)风味特点

西式糕点区别于中式糕点最突出的特征是它使用的油脂主要为奶油，乳品和巧克力使用得也较多。西式糕点带有浓郁的奶香味以及巧克力特殊的风味。水果(包括鲜果和干果)与果仁在制品中的大量应用是西式糕点的另一重要特色。水果在装饰上的拼摆和点缀给人以清新而鲜美的感觉；由于水果与奶油配合，清淡与浓重相得益彰，口感油而不腻，甜中带酸，别有风味。果仁烤制后香脆可口，在外观上与风味上也为西式糕点增色不少。

5.1.2 中式糕点的分类及产品特点

1. 中式糕点的分类

(1)按制作方法分类

按制作方法，中式糕点可分为焙烤制品、油炸制品、蒸制品和其他制品等。这种分类方法来源于生产部门，取决于产品的熟制方法，便于掌握。

1)焙烤制品。焙烤制品定型后，经过加热焙烤，使半成品在烤炉中除去多余水分，体积增大，颜色美观，并获得特有的口味。在糕点品种中占绝大部分。

2)油炸制品。油炸制品是将定型的半成品，经过热油炸制，除去多余水分，使其体积增大，颜色油润。制品酥脆，在糕点品种中占有一定的数量。

3)蒸制品。蒸制品是将定型的半成品放入特制的蒸器内，利用蒸汽的热量使体积增大，获得柔软、不腻的独有风味的制品。

4)其他制品。其他制品包括煮制品、炒制品、熏制品等。这些制品的熟制方法不同于前三种。

(2)按产品特点分类

按产品特点，中式糕点可分为酥皮类、油炸类、酥类、糕类、浆皮类、混糖皮类、饼类和其他类。

1)酥皮类。凡用面和成油酥、酥皮成型的烤制品，均属这一类。这类糕点多数是包馅的，焙烤后为多层薄片状，而且层次分明、入口酥软，所以称为酥皮类。这类糕点制作精细、美观、花样繁多，馅心用料多样，因而具有多种口味。如京八件、葱花缸炉等。

2)油炸类。凡和面成型后，经油炸而成的制品，均属这一类。这类糕点有混糖的、酥皮的、带馅的，花样繁多，造型美观。炸制后，有的产品挂浆，有的不挂浆，有的表面沾有籽仁或花粉。其特点是酥、脆、香、甜。如开口笑、芙蓉糕等。

3)酥类。凡用油、糖、面加水和在一起，印制、切块、成型的烤制品，均属这一类。这类糕点是一种无馅点心。配料中，油、糖的比重大，所以酥松性强。如扒裂酥、杏仁酥等。

4)糕类。凡用蛋、糖浆搅打成糊，浇模焙烤或蒸制的糕点，均属这一类。这类糕点因用蛋量比其他类糕点多，因而熟制后组织松软、细密、有弹性、营养丰富、易消化。

如蛋糕、喇嘛糕等。

5）浆皮类。凡用糖浆和面，经包馅、成型、焙烤而成的糕点，均属这一类。这类糕点经焙烤后，浆皮结构紧密，表面光润、丰满，不渗油，不硬心。以月饼为主，如提浆月饼、双麻月饼等。

6）混糖皮类。凡不用糖浆而用糖粉和面，经包馅、成型、焙烤而成的糕点，均属这一类。这类糕点的皮面结构疏松，焙烤后酥松、硬度小。如蛋黄酥、桃杏果等。

7）饼类。凡用油、糖、面加水混合在一起，擀片、成型、焙烤的制品，均属这一类。这类糕点大多是手工操作的糕点式饼干或薄饼，其特点是酥、脆，如麻香饼、高桥薄脆等。

8）其他类。凡配料、加工、熟制方法不同于前述七种的中式糕点，均属这一类。这类糕点主要是一些季节性的食品，如油茶面、绿豆糕、元宵等。

（3）按地理位置分类

我国地广人多，风俗习惯各有不同，在花式品种、口味上差异很大，因而各地糕点自然地保留着独特的风味特点。中式糕点按地理位置可分为京式、苏式、扬式、宁绍式、广式、潮式、闽式、高桥式、川式等。

2. 中式糕点的特点

中式糕点在用料、操作方法、口味及产品名称方面，与西式糕点有很大的不同。其主要特点表现在以下几个方面。

（1）原料的使用

中式糕点所用原材料以谷物、小麦粉为主，以油、糖、蛋、果仁及其他原料为辅；而西式糕点所用谷物品种少，且小麦粉用量低于中式糕点，其奶、糖、蛋的比重较大，辅之以果酱、可可粉、水果等原料。

（2）操作方法

中式糕点以制皮、包馅为主，靠模具或切块成型，其种类繁多。个别品种虽有点缀，但图案非常简朴。生坯成型后，多数经过焙烤或油炸，即为成品。而西式糕点则以夹馅、挤糊、挤花为多。生坯焙烤后，多数需要美化、装饰后方为成品，装饰的图案比中式糕点复杂。

（3）口味

中式糕点由于品种、地区及用料的不同，其口味虽各有不同、各有突出，但主要以香、甜、咸为主。西式糕点则突出奶、糖、蛋、果酱的味道。

（4）产品名称

中式糕点多数以产品的性质、形状命名。如产品是酥性的，就叫桃酥、果仁酥；产品的形状像鹅，叫白鹅酥；产品的外观层次重叠，叫千层酥等。而我国目前生产的西式糕点则以用料、形态命名，也沿用音译名，如奶油××、巧克力××、动物小点心、捷克斯（也可称为奶油纸卷糕或奶油糕）等。

（5）工艺

中式糕点讲究色、香、味、型、配方，工艺讲究渊源和传统，利用现代科技的内容较少；西式糕点讲究营养、配方，工艺中创新性强，利用的现代科技内容多。

5.2 糕点生产加工技术

5.2.1 糕点生产的基本工艺流程

糕点生产的基本工艺流程包括以下四个主要步骤：面团调制→馅料加工→糕点成型→熟制。

5.2.2 糕点生产原料的选择与处理

1. 小麦粉

小麦粉是糕点生产的主要原料之一，常用的有特制粉和标准粉两种。小麦粉的食用品质（物理和化学特性）对糕点的质量有极大的影响，不同品种和质量的糕点要求使用品质、特性不同的小麦粉。

小麦粉中的蛋白质在糕点制作中起着重要作用。蛋白质吸水膨胀而形成面筋，而面筋的生成率及质量直接影响糕点的质量。在生产中，应根据小麦粉中蛋白质的特性，控制和调整面团的面筋含量，以保证产品的质地优良。

小麦粉的蛋白质和面筋含量一般要求为9.5%～10.0%和22.0%～25.0%。在糕点生产中，小麦粉的面筋含量低于21.0%，极易造成面皮强度过弱，引起面团易粘辊、难成型、成品易碎等问题。

2. 油脂

油脂也是糕点生产的主要原料之一，在糕点中使用量较大，其主要作用是使小麦粉的吸水性能降低，减少面筋形成量，从而提高面团的可塑性，使面团形成酥性结构。

油脂的多少对糕点质量的影响很大，不同的种类、不同的用量，产生的效果也不一样。当油脂少时，会造成产品严重变形、口感硬、表面干燥无光泽、面筋形成多，虽增强了糕点的抗裂能力和强度，但降低了内部的松脆度。油脂多时，能助长糕点疏松起发，使外观平滑光亮，口感酥化。

糕点生产中常用的油脂有各种植物油、猪油、奶油、人造奶油等。不同的焙烤产品应选用不同的焙烤油脂。

1）蛋糕。对于面糊类蛋糕、重油蛋糕，要求油脂的融合量大，尤其是高成分的蛋糕，含有多量的糖、油、蛋等，需要油脂有较好的融合能力和乳化作用，所以使用含有乳化剂的氢化白油最理想。但因为氢化白油没有味道，所以经常配上一定比例的奶油调味；奶油因其融合能力小，一般不能全部使用，而只使用一部分调整风味用。

2）小西饼。选用油性大、稳定性高的油脂，延长其保存期。氢化白油较为理想，猪油也常被选用。

3）派皮。派皮用油脂要求油性大，油脂的可塑性范围较大，至于其他特性如融合能力、乳化效果和安定性并不重要。所以，采用氢化猪油最为理想，其他的氢化油也可以使用。

4）道纳司。此类产品采用油炸熟制，所选油脂要求其发烟点高，以氢化棉籽油及氢化精制花生油为佳。

5）装饰用奶油。以含有乳化剂的氢化油最好，可配奶油调味用。

油脂应保存于密闭没有光线、空气干燥的场所，贮藏场所应没有异味，否则油脂会吸收异味。还要特别注意贮藏的温度，以 21～27℃为最理想，温度升高会破坏油脂的结晶，再冷却后即失去原有的特性，所以要注意保持贮存场所温度的稳定。

3. 食糖

食糖是糕点生产的主要原料，绝大多数糕点使用食糖。糖可以改变糕点制品的色、香、味和形态。糖还是面团的改良剂，适量的糖可以增加制品的弹性，使制品体积膨大，并能调节面筋的胀润度，抑制细菌的繁殖，延长糕点贮存期。

糕点生产中用的糖有白砂糖、绵白糖、红糖等，此外，还有饴糖、液体葡萄糖、蜂蜜和淀粉糖浆。

白砂糖在使用前需要用水溶解，再过滤、除杂或磨成糖粉过滤除杂。糖浆也需要过滤使用。夏天要注意防止糖浆的发酵。

生产中有时需自制转化糖其制作方法是：把糖和水加热到 108～110℃，加入柠檬酸等物质可促进糖的转化。注意在制作转化糖时，糖浆未冷却前大力搅动操作会极易导致糖浆翻砂。

4. 蛋品

蛋品是制作糕点的辅助原料，对改善和增加糕点的色、香、味、形及营养价值有一定的作用。在糕点制作中使用很广，用量较多，有些糕点中鸡蛋还是主要的原料。蛋品的特性对糕点影响很大，其起泡性有助于增大制品体积，其乳化性可使油与水混为一体。制品中加入适量的蛋清或以蛋液刷面，还可起到上色作用。蛋品对酥性糕点可起到粘连作用。糕点中常用蛋品主要为鸡蛋及其制品。

生产中多以鲜蛋为主，对鲜蛋的要求是气室要小、不散黄，缺点是蛋壳处理麻烦。必须注意，变质败坏的蛋液禁止使用。

一般选用冷藏法保存鸡蛋，保存条件为温度 1～2℃，相对湿度 85%。贮存时不要与有异味的食物放在一起。

5. 乳品

乳品在糕点制作中主要作用为增加营养，并使制品具有独特的乳香味。在面团中加入适量乳品，可促进面团中油与水的乳化，改善面团的胶体性能，调节面团的胀润度，防止面团收缩，保持制品外形完整、表面光滑、酥性良好，同时还可以改善制品的色、香、味、形，提高制品的保存期。常用的乳品有鲜牛奶、炼乳、乳粉等，其中，以乳粉使用较多。

6. 果料

在糕点中果料是极重要的辅料，少数品种还以果料为主要原料。果料的加入提高了糕点的营养价值及风味。糕点中常用的果料有花生仁等各种果仁、果脯、果干、红枣、糖玫瑰、青梅、山楂、樱桃等。

7. 膨松剂

糕点生产中使用的膨松剂主要是化学膨松剂，其操作方便、不需发酵设备、生产周期短、价格便宜、见效快。常用的化学膨松剂为小苏打、碳酸氢铵、碳酸钠，还有发酵粉。发酵粉是一种复合膨松剂。

8. 其他辅料

其他辅料主要包括调味剂（如食盐、味精、柠檬酸、酒等）、香料、色素及营养强化剂等。在应用时，要根据不同的糕点品种进行选用，并要注意用量符合卫生部门规定的标准。

另外，水是糕点生产的重要原料，应透明、无色、无异味、无有害微生物、无沉淀。根据不同品种可适当使用不同温度的水，如开水、热水、温水、冷水等，以制出不同特点的产品。

5.2.3 面团（面糊）及馅类的调制技术

1. 面团（面糊）的调制

面团（面糊）调制是将配方中的各种原辅料调制成各种所需要的面团（面糊）的过程，是糕点加工中的主要工序。由于糕点种类多，因而对面团（面糊）的要求亦各不相同。下面简单介绍几种常用面团（面糊）的调制方法。

（1）油酥面团

油酥面团常见配方中油脂与小麦粉之比为 1∶2。调制时，将油脂加入小麦粉中，搅拌即成。这种面团一般不用来单独制成产品，而是用作酥层面团的夹酥。在调制时，应注意将小麦粉与油脂充分拌匀。

（2）松酥面团

松酥面团由油脂、食糖、蛋品和小麦粉混合而成，有重油、轻油之分。重油面团不用疏松剂，轻油面团要加入膨松剂。这类面团不需过分形成面筋，甚至不需要有较好的团聚力。拌料时先将油脂、食糖、蛋品、膨松剂等调制均匀，呈乳化状后再拌入小麦粉。夏季拌料要防止起筋，往往不等干粉拌匀，就采用分块层叠的方法便于油将小麦粉浸透。此类面团应尽量少擦，尽可能缩短机调时间，面团呈团聚状即可。总的来说，面团要可塑性好、不起筋、内质疏松、宜硬不宜软，拌好后抓紧成型。

（3）水油面团

此类面团由油、水与小麦粉混合调制而成，有的加入少量鸡蛋代替部分水分，有的加入少量饴糖。此类面团具有一定的筋性和良好的延伸性，大多数用于酥层面团的外层皮，也有些品种利用此皮单独包馅。

此类面团调制时要注意：当水与油不易混合时，可先投入少量小麦粉搅成薄糨糊状。开始用 90℃左右的水，当全部小麦粉投入时，宜用 60～70℃的水，以便接近面筋蛋白质的凝固点，又接近淀粉的糊化点。调制时，部分面筋变性可降低面团的弹性，使之有延伸性；部分淀粉糊化可使制品表面光洁。水温过高，面团延伸时脆而易断，油脂外溢。水温过低，面团韧缩，延压难以展开，制品表面皱缩、比较粗糙。面团调好后，包酥时间不宜超过 2h，应抓紧时间使用。

（4）筋性面团

筋性面团即水调面团。此类面团不用油而只用水来调制，其特点是筋性较强，延压成皮到搓条都不易断裂。此类面团一般用于油炸制品。调制时，搅拌时间较长，多揉使面团充分吸水起筋、紧实而软硬均匀。调好后的面团需静置 20min 左右，以便减少弹性，便于搓条或延压。

（5）糖浆面团

此种面团又称浆皮面团，是用蔗糖制成的糖浆（或用饴糖）与小麦粉调制而成。也可采用拌糖法调制面团，即将蔗糖加水混合后即调入小麦粉中，这种面团既具有一定的韧性，又有良好的可塑性，成型时花纹清晰。在调制面团以前应先将糖浆熬好旋转数日后使用，以利蔗糖转化。

此类面团还使用碱水，其与油起皂化作用，使面团具有可塑性，便于印模。碱水的配制一般为碱粉（碳酸钠）10kg，小苏打 0.4kg，沸水 50kg，溶解冷却后使用。此类面团不宜久放，否则会由软变硬、韧性增加、可塑性减弱，最好在 30～45min 用完。

（6）面糊

面糊又称蛋糕糊、面浆。在制作各式蛋糕时，都按一定配方将蛋液打入打蛋机内，加入糖、饴糖等充分搅打，使呈乳白色泡沫状液体，当容积增大 1.5～2 倍时，再拌入小麦粉，拌匀即成面糊。调制面糊时打蛋为关键性工序，打蛋的时间、速度一般是随气温的变化而变化。气温高，蛋液黏度低，打蛋速度可快一些，时间短一些；气温低，蛋液黏度高，打蛋的速度可慢一些，时间长一些。打蛋机的转向应一致，否则达不到面糊的质量要求。

2. 馅料的制作

（1）馅料的种类

糕点中有不少品种需要包馅，而馅料的配制又反映着各地糕点的特色。由于包馅的糕点花色繁多，因而馅料的种类也很多。馅按制作方式可分为擦馅和炒馅两大类。

1）擦馅。将糖、油、水以及其他辅料放入和面机内拌匀，然后加入熟小麦粉、糕粉等再搅拌，拌匀至软硬适度即制成擦馅。擦馅要求用熟制小麦粉，熟制的目的在于使糕点的馅心熟透不至于有夹生现象。小麦粉的熟制方法为蒸熟或烤熟。

2）炒馅。小麦粉与馅料中其他原辅料经过加热炒制成熟制成的馅即炒馅。

（2）馅料的制作

馅料的种类很多，现选择中式糕点中几种有代表性的馅料介绍如下。

1）豆沙馅。豆沙馅是月饼、面包、豆糕、豆沙卷、粽子、包子等点心中常用的馅料。其制作方法：将赤小豆洗净除杂，入锅煮烂，煮熟后研磨取沙，然后将豆沙中多余水挤出。在锅中放入生油，将豆沙干块放入炒制，然后再放入油脂、食糖充分混合，当达到一定稠度及塑性时，将附加料投入，拌匀起锅即成。制作中应注意取沙时以豆熟不过烂、表皮破裂、中心不硬为宜；油脂应分次加，以防结底烧焦；炒时最好采用文火，当色泽由紫红转黑、硬度接近面团时取出。放在缸内冷却后浇上一层生油，加盖放阴凉处备用。

2）百果馅。百果馅又称果仁馅，是由多种果仁、蜜饯组成，各地口味不同、配料各异，但制作方法基本相同。首先将各种果料除杂去皮，有的切成小丁，有的碾成细末。原料处理好后倒入和面机，将油脂、食糖及各种配料投入，并加入适量水搅拌，最后加入糕粉或熟小麦粉搅拌，即制成软硬适宜的馅心料。

3）黑芝麻椒盐馅。此种馅料制作方法与百果馅基本相同，采用混拌方法，要求拌均匀，使馅油润不腻、香味浓郁、甜咸适口。

5.2.4 糕点成型技术

成型是糕点生产的关键性环节，其规格和形状主要取决于此环节。糕点成型的方法有以下几种。

1. 印模成型

印模成型，即借助于印模使制品具有一定的外形或花纹。常用的模具有木模及铁皮模两种。木模大小形状不一、图案多样，有单孔模与多孔模之分。单孔模多用于糖浆面团、甜酥面团的成型，大多用于包馅品种；多孔模一般用于松散面团的成型，如葱油桃酥、绿豆糕等。铁皮模用于直接焙烤与熟制，多用于蛋糕及西点中的蛋挞等。为避免粘模，应在模内涂上油层，也可采用衬纸。有些粉质糕坯采用锡模、不锈钢模经蒸制固定外型，然后切片成型。

2. 手工成型

糕点制作手工成型较多，其操作方法主要有以下几种。

（1）和

和是将粉料与水或其他辅料掺和在一起揉成面团的过程，手法可分为抄拦、调和两种。

（2）揉

揉是使面团中的淀粉膨润黏结，气泡消失，蛋白质均匀分布，产生面筋网络。

揉分机械揉和手工揉，手工揉又分单手揉和双手揉。

单手揉适于较小面团，先将面团分成小块，置于工作台上再将五指合拢，手掌扣住面团，朝着一个方向揉动。揉透的面团内部结构均匀，外表光润爽滑，面团底部中间呈旋涡形，收口向下。

（3）摘

摘是将大块面块用手工分成小块的方法，是手搓、包制等工艺的前一道工序。其方法是左手握条，右手摘坯，即两手配合，边移、边压、边摘。要求摘口整齐不毛、重量基本相同。

（4）搓

搓，即将面团分成小块后，用手搓成各种形状的方法（而西点中搓通常是指将揉好的面团改变成长条状或将小麦粉与油脂融合在一起的操作手法），如铰链酥、麻花等的成型。这种方法适于甜酥性、发酵面团等，有些制品还要与刀切或包制互相配合成型。对筋力强的面团（如麻花面团）搓力要重，对有夹馅的面团搓力要轻。要求用力均匀，从而使制品内部组织结实、外形整齐、表面光洁。

搓的手法：双手手掌基部摁在面团上，双手施力，来回揉搓，前后滚动，并向两侧延伸，成为粗细均匀的圆形长条。

（5）擀

擀是以排筒或擀面杖作工具，将面团延压成面皮。擀面过程要灵活，擀杖滚动自如。在延压面皮过程中，要前后左右交替滚压，以使面皮厚薄均匀。用力实而不浮，底部要适当撒粉。

擀的基本要领：擀制时应干净利落，施力均匀；擀制的面皮表面平整光滑。

（6）卷

卷是从头到尾用手以滚动的方式，由小而大的卷成，分单手卷和双手卷。

卷的基本要领：被卷坯料不宜放置过久，否则产品无法结实。

（7）包

包馅的皮子可用多种面团制成。要求坯皮中间略厚、四周稍薄，圆边因收口变厚，这样包成的坯子厚薄均匀。左手握饼皮，右手抓馅心，要打紧，馅初入饼皮约高出一半，通过右手“虎口”和左手指的配合，将馅心向下压，边收边转，慢慢收紧封口。收口皮子不能太厚，能包紧就行，多余饼皮摘去。包馅后置台板上，逐渐压平，使饼坯高低相等、圆而平整、呈扁鼓形，收口向上，饼面向下。

（8）挤注

挤注多用于裱花，但有些点心如蛋黄饼干、杏元饼干等的成型也采用挤注方法。挤分布袋挤法和纸卷挤法。在喇叭形布袋（也可用纸卷成喇叭形，剪去尖端），下端安装挤注头。挤注头有多种形状。

挤的基本要领：双手配合默契，动作灵活；操作时，将面团（一般为面糊）装入布袋，袋口朝下，装入的物料要软硬适中，左手紧握袋口，右手捏住布袋上口（捏住口袋上部的右手虎口要捏紧），挤压时用力要均匀，将面料均匀挤入烤盘。

（9）抹

抹是将调制好的糊状原料，用工具平铺均匀、平整光滑的过程。

抹的基本要领：将刀具掌握平稳，用力均匀。

5.2.5　糕点熟制技术

由于糕点种类繁多、风味特色各异，要求加工的方法也不尽相同。糕点熟制方法主要有蒸、煮、炸、煎、烙、烤以及复合加热法等。下面介绍糕点熟制最常用的三种方法。

1. 焙烤

焙烤是生坯在烤炉中经热传递而定型、成熟并具有一定的色泽的熟制方式。在糕点焙烤过程中，从热源发出的热量依靠传导、辐射和对流三种方式传递，其中以传导、辐射为主要形式。生坯受高温热烤后，表面温度很快上升，水分迅速蒸发。由于内部水分向外转移速度小于外层水分蒸发速度，这样就形成了一个蒸发层。随着焙烤的进行，蒸发层逐渐向里推进，慢慢加厚，最终在制品表面形成一层干皮。蒸发层温度保持在 100℃左右，其外面温度高于 100℃，里面温度低于 100℃，且越靠近制品内部，温度越低。当内部温度达到 60～70℃时，制品内部同时进行着蛋白凝固和淀粉糊化两个过程，蛋白变性析出的水分被淀粉糊化所吸收。由于热的作用，制品中各成分也会发生一系列变化，其中典型的就是美拉德反应和焦糖化作用引起的褐变。美拉德反应和焦糖化反应不但使制品具有诱人的色泽，还产生香味物质，增加制品的风味。

（1）焙烤温度

焙烤时应根据糕点品种的特点适当选择炉温，炉温一般分为微火、中火和强火三种。

1）微火，是酥皮类、白皮类糕点常用火候，炉温在 110～170℃。

2）中火，是松酥类（混糖类及混糖包馅类）糕点常用火候，炉温一般控制在 170～190℃。

3）强火，是浆皮类、蛋糕类常用火候，温度在 200℃以上。

（2）焙烤操作要点

要掌握好炉温与焙烤时间的关系，一般炉温高，时间要缩短；炉温低，则延长时间。同时要求进炉时温度略低，出炉温度略高，这样有利于产品涨发与上色。应根据不同品种，饼坯的大、小、厚、薄、含水量，灵活掌握温湿度的调节。烤盘内生坯的摆放位置及间隙，根据不同品种来确定，一般焙烤难度大的距离大一点，反之小一点。

2. 油炸熟制

油炸的热传递方式主要是热传导，其次是对流。油炸过程中的传递介质是油脂。油脂具有很高的发烟点和燃点，可被加热到 180℃以上，本身能贮存大量热能。油炸时热量首先从热源传递到油炸容器，油脂再从容器吸收热量迅速传至制品表面，然后一部分热量由制品表面逐步传向内部，另一部分热量直接由油脂带入制品内部，使内部温度逐渐上升，水分不断受热蒸发。

由于油脂温度很高，制品很快受热成熟且色泽均匀。油脂除了起传热作用外，其本身被吸收到制品内部，也增加了制品的营养价值。

油炸熟制根据油温高低，可分为三种，即炸（温度在 160℃以上）、氽（温度在 120～160℃）、煎（油温在 120℃左右）。

油炸时，应严格控制油温在 250℃以下，并要及时清除油内杂质。每次炸完后，油脂应过滤，以避免其老化变质。为保证产品质量，要严格控制油量与生坯的比例，每次投入量不宜过多，同时要及时补充和更换炸油。

3. 蒸煮熟制

蒸是把生坯放在蒸笼里用蒸汽传热使之成熟的方法，主要依靠热蒸汽的传导和对流使制品成熟，而传导起主要作用。当成型的生坯进入蒸笼后即受到热蒸汽作用，蒸汽以传导的方式将热量传递给制品，制品外部的高压蒸汽逐步向内部低温低压区推进，使制品内部逐层受热成熟。

生坯在受热过程中，蛋白质和淀粉等成分发生一系列变化，生坯中的面筋在 30℃

左右时发生最大限度的胀润，当温度进一步提高时，面筋蛋白质凝固变性并析出部分水分；而淀粉在 50℃左右开始吸水发生剧烈膨胀，随着温度的上升，淀粉颗粒最终破裂、糊化，淀粉分子水化成为含水胶体。当制品出笼冷却后，就成为凝胶体，具有光滑、柔润的表面。

产品的蒸制时间，应根据原料性质和块形大小灵活掌握。蒸制时，一般需在蒸笼里充满水气时，才将生坯放入，同时不宜反复掀盖，以免蒸僵。煮是制品在水中成熟的方法，在糕点制作中一般用于原料加工。

5.2.6　糕点冷却技术

熟制完毕的糕点要经过冷却、包装、运输和销售等环节才能最终被消费。而刚刚熟制的糕点，由于温度较高，质地较软，不能挤压，最好在自然状态下冷却后再包装，否则会破坏产品造型，同时导致制品含水量增高，给微生物生长创造条件。

5.2.7　糕点装饰技术

为使产品外形美观，改善风味，有些糕点在成型或熟制以后，要进行装饰。装饰一般包括一般装饰和裱花两种。

1. 一般装饰

为使焙烤制品表面在焙烤后呈金黄色且有光泽，一般在成型后于表面刷蛋清液。有些制品在成熟前可于表面撒碎胡桃仁、碎杏仁、碎花生米、芝麻、粗砂糖以及碎果脯等，有些油炸制品在熟制后可于表面挂上糖浆或撒上糖粉、沾上芝麻等，达到装饰效果。

2. 裱花

裱花是西式糕点制作常用的装饰外观的方法，常挤注形成，其原料多为奶油膏或糖膏。通常采用特制的裱花头进行。裱花必须有熟练的技巧和一定的美术与书法基础。

5.3　糕点生产

5.3.1　糕点生产常用术语

糕点生产中常用的术语有以下几种。

1）搅糖粉（又叫糖粉膏、糖粉面团）。用于制作白点心、立体大点心和点心展品等，是用糖粉和鸡蛋清搅拌制成的。

2）风封（又称翻砂糖）。挂糖皮点心的基础配料，以砂糖和水、少许醋精或柠檬酸熬制经反复搓叠而成的。

3）化学起泡。以化学膨松剂为原料，使制品体积膨大的过程。化学膨松剂有小苏打、碳酸氢铵、泡打粉等。

4）生物起泡。利用酵母等微生物的作用，机械起泡是利用机械的快速搅拌，使制品体积膨大的方法。

5）跑油。面坯中的油脂从水面皮层溢出，多指清酥面坯。

6）打发。蛋液或黄油经搅打体积增大的方法。

7）熟化。小麦粉被氧气自动氧化，使小麦粉中的还原性氢团硫氢键转化为二硫键，从而小麦粉色泽变白，且物理性能得到改善。

5.3.2 糕点生产实例

1. 清酥（起酥）类点心的制作

清酥制品的工艺特点：用面坯层包住油层，反复擀薄，反复折叠，反复冷冻，形成一层面与一层油交替排列的多层结构，最多可达 1000 多层。内部组织层次清晰，油脂层在受热熔化时渗入面皮中，使面皮变成又酥又松的酥层。

清酥点心宜采用蛋白质含量为 12%～15%的高筋小麦粉。筋力较强的面团不仅能经受住擀制中的反复拉伸，且其中的蛋白质具有较高的水合能力，吸水后的蛋白质在焙烤时能产生足够的蒸汽，从而有利于分层。此外，呈扩展状态的面筋网络是起酥点心多层薄层结构的基础。但筋力太强的小麦粉可能导致面层碎裂，制品回缩变形。因此，可在高筋小麦粉中加入部分中筋小麦粉，以达到制品对小麦粉筋度的要求。

清酥面团内一般不含糖。小麦粉与包入用油的比例为 10∶（5～8）。如有需要，应把清酥面团放于冰箱内冷冻，使其硬度与包入用油的硬度一致。

（1）清酥面团的包油方法

1）法式包油法。把油先软化成小油粒，把包入油放在十字形面团片的中央，再把四角包向中央。包油的面团要擀得中间厚、四角薄。

2）英式包油法。把面片擀成长方形，油层占面层面积的 2/3，再把无油面皮折向铺油面皮上。其面团应擀成的形状是长方形。要擀得厚薄均匀、长宽整齐。

包入用油的宽度，要小于清酥面团的宽度。包好油后的面团，四边平直、形状整齐、厚薄一致，四周边缘压紧按实，不出现走油、漏油的现象。

（2）清酥面团的折叠方法

1）三折法。擀面时要求面团厚薄均匀。面皮在操作中应保持的形状是长方形。面皮长度与宽度的比例为 3∶2，叠成三折。面团折叠次数总共为（包油折一次不计）四次。

2）四折法。擀开后的面皮长度应为宽度的 2 倍。两端面皮折向中央，再对折。擀开后的面皮厚度应为 1cm 左右。在折叠次数相同时，四折法要比三折法得到的层次更多。

折叠后的清酥面团，应是四边平直、形状整齐、厚薄一致，不出现走油、漏油的现象。

（3）清酥面团的擀薄

要求手握通心槌的手势正确，擀薄操作动作利索、正确。擀薄后的清酥面团，四边平直、形状整齐、厚薄一致，不走油、漏油，也不出现面层穿破现象。每次折叠后的清酥面团，需要冷冻、冷冻后的面团，油层不开裂、面层不穿破。整形速度要快，避免面皮变软，整形困难。对冰冻得太硬的清酥面团，需放于台上使其软化，再整形，不可大力敲打。

（4）清酥面团的切割

切割清酥面团使用轮刀（即滚刀）、牛角刀。

（5）清酥面团的焙烤

焙烤清酥面团时，用带蒸汽设备的烤炉最好。清酥面坯刚进炉时，采用高温面火。在清酥面坯焙烤的后阶段，再使用中火。为使水果盅等清酥制品的形体不歪斜，可用牛皮纸盖于面上。

清酥制品出炉后，在其面上淋糖露、刷糖浆、撒糖粉，称为装饰处理。

对当天未销售完的清酥制成品，应用胶袋装好，在 5℃下冷藏，次日加热再销售。

清酥制品主要质量要求是皮酥馅软、层次分明、体积膨松。

【例 5-1】蝴蝶酥的制作

1）原料配方。

① 皮面：高筋粉 800g，低筋粉 200g，黄油 100g，食盐 10g，蛋 2 个，水 500g。

② 起酥片 650g。

2）制作过程。

① 皮面调制。将面粉放入搅拌缸内，加入黄油、食盐、鸡蛋、水调制成面团，醒 15min（图 5-1）。

② 开酥。将和好的皮面包入酥片，采用 3×3×4 的开酥手法，每开一次酥放入冰箱静置 20min（图 5-2）。

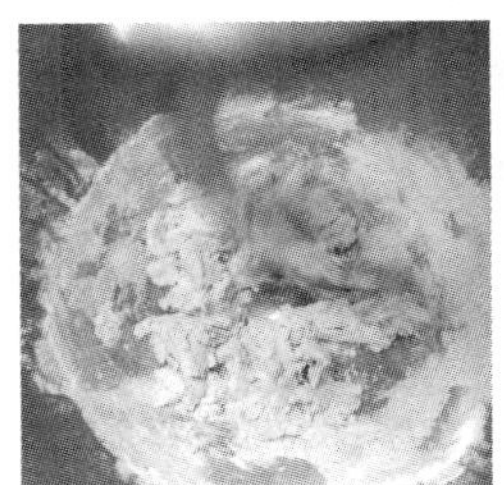
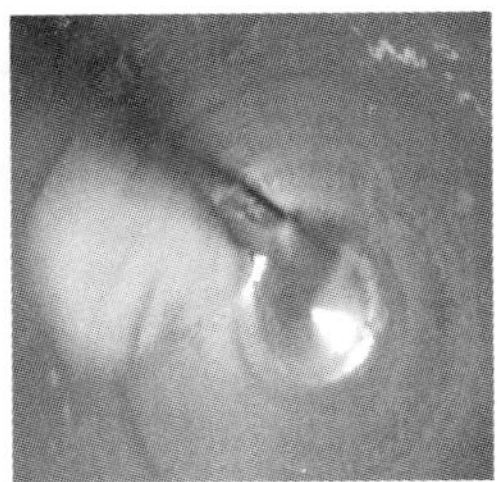

图 5-1　皮面调制

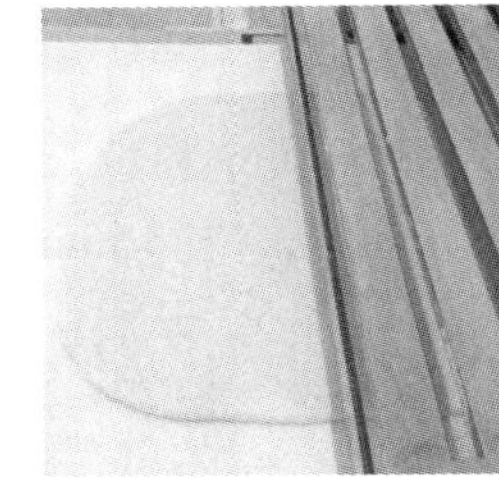
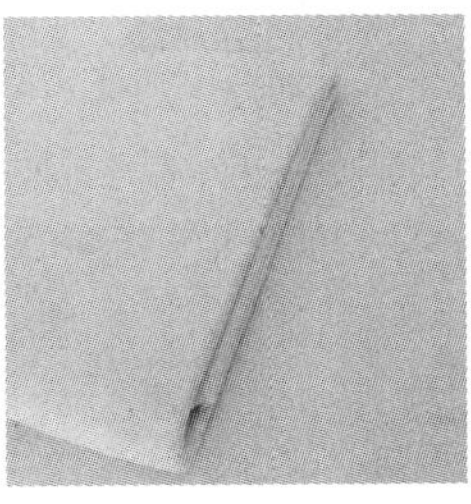

图 5-2　开酥

③ 成型。将清酥面团擀成约 0.5cm 厚的大片，然后切成约 3cm 宽、30cm 长的长条，将长方面条两端同时向中间卷起，成蝴蝶状。或切成边长 10cm 的正方形。

④ 将面坯表面刷上蛋液，撒上砂糖，两端向中间卷，然后用刀切成片状，放入烤盘（图 5-3）。

图 5-3　烤前准备

⑤ 成熟。烤箱预热 220℃，烤制 20min（图 5-4）。

3）质量标准。外形如蝴蝶，层次清晰，色泽金黄，酥松脆口（图 5-5）。

图 5-4　烤制成熟

图 5-5　成品

4）操作要点。

① 开酥时要放冰箱冷藏。

② 一定用蛋液把粘连处粘住。

【例 5-2】苹果派的制作（起酥类）

1）原料配方。

① 皮面：高筋粉 800g，低筋粉 200g，黄油 100g，食盐 10g，鸡蛋 2 个，水 500g。

② 起酥片 650g。

③ 苹果馅：苹果 500g，黄油 50g，砂糖 200g，肉桂粉 10g，淀粉 50g，清水少许。

2）制作过程。

① 皮面调制。将高筋粉和低筋粉放入搅拌缸内，加入黄油、食盐、鸡蛋、水调制成面团，醒发 15min。

图 5-6　和馅

② 开酥。将和好的皮面包入酥片，采用 3×3×4 的开酥手法，每开一次酥放入冰箱静置 20min。

③ 和馅。将苹果去皮，切成 1cm 见方的小丁，然后加砂糖、肉桂粉腌一会儿，锅内放黄油，将苹果放入煮 15min，最后用淀粉勾芡即可（图 5-6）。

④ 成型。将清酥面擀成约 0.5cm 厚的大片，然后切成长约 30cm、宽约 8cm 的条状，两边刷上蛋液，将馅心放入中间，将同样大小的面片铺在上面，用蛋液粘住（图 5-7）。也可以将上面的面片切成小条，交叉排列，表面刷上蛋液。

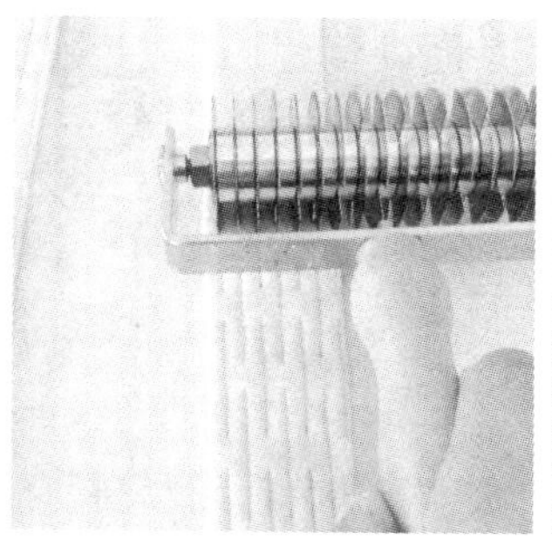
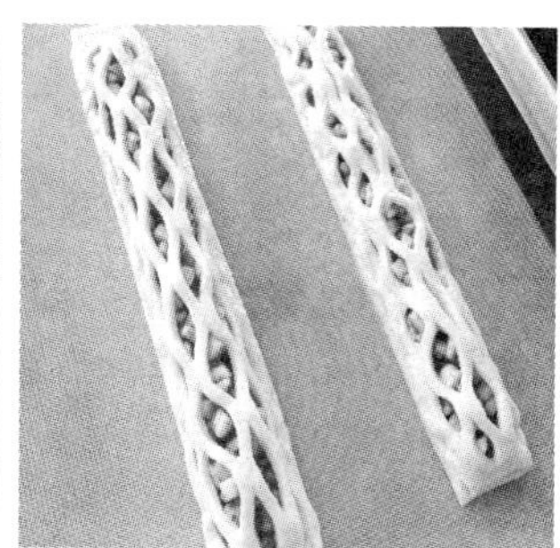
图 5-7　成型

⑤ 成熟条件：面火、底火 220℃，烤制 20min（图 5-8）。

3）质量标准。层次清晰，色泽金黄，香甜适口（图 5-9）。

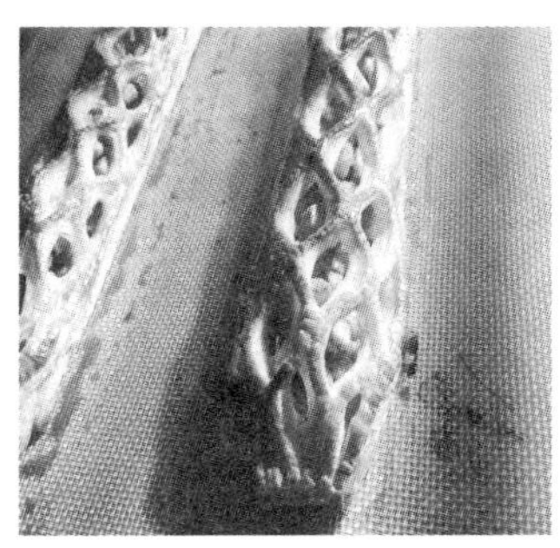
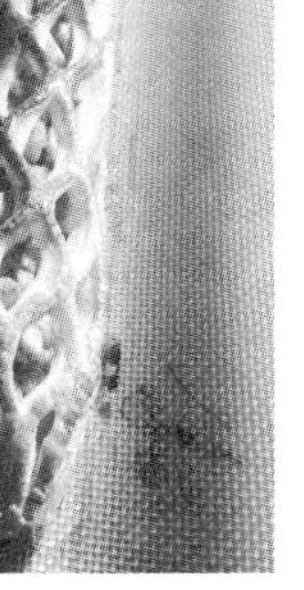

图 5-8　烤制成熟

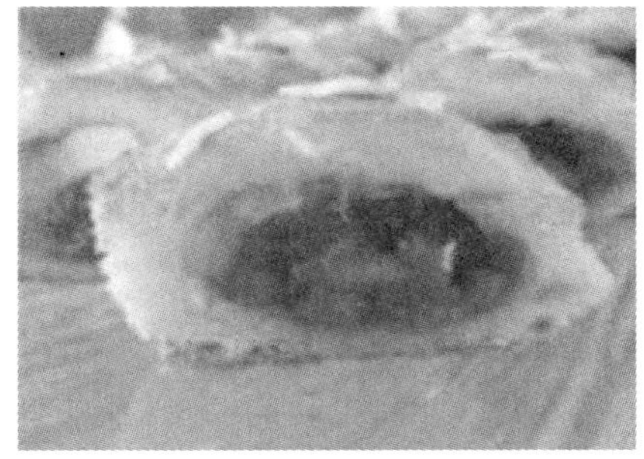

图 5-9　成品

4）制作要点。

① 开酥时要放入冰箱冷藏。

② 馅心要勾芡，否则有汤汁。

③ 一定要用蛋液把粘连处粘住。

【例 5-3】清酥马蹄的制作

1）原料配方：高筋粉 500g，酥皮油 500g，鸡蛋 60g，砂糖 400g，水 200g，食盐 10g。

2）制作方法：

① 和面：将鸡蛋、食盐放入水中搅匀，再加入高筋粉搅匀直至面团不粘手，成软硬适宜的劲性面团后，用湿布盖好，放在 1～5℃的冰箱里冷却待用。

② 包油：用走槌把和好的面团擀成四角薄中间厚，将酥皮油片错角 45°放在面团中间，再把面团的四角拉上来，包严压实用走槌擀成 1cm 厚的长方形薄片，再从两边折叠上来，叠成三折，横过来再擀成 1cm 厚的薄片叠成三折，如此反复 4 次，每擀完一次都需用湿布盖好放入冰箱冷藏大约 20min。

③ 成型：在砂糖里稍掺点小麦粉拌匀，铺在清酥面下边一层，上面再薄薄地撒一层，用走槌将其擀成 1cm 厚的长方形大片，从两边叠上来成为三折再横过来，下面铺一层白砂糖，上边撒一层砂糖擀开，从两端对着向中间叠，每一端叠两折到中间合拢成 6cm 粗的卷，横过来用刀切成 8mm 的片，平放在砂糖上沾一层糖，把沾糖的一面摆在烤盘里焙烤，烤至底面金黄色，翻过来将另一面也烤至金黄色熟透出炉，炉温为 220℃。

3）质量标准。表面色泽金黄，口感酥脆香甜。

4）操作要点。

① 开酥时要控制温度，掌握面的软硬度，动作要快。

② 成型切面时要跟着糖走，动作要快，以免粘连变形。

【例 5-4】拿破仑酥的制作

1）原料配方。

① 酥皮配方：高筋粉 800g，低筋粉 800g，食盐 5g，酥皮用油 1200g，冰水 600g，鸡蛋 300g，糖粉 50g。

② 夹心配方：蛋白 660g，砂糖 220g，高筋粉 220g，玉米淀粉 220g，核桃干 300g，葡萄干 300g，食盐 5g，塔塔粉 7g。

2）制作方法。

① 酥皮的制作：全部材料混合均匀；三折 1 次，四折 1 次，再三折 1 次，然后再四折 1 次即可；将折叠好的酥皮切成长 15cm、宽 5cm 的长方形；松弛 30min 后在表面打上孔进烤箱焙烤，面火 200℃，底火 200℃。

② 夹心的制作：将蛋白、砂糖、食盐、塔塔粉打至蛋白干性发泡；加入高筋粉、玉米淀粉拌匀；加入核桃干、葡萄干拌匀；进炉焙烤，备用。

③ 将酥皮和夹心间隔叠起，根据需要确定层数（上层和底层为酥皮），在表面撒上糖粉即可。

3）质量标准。酥皮金黄酥脆，夹心香甜细滑。

4）操作要点。

① 折叠压面时要注意面的温度及软硬度。

② 夹心不宜太厚。

③ 成品做好经冷冻后口感更佳。

【例 5-5】风车酥的制作

1）原料配方。

① 皮配方：富强粉 1600g，糖粉 50g，色拉油 150g。

② 酥配方：富强粉 1350g，色拉油 600g，炸油 850g，绵白糖 1100g，食用色素 0.05g。

2）制作方法。

① 皮、酥的做法与酥皮类糕点相同。

② 成型：用大包酥的方法将包好的酥擀成长方形的面片，折叠三折。再擀长，折成四折。再擀成约 0.7cm 厚的薄片，然后切成 5cm 的正方形小片。在小片的四角处各切一刀（中心处稍连）在面皮的中心涂上水，把互相间隔的四角拎起粘在面皮中心，呈风车形。

③ 炸制：将油温烧至 140～150℃，把制好的生坯下锅汆炸，见生坯浮起呈浅黄色即熟。取出后在成品中心放一小撮绵白糖。

3）质量标准。外皮色泽金黄，形状大小一致，口感酥脆香甜。

4）操作要点。

① 擀面成型时需要注意温度，控制面团软硬度。

② 炸制时需要控制油温，避免油温不够上色不均或面团不酥，或者油温过高面团炸煳。

2. 混酥（甜酥）类点心的制作

混酥点心是以小麦粉、油脂和糖为主要原料制成的一类不分层的酥点心。在国外主要类型是挞、派等。

混酥类西点应选用筋力小的中低筋小麦粉，操作时应尽量避免面筋水化作用，以免点心发硬。油脂可用奶油或人造黄油，如与起酥油混合使用效果更好。糖用糖粉或易熔化的细砂糖。起润湿作用的液体可用水、牛奶或蛋，也可用上述几种的混合物。调制时将小麦粉与黄油、盐、砂糖、发酵粉一起搅拌，然后将蛋液与牛奶逐次加入，使其成为甜酥面团。制作好的混酥类面团放入冰箱备用，可使油脂凝固，易于成型，并使上劲的面团得到松弛。

（1）混酥类面团的调制

小麦粉与奶油［比例为 100∶（50～80）］充分搅拌混合后，再加入其他原料拌匀，最后加入冰水搅拌成面团即可，切勿搅拌起筋。

（2）混酥类面团的冷藏与擀压

调制好的混酥面团可立即使用，也可放于冰箱内冷藏，以便容易排压，不会粘案台。

（3）混酥类面团的成型

成型时，将混酥面团擀薄至 4～5mm，按烤模大小压出派皮或挞皮，放入模具内，并用叉子或牙签在底部戳出一些小洞。

（4）混酥类面团的焙烤

大的派类用较低的温度（150～160℃）、较长的时间，小的派类和挞类则用较高的温度、较短的时间。

【例 5-6】柠檬派的制作

1）原料配方。

① 皮料：蛋糕粉 90g，黄油 60g，杏仁粉 18g，糖粉 30g。

② 馅料：淡奶油 150mL，柠檬汁 40mL，柠檬皮屑 5g，糖粉 50g，蛋黄 1 个，鸡蛋 2 个。

2）制作过程。

① 派皮：

a．黄油化后，加入糖粉，用打蛋器打发至体积蓬松，颜色变浅（图 5-10）。

b．倒入蛋黄，继续打发至蛋黄与黄油完全混合均匀，再加入 1 个鸡蛋继续搅拌（图 5-11）。

c．低筋粉过筛后，与杏仁粉一起倒入黄油里，慢速搅拌均匀（图 5-12）。

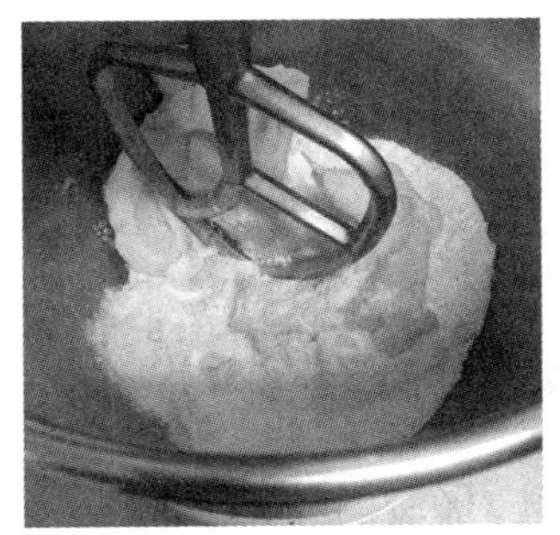

图 5-10 打发黄油和糖粉

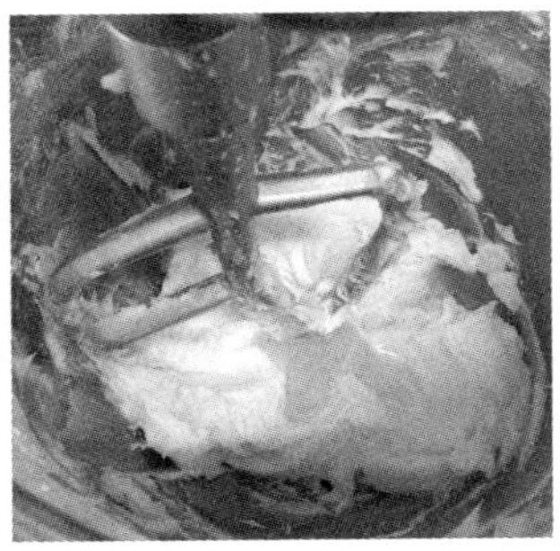

图 5-11 加入蛋黄和鸡蛋

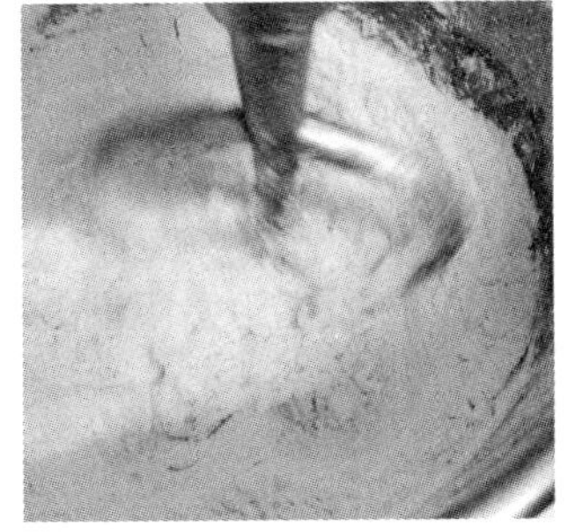

图 5-12 加入低筋粉和杏仁粉

d．将拌均匀的面团取出包好保鲜膜，放入冰箱冷藏 30min。

e．将冷藏好的面团取出，用压面机压成 3mm 厚的面皮（图 5-13）。

f．将派皮铺在派盘里，将多余的派皮除去，使派皮完全贴合派盘（图 5-14）。

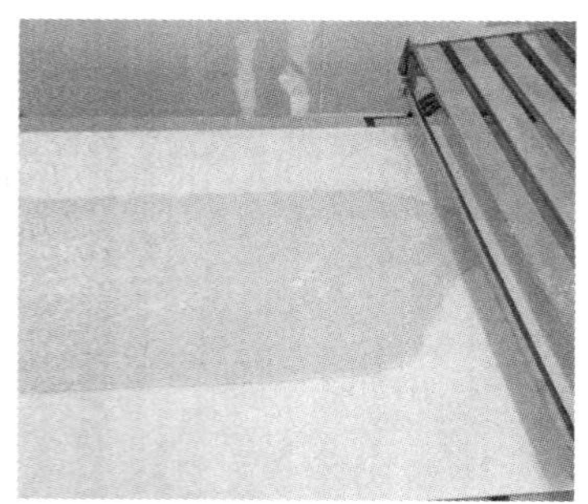

图 5-13　压制面皮

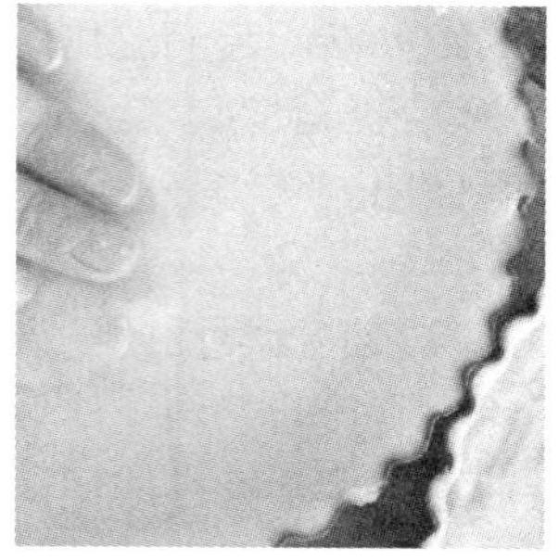
图 5-14　将派皮铺在派盘里

g. 用叉子在派皮底部插一些孔，防止派皮烤的时候鼓起。将派盘放入烤箱，面、底火 180℃，烤制 20～25min，直到派皮表面金黄色即可。

② 派馅：

a. 将淡奶油、打散的鸡蛋、蛋黄、糖粉、柠檬汁、柠檬皮屑一起倒入容器里，用手动打蛋器充分搅拌均匀。如果想要派馅的质地更为细腻，可以将派馅过筛 1～2 次（图 5-15）。

b. 将派馅倒入派皮里，直至倒满。重新放入烤箱，中层，底火、面火 160℃，烤 25min 左右，直到派馅完全凝固，轻轻摇动派盘，派馅中心没有流动感的时候，就可以出炉了（图 5-16）。

图 5-15　派馅过筛

图 5-16　焙烤

c. 出炉后的柠檬派，冷却到不烫手即可脱模。切块后趁热食用，口感最佳。冷藏后食用亦可（图 5-17）。

3）质量标准。馅料酸甜清香，派皮酥松浓郁（图 5-18）。

图 5-17　成熟

图 5-18　成品

4）制作要点。

① 派皮需要先烤到金黄色，再倒入派馅焙烤，口感才会酥松。

② 配方里的柠檬汁，是指用新鲜柠檬挤出的汁。

③ 削柠檬皮屑的时候要注意，只取柠檬皮的黄色部位。

【例 5-7】核桃派的制作

1）原料配方。

① 皮料：牛油 500g，糖粉 300g，蛋糕粉 800g，鸡蛋 2 个。

② 馅料：黄油 160g，砂糖 450g，金狮糖浆 375g，鸡蛋 10 个，核桃仁 800g。

2）制作过程。

① 派皮：

a．将黄油软化后加入糖粉，用打蛋机打发至体积蓬松，颜色变浅。

b．将 1 个鸡蛋加入黄油继续搅拌，等完全融合后再加入 1 个鸡蛋搅拌均匀。

c．将蛋糕粉过筛加入黄油中，慢速搅拌均匀即可。

d．将搅拌好的面团取出包好保鲜膜，放入冰箱冷藏 0.5h。

e．将冷藏好的面团同压面机压成 3mm 厚的面皮。

f．将面皮放入派盘，去掉多余面皮，用指腹按压面皮，使面皮与派盘完全贴合即可。

② 派馅：

a．将黄油、砂糖煮化，加入金狮糖浆中搅匀（图 5-19）。

b．加入鸡蛋和切碎的核桃仁，搅拌均匀备用（图 5-20）。

图 5-19　将黄油、砂糖加入糖浆中

图 5-20　加入鸡蛋和碎核桃仁

c．将甜面皮放入派模，均匀压平（图 5-21）。

d．将备好的馅料倒入派模整平（图 5-22）。

e．将烤箱预热面火 180℃、底火 170℃，放入派，烤约 25min，直至派底颜色金黄即可（图 5-23）。

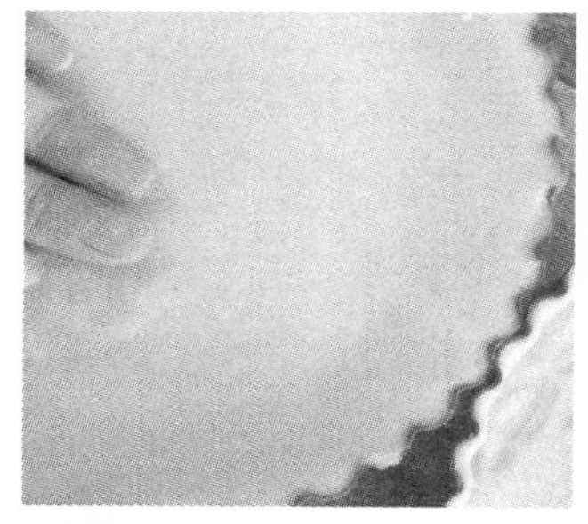

图 5-21　将面皮放入派模

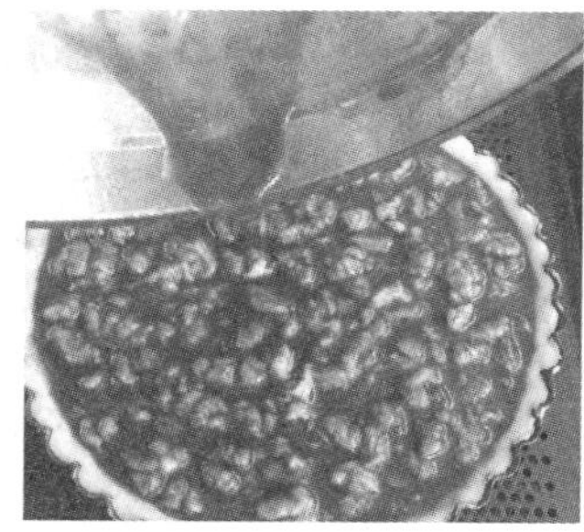

图 5-22　加入派馅

图 5-23　烤制成熟

图 5-24　成品

3）质量标准。派底金黄香脆，馅心呈琥珀色（图 5-24）。

4）制作要点。派皮需压放平整，厚薄均匀，馅料避免溢出派皮。

【例 5-8】南瓜派的制作

1）原料配方。

① 皮料：同核桃派。

② 馅料：低筋粉 100g，鸡蛋 6 个，南瓜泥 1300g，糖粉 230g，水 50g，黄油 600g，姜粉 15g，月桂粉 3g，丁香粉 3g。

2）制作过程。

① 派皮：同核桃派。

② 派馅：

a．鸡蛋加糖粉打散（图 5-25）。

b．将低筋粉、月桂粉、姜粉、丁香粉等香料搅匀待用。

c．黄油熔化，加入鸡蛋内。

d．加入南瓜泥（南瓜泥中加糖粉）、水（图 5-26）。

图 5-25　鸡蛋加糖打散

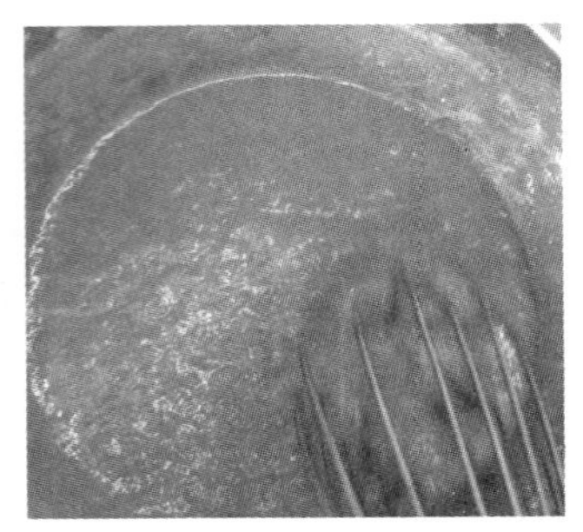
图 5-26　加入南瓜泥和水

e．最后加入香料即可。

f．将搅拌好的南瓜馅料倒入派皮内，整理平整（图 5-27）。

图 5-27　将馅料倒入派皮内

g．将烤箱预热面火 180℃、底火 170℃，放入派，烤约 25min，直至派底颜色金黄即可（图 5-28）。

3）质量标准。香甜适口，营养丰富（图 5-29）。

图 5-28　烤制成熟

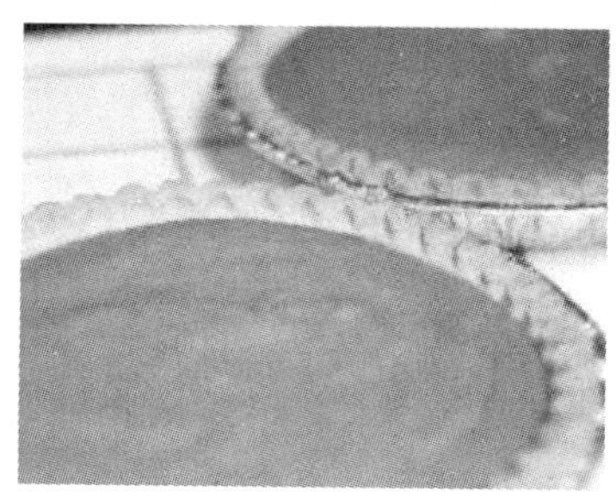
图 5-29　成品

4）制作要点。

① 鸡蛋要打发。

② 面皮调制要采用叠的方法。

【例 5-9】柠檬布丁派的制作

1）原料配方。

① 派皮配方：高筋粉 50g，低筋粉 50g，白油 65g，砂糖 3g，食盐 2g，冰水 30g。

② 馅料配方：牛奶 100g，砂糖 25g，盐 0.5g，玉米粉 13g，全蛋 15g，蛋黄 10g，奶油 5g，柠檬汁 5g。

2）制作过程。

① 高、低筋粉过筛 2 次，再将冷冻过的白油置于粉堆上，用切面刀将白油切成黄豆般大小的颗粒。

② 冰水与砂糖、食盐先拌和溶解，再用泼洒方式与小麦粉拌成团，待水分完全被面团吸收即可（勿搅拌过久以防小麦粉产生筋性）。

③ 将面团搓成直径约 5in（12.7cm）的圆柱体，然后置于冰箱内冷藏，约 1h 后取出整形（冷藏目的有二：一是帮助小麦粉发酵松弛；二是使油脂凝固易于整形）。

④ 面团用切面刀切割成需要的大小，每块面团重量 200g。

⑤ 在已撒干粉的帆布或工作台面上，用擀面棍从中央部分开始向前后左右擀平，使派皮厚度约 0.35cm，直径则需大于派盘 5cm 左右。

⑥ 将面皮移至派盘后用手指轻将派皮与派盘压紧使其粘贴，并用切面刀切除派盘边缘多余的面皮。

⑦ 用叉子或竹签刺洞（降低焙烤时的收缩程度），完成之后使其发酵松弛 20min 以上再入炉焙烤，炉温面火 200℃、底火 210℃，时间约 5min。

⑧ 煮熟的布丁馅趁热倒在烤熟的派皮上，并用抹刀抹平。用蛋白糖霜装饰之后再入炉焙烤；炉温面火 230～250℃、底火 100℃，并加一个倒放的烤盘（防止底温过高），时间 5～8min。

⑨ 牛奶用小火煮沸后即离火。煮时宜不断搅动，以防止牛奶煮焦及呈干皮现象。

⑩ 另取钢盆将全蛋、蛋黄与砂糖拌溶后，加入盐及少许的热牛奶，再加入过筛的玉米粉继续搅拌均匀。

⑪ 将热牛奶冲入上述原料中拌匀后再移至炉火上以小火加温且仍不断地搅动，直至沸腾结成胶冻状后即可离火。

⑫ 离火后加入奶油及柠檬汁，拌匀立即倒入已烤熟的派皮中，并用抹刀或软垫板轻轻抹平即成。

3）质量标准。

① 颜色：应呈奶黄色，且具有光泽透明感。

② 凝冻情况：应可切割，挺立而抖动，不可坚硬如羊羹。

③ 口味：应酸甜适宜，且具有柠檬香味。

4）制作要点。为了防止派皮烤制变形，可将另一个派盘压在派上。

【例 5-10】双皮凤梨派的制作

1）原料配方。

① 派皮配方：高筋粉 45g，低筋粉 55g，白油 70g，砂糖 3g，食盐 2g，冰水 30g。

② 馅料配方：凤梨汁（或水）40g，砂糖 20g，玉米粉 8g，凤梨片 100g。

2）制作过程。

① 派皮的制作参考“柠檬布丁派”的制作程序。

② 派皮内填入所需重量的凤梨馅，并于派盘边缘的面皮抹水或蛋液（以防止上下派皮在焙烤时脱离）。

③ 将上层派皮（150g）擀平后，覆盖在凤梨馅上。

④ 用切面刀切除派盘边缘多余的面皮。

⑤ 用剪刀或切面刀在上层派皮中间剪开或划开（可预防焙烤时，因内馅沸腾而从派缘溢出）。

⑥ 表面刷蛋黄液后入炉焙烤，炉温面火、底火各 210℃，时间约 35min。

⑦ 待冷却后，取一木棍轻敲派盘边缘，即可使派脱离模具。

⑧ 将派与容器向一边倾倒，使其慢慢滑落于容器中。

⑨ 凤梨片切小丁。凤梨汁（或水）和糖放入锅中用中火煮沸。

⑩ 玉米粉先与水搅匀，再慢慢加入上述煮沸的糖水中。煮至胶凝状，并用拌打器不断地搅动，以防煮焦。

⑪ 离火后加入凤梨丁，并用橡皮刮刀拌和（切忌使用搅拌器，以防凤梨出水而影响胶着力）。

3）质量标准。

① 颜色：宜悦目。

② 凝冻情形：应求凝冻富弹性但不坚硬也不龟裂。

③ 口味：宜适度不可太甜或太淡。

④ 凤梨大小一致。

4）操作要点。

① 派底成型要厚薄均匀，馅料需与派模边平齐，表面覆盖的派皮需与派底密封。

② 在煮馅时需注意火候且不停搅拌，以免煳底。

③ 需在成型好的派皮表面扎眼，以免焙烤时空气膨胀使表皮破裂。

【例 5-11】葡挞的制作

葡挞，台湾地区称为蛋塔，意指馅料外露的馅饼。20 世纪 90 年代末期，葡挞以“葡式蛋挞”的名称风靡我国的港澳台地区。说起葡式蛋挞，它的起源也颇有些意思，19 世纪初葡萄牙陷入经济大衰退，特别是在 19 世纪 20 年代，许多修道院得不到政府的经济支持。为了生存，一批修士和修女走上街头，卖起原来只在修道院内部食用的传统甜点蛋挞，没想到市民非常喜欢，生意风风火火，从此，世间多了一道美味甜点——葡式蛋挞！

1）原料配方。

① 皮面：高筋粉 400g，低筋粉 100g，食盐 10g，鸡蛋 2 个，黄油 60g，温水 225g。

② 酥：起酥片 400g（起酥片重量＝皮面重量×50%）。

③ 蛋挞水：牛奶 230g，水 270g，鸡蛋 300g，蛋黄 70g，砂糖 250g。

2）制作过程。

① 皮面调制。将小麦高、低筋粉放入搅拌缸内，加入黄油、食盐、鸡蛋、水调制成面团，醒发 15min（图 5-30）。

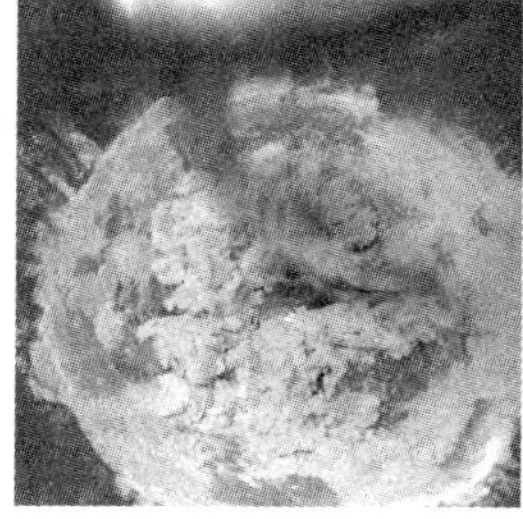
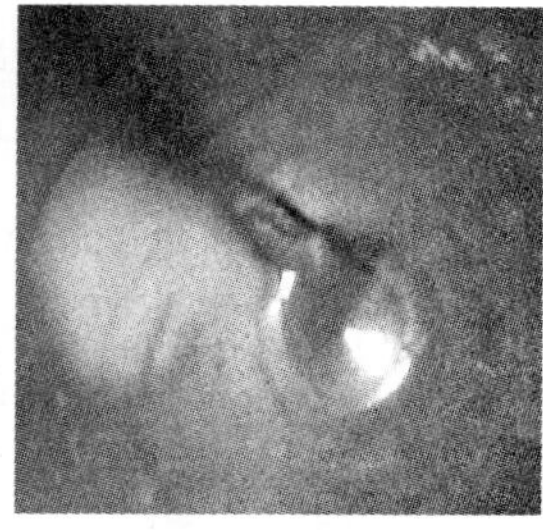

图 5-30　调制皮面

② 开酥。采用 3×3×3 的开酥方法，最后擀成厚约 5mm 的大片，将面片切成合适的长度，卷成圆柱状，放入冰箱静置 15min（图 5-31）。

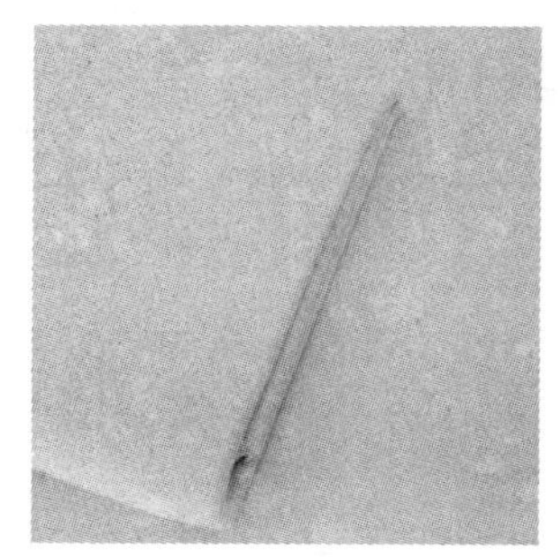

图 5-31　开酥

③ 将冷冻好的面柱取出，切成 1.5cm 厚的圆面片，放入蛋挞碗内成型，之后放入冰箱待用（图 5-32）。

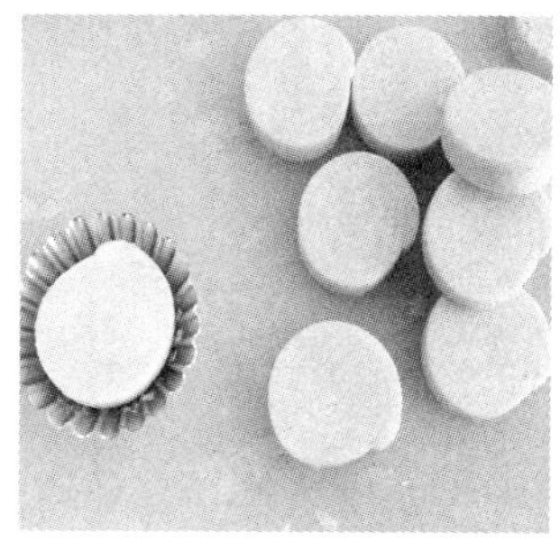
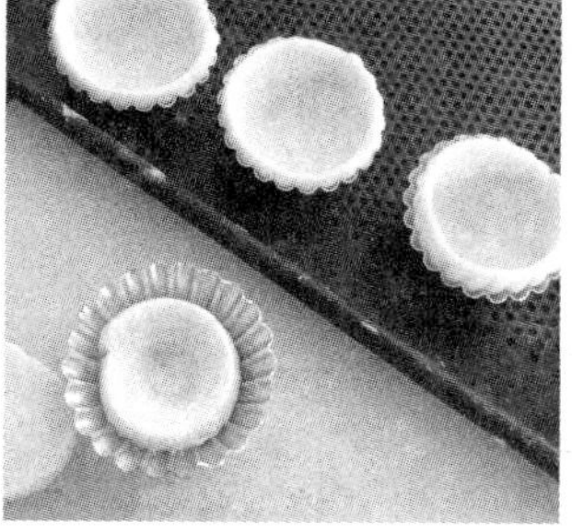

图 5-32　成型

④ 调制蛋挞水。将牛奶、水烧开加入砂糖至溶化，冷却后加入鸡蛋、蛋黄，过筛即可（图 5-33）。

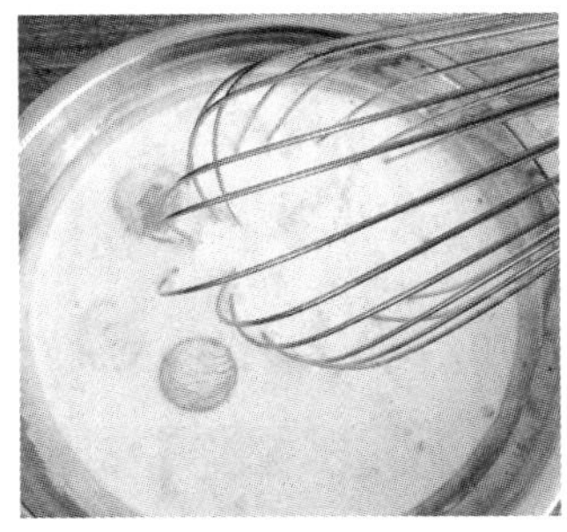

图 5-33　调制蛋挞水

⑤ 将蛋挞水加入挞内八分满即可（图 5-34）。

⑥ 焙烤。温度设置为 200℃（图 5-35）。

图 5-34　加入蛋挞水

图 5-35　焙烤

图 5-36　成品

3）质量标准。色泽金黄，均匀一致，层次清晰，香甜适口（图 5-36）。

4）操作要点：

① 开酥时，每折叠一次时要静止 15min，这样有利于层次在拉伸后放松，并保持层与层之间的分离。天气热的时候要放到冰箱冷冻 15min。

② 蛋挞水灌入时不能太满，以八分满为宜。

③ 生坯装入模具中边缘要厚，以便脱模。

3. 泡芙的制作

泡芙是西式糕点当中常见的品种之一，将水加油脂煮沸后烫制面团，搅入鸡蛋，调制成面糊，用裱花袋挤成大小一致的形状，成熟后挤入鲜奶油，具有色泽金黄、香甜可口的特点。

泡芙的起发，主要是靠小麦粉中面筋的作用。使用高筋粉制作泡芙，其成品体积较大。蛋在泡芙中的用量应为 100%～200%，最少不能低于小麦粉用量。使用油多、蛋多、水少配方制得的泡芙，其成品壁厚、松酥、味道好。

调制泡芙面糊的投料顺序是先煮水与油，后加粉，再加蛋。制作泡芙面糊时，为避免出现疙瘩，应先把小麦粉过筛后再加入。

泡芙面糊中水与奶油的比例要合适，煮制后的混合物呈完全乳化状，奶油完全熔化、无块状物。然后将小麦粉加入水油混合物中，经搅拌后，小麦粉混合均匀、完全烫熟，无生的粉粒，往烫熟的粉团里加入鸡蛋时，应是逐个加入，每加入一次后，要搅拌完全均匀后，方可加入下一次的鸡蛋（至差不多的时候，要注意面糊的稠度）。搅拌好的泡芙面糊稠度，应是不稠不稀、合适可用，挤出成型后的面糊，花纹清晰、形状整齐、站立平稳，不塌陷、不歪斜、不流淌。

焙烤泡芙时，前段炉温高，后段炉温低。泡芙面糊在焙烤时，受炉内高温作用，产生大量蒸汽，气压的增大，使面筋迅速扩展，面糊起发，制品胀大。

泡芙成品内所加的馅料通常是膨松奶油（或鲜奶油）与水果丁。

【例 5-12】泡芙的制作

1）原料配方。水 250g，黄油 150g，蛋糕粉 200g，鸡蛋 350g。

2）制作过程。

① 将锅内放入清水，烧开，加入黄油融化（图 5-37）。

② 加入过筛的蛋糕粉，搅匀后离火（图 5-38）。

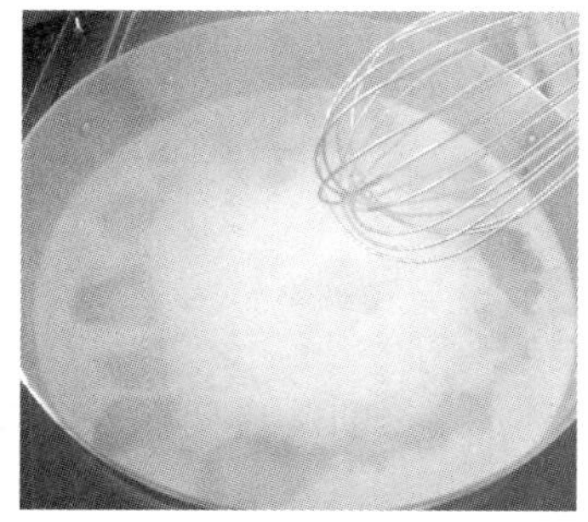

图 5-37　融化黄油

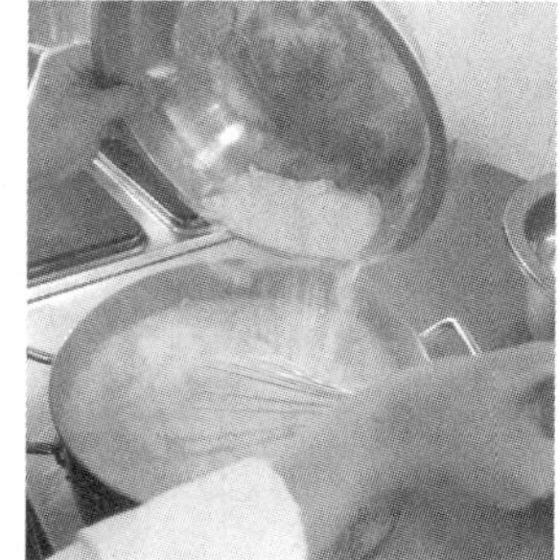

图 5-38　加入蛋糕粉并搅匀

③ 将面糊倒入打蛋器内，分次加入鸡蛋，搅匀即可（图 5-39）。

④ 将曲奇嘴放入裱花袋内，均匀地挤在烤盘上即可（图 5-40）。

图 5-39　加入鸡蛋

图 5-40　挤蛋糊

⑤ 烤箱预热，面火 200℃，底火 200℃，烤熟即可（图 5-41）。

3）质量标准。大小一致，香甜适口（图 5-42）。

图 5-41　烤制成熟

图 5-42　成品

4）制作要点。

① 挤面糊的时候，裱花嘴要离烤盘近些。

② 严格按照投料的顺序来操作。

【例 5-13】奶油空心饼的制作

1）原料配方。水 125g，色拉油 35g，台湾酥油 40g，低筋粉 50g，高筋粉 50g，鸡蛋 180g。

2）制作过程。

① 材料中的水、色拉油、台湾酥油放入锅内，以小火煮至沸腾。

② 高筋粉、低筋粉一起过筛后，快速倒入上述原料中，并用搅拌器迅速地搅拌至小麦粉糊化，待面团成团且不粘锅时，即可离火。

③ 离火后，仍不断地搅拌面糊使温度降至 60℃。

④ 分次加入鸡蛋（一次 1～2 个），并充分拌匀。

⑤ 将搅拌器改换成橡皮刮刀，以利于测试面糊的软硬度。

⑥ 面糊软硬度的测试方法：用刮刀刮取部分面糊时，呈三角形的薄片且不会快速滑落即可（可用配方外的水或蛋调整浓稠度）。

⑦ 将面糊装入有大平口花嘴的裱花袋中，平均间隔挤呈立体圆球状，依序排列。

⑧ 入炉前表面喷水以防面糊表面太早结皮干燥而影响膨大。炉温为面火 200℃，底火 180℃，待烤至 20min 后关上下火，再焖约 10min。

⑨ 配方中的鸡蛋，不可使用冷藏蛋，因为冷藏蛋会使面糊温度下降，使油脂受低温影响而致凝聚力增强，造成加鸡蛋时无法照配方比率全部加入，并且会使鸡蛋融入面糊的速率减缓。

3）质量标准。

① 外观：色泽金黄，大小均匀一致。

② 口感：爽口，不粘牙，不湿黏，咸甜适中。

③ 组织与结构：中间空洞大，壁厚酥脆。

4）制作要点。

① 注意面糊是熟面糊。

② 待加入的鸡蛋与面糊搅拌均匀后再加入下一个鸡蛋。

5.4　糕点的质量（感官）标准及要求

5.4.1　糕点的感官鉴别

在对糕点质量的优劣进行感官鉴别时，应该首先观察其外表形态与色泽，然后切开检查其内部的组织结构状况，留意糕点的内质与表皮有无霉变现象。利用感官品评糕点的气味与滋味时，尤其应该注意以下三个方面：一是有无油脂酸败带来的哈喇味；二是口感是否松软利口；三是咀嚼时有无矿物性杂质带来的异物感。

糕点的种类繁多，品名也千差万别，每一类都具有不同的风味，但是就糕点的投料和制作方法而言，或多或少的共性。

糕点感官质量标准如表 5-1 所示。

表 5-1　糕点感官质量标准

产品名称	感官要求质量	
白皮（酥皮类）	色泽	表面呈白色或乳白色，底呈金黄或棕红色，戳记花纹清楚，装饰辅料适当
	形状	每个品种的大小一致，薄厚均匀，美观而大方，不跑糖、不露馅、无杂质，装饰适中
	组织结构	皮馅均匀，层次多而分明，不偏皮，不偏馅，不阴心，不欠火，无异物
	气味与滋味	酥、松、绵，香甜适口，久吃不腻，具有该品种的特殊风味和口感
核桃酥（混酥类）	色泽	表面呈深麦黄色，无过白或焦边现象，青花白地，底部呈浅麦黄色
	形状	为扁圆形，块形整齐，大小、薄厚都一致，有自然裂纹且摊裂均匀
	组织结构	内部质地有均匀细小的蜂窝，不阴心，不欠火，无其他杂质
	气味与滋味	酥松利口，不粘牙，具有本产品所添加果料的应有味道，无异味
奶油起酥类	色泽	表面乳黄色至棕黄色，墙部呈浅黄色至金黄色，底部为深麦黄色，富有光泽
	形状	造型周正，切边整齐，层次清楚，规格一致，不塌陷，不露馅，外装饰美观大方
	组织结构	起发良好疏松，层次众多、均匀、分明，不浸油，无生心，不混酥，无大的空洞，没有夹杂物
	气味与滋味	松酥爽口，奶油味醇正，果酱味清甜，具有各品种应有的特色风味，无异味
水点心类	色泽	表面蛋白膏细腻洁白，若是奶油膏则呈乳黄色，有光泽，无色粒，装饰色彩调剂得均匀适度
	形状	圆形、桃形、方形、条形、梅花形、椭圆形等都轮廓周正，规格整齐，花、鸟、花篮、花盆等象形装饰制作逼真
	组织结构	组织起发良好，均匀疏松，装饰膏细腻无孔，蛋糕坯体蜂窝均匀，有弹性，无生心，无杂质
	气味与滋味	绵软爽口，奶香味足，具有该品种的特色风味，无异味

5.4.2　糕点质量感官鉴别后的食用原则

糕点类属于食用前不需要经过加热或任何其他形式的处理就可以直接食用的食品，如果在生产、销售过程中受到微生物或其他有害物质的污染，就很容易造成食物中毒或其他食源性疾病。因此，在食用前除了对其进行感觉鉴别外，还应对其包装容器、保存时间等进行检查。良质糕点可以不受任何限制地食用或销售。次质糕点一般可以食用，但应限期尽快食用或售完，严禁长期贮存。对于质量稍差的次质糕点应加热后食用，对于不能加热的应改作他用。劣质糕点禁止食用，应销毁或作工业用料或饲料。

5.4.3 糕点的保质期

各类糕点产品之所以各具风味，除了采用原料和制作方法不同以外，与产品含水量有极大的关系，为保持产品原有的风味特点，确保产品的质量，根据各类产品含水量的不同，应规定不同的保质期。

1）各类糕团、蜂糕、潮糕、白元蛋糕、糖糕、麻球等软性油货要当天生产，当天售完。

2）奶油蛋糕（包括人造奶油）和奶白等裱花蛋糕要以销定产，当天生产，当天售完。

3）其他中西式蛋糕要当天生产、当天送货，零售在两天内售完。

4）各种油炸食品，要根据订货计划进行生产。在厂期不超过 1d，零售不超过 3d，其中脆性油货不超过 4d。

5）各种酥皮、甜酥、糖皮、糖货等存厂期不超过 2d，零售不超过 7d。

6）熟糕粉成型糕点和经焙烤含水分较低的香糕、印糕、火炙糕、云片糕、切糕等，存厂期不超过 2d，零售不超过 10d。

7）有外包装的产品，均应盖有出厂和销售截止日期。

8）本保管期适用于夏、秋季节（5～10 月），其他季节可适当延长，但不得超过规定期的 1/2。

5.4.4 糕点的“回潮”“干缩”“走油”“变质”

糕点中含水量较低的品种如甜酥类、酥皮类、干性糕类以及糖制品等，在保管过程中，如果空气温度较高时，便会吸收空气中的水气而引起回潮，回潮后不仅色、香、味都要降低，而且失去原来的特殊风味，甚至出现软塌、变形、发韧、结块现象。

含有较高水分的糕点如蛋糕、蒸制糕类品种在空气中温度过低时，就会散发水分，出现皱皮、僵硬、减重现象，称为干缩。糕点干缩后不仅外形起了变化，口味也显著降低。

糕点中不少品种含有油脂，受到外界环境的影响，常常会向外渗透，特别是与有吸油性物质接触（如有纸包装），油分渗透更快，这种现象称走油。糕点走油后，会失去光泽和原有风味。

糕点是营养成分很高的食品，被细菌、霉菌等微生物侵染后，霉菌等极易生长繁殖，就是通常所见的发霉。糕点一经发霉后，必定引起品质的劣变，而成为不堪食用的废品。

糕点存放时间过长，所含的油脂在阳光，空气和温度等因素的作用下发生脂肪酸败。脂肪水解成甘油和脂肪酸，脂肪酸氧化产生醛和酮类化合物，产生使人不愉快的哈喇味，有些还对胃肠黏膜有刺激作用并可引起中毒。为了防止糕点的霉变或脂肪酸败，应注意原料检验。不能使用已有酸败迹象的油脂或核桃仁、花生仁和芝麻。糕点箱上应注明生产日期，先出厂的，应先出售。含水分高于 9%的糕点不宜用塑料包装，以防霉变。此外，某些糕点可以加入一定数量的抗氧化剂。但是，所用抗氧化剂应当符合食品添加剂卫生标准的要求。

思考题

1. 中式糕点如何分类？有何特点？
2. 一般有几种面团？其面团的形成方式有哪几种？各有什么特征？
3. 打蛋的机理是什么？有哪些影响因素？
4. 常用的制馅方法是哪两种？制馅时应注意哪些问题？
5. 简述糖膏、油膏的作用及糕点成型与熟制方法。
6. 糕点焙烤时应注意些什么？
7. 挂浆的目的是什么？糖浆可分为哪几种？有几种挂浆方式？

第 6 章　蛋糕生产工艺

知识目标

了解蛋糕生产常用原辅料的特性及预处理方法；了解蛋糕生产过程及加工原理；了解蛋糕常见质量问题及控制控制措施；了解蛋糕装饰的基本要求及方法；熟悉蛋糕蛋糊搅打、面糊调制、烘烤等关键工序的操作要点；掌握蛋糕的分类、概念、生产工艺流程。

能力目标

能够生产各大类型蛋糕中的常见产品；具有蛋糕产品生产管理、品质控制的基本能力。

相关资源

中国焙烤食品糖制品工业协会

智慧职教焙烤食品生产技术课程

智慧职教烘焙职业技能训练

伊莎莉卡烘焙网

6.1　蛋 糕 概 述

6.1.1　蛋糕的概念与分类

1. 蛋糕的概念

蛋糕是一种以小麦粉、鸡蛋、砂糖等为主要原料，经搅打充气，辅以膨松剂，通过焙烤或蒸汽加热而使组织松发的一种疏松绵软、适口性好的方便食品。蛋糕具有浓郁的香味，新出炉的蛋糕质地柔软，富有弹性，组织细腻多孔，软似海绵，易消化，是一种营养丰富的食品。

蛋糕是传统且具有代表性的西点，深受消费者喜爱。现代社会中，无论是生日聚会，还是周年庆典、新婚典礼、各种表演及朋友聚会等场合都会用到蛋糕。在很多时候人们也把蛋糕作为点心食用。蛋糕已经成为人们生活中不可或缺的一种食品。

2. 蛋糕的分类

蛋糕的分类方法有很多，按照用料和制作工艺，蛋糕可分为清蛋糕、油蛋糕和戚风蛋糕。这三大基本类型是各类蛋糕制作及品种变化的基础，由此变化而来的还有各种水果蛋糕、果仁蛋糕、巧克力蛋糕、装饰大蛋糕和花色小蛋糕等。除此以外，还有慕斯蛋糕、乳酪蛋糕等。

3. 蛋糕的命名方式

1）按蛋糕所含的特殊材料命名，如菠萝蛋糕、樱桃蛋糕。
2）按蛋糕本身的口味命名，如枫味胡桃蛋糕、香橙蛋糕。
3）按外表霜饰的材料命名，如鲜奶油蛋糕、霜覆香蕉蛋糕。
4）按地名、人名或商店名命名，如瑞士黑森林蛋糕。
5）按特殊做法命名，如蒸蛋糕、发酵蛋糕。
6）按国别不同命名，如美式蛋糕、法式蛋糕、中式蛋糕。

6.1.2 蛋糕加工基本原理

1. 蛋糕的膨松原理

蛋糕的膨松主要是物理性能变化的结果。经过机械搅拌，使空气充分混入坯料中，经过加热，空气膨胀，坯料体积疏松而膨大。蛋糕用于膨松充气的原料主要是蛋白和奶油（又称黄油）。

（1）蛋白的膨松原理

鸡蛋是由蛋白和蛋黄两部分组成的。蛋白是一种黏稠的胶体，具有起泡性，当蛋白液受到急速连续的搅打时，空气充入蛋液内形成细小的气泡，这些气泡被均匀地包裹在蛋白膜内，受热后空气膨胀时，凭借胶体物质的韧性，使其不致破裂。蛋糕糊内气泡受热膨胀至蛋糕凝固为止，焙烤中的蛋糕体积因此膨大。蛋白保持气体的最佳状态是在呈现最大体积之前。因此，过分搅打会破坏蛋白胶体物质的韧性，使持气能力下降。蛋黄不含有蛋白中的胶体物质，无法保留住空气，无法打发。但在制作清蛋糕时，蛋黄与蛋白一起搅拌很容易与蛋白及拌入的空气形成黏稠的乳状液，同样可以保存拌入的空气，烤成体积膨大的疏松蛋糕。

（2）奶油的膨松原理

制作奶油蛋糕时，糖、奶油在搅拌过程中，奶油里拌入了大量空气并产生气泡。加入蛋液继续搅拌，油蛋料中的气泡就随之增多，这些气泡受热膨胀会使蛋糕体积膨大、质地松软。为了使油蛋糕糊在搅拌过程中能拌入大量的空气，在选用油脂时要注意油脂的特性。

1）可塑性。塑性好的油脂，触摸时有粘连感，把油脂放在手掌上可塑成各种形态。这种油脂与其他原料一起搅拌，可以提高坯料保存空气的能力，使面糊内有充足的空气，促使蛋糕膨胀。

2）融合性。融合性好的油脂，搅拌时面糊的充气性高，能产生更多的气泡。油的融合性和可塑性是相互作用的，前者易于拌入空气，后者易于保存空气。如果任何一方品种不良，要么面糊充气不足，要么充入的空气保留不佳，易于泄漏，都会影响制品的质地。

3）油性。油脂所具有的良好的油性，也是蛋糕松软的重要因素。在坯料中，油脂的用量也应恰到好处，否则会影响制品的质地。

此外，在制作蛋糕制品时，加入乳化剂能起油脂同样的作用，有时也加入一些化学膨松剂（如泡打粉等），在制品成熟过程中，能产生二氧化碳气体，从而使成品更加松软，更加膨胀。

2. 蛋糕的熟制原理

熟制是蛋糕制作最关键的环节之一。常见的熟制方法是焙烤、蒸制。制品内部所含的水分受热蒸发，气泡受热膨胀，淀粉受热糊化，膨松剂受热分解，面筋蛋白质受热变性而凝固，最后蛋糕体积增大，蛋糕内部组织形成多孔洞的瓜瓤状结构，使蛋糕松软而有一定弹性。面糊外表皮层在高温焙烤下，糖类发生美拉德反应和焦糖化反应，颜色逐渐加深，形成悦目的棕黄褐色泽，具有令人愉快的蛋糕香味。制品在整个熟制过程中所发生的一系列物理、化学变化，都是通过加热而产生的。因此，大多数制品特点的形成主要是炉内高温作用的结果。

在焙烤食品行业中，素有“三分做，七分火”之说。所谓“火”，即火候，指焙烤设备的性能，操作时焙烤温度、时间、烤炉内湿度等因素。只有这些条件都配合得当，才能烤出品质优良的蛋糕制品。

6.1.3 蛋糕生产基本工艺

各种类型的蛋糕除了配料的不同外，加工技术也有较大的区别。用于各种庆祝场合的蛋糕体积比较大，以制作蛋糕坯为基础，然后用挤糊、裱花等方法加以装饰。作为甜点、小食品的蛋糕体积比较小，通常是制作成各种形状，熟化后简单装饰或不装饰。但是不论哪一种蛋糕，其基本加工过程是相似的。

1. 蛋糕生产原料的配合原则

蛋糕的生产以鸡蛋、食糖、小麦粉等为主要原料，以乳制品、膨松剂、香精等为辅料。

原料按其在蛋糕加工中的作用的不同，可分为以下几组：①干性原料，如小麦粉、乳粉、膨松剂、可可粉；②湿性原料，如鸡蛋、牛乳、水；③强性原料，如小麦粉、鸡蛋、牛乳；④弱性原料，如糖、油、膨松剂、乳化剂。

由于这些原料的加工性能有差异，所以各种原料之间的配比也要遵从一定的原则，这个原则就是配方平衡原则，包括干性原料和湿性原料之间的平衡、强性原料和弱性原料之间的平衡。

配方平衡原则对蛋糕制作具有重要的指导意义，它是产品质量分析、配方调整或修改以及新配方设计的依据。

（1）干性原料和湿性原料之间的平衡

蛋糕配方中干性原料需要一定量的湿性原料润湿，才能调制成蛋糕糊。蛋糕配方中的面粉约需等量的蛋液来润湿，尽管如此，海绵蛋糕和油脂蛋糕又稍有所不同。海绵蛋糕主要表现为泡沫体系，水量可以稍微多点；而油脂蛋糕则主要表现为乳化体系，水太多不利于油、水乳化。

蛋糕制品配方中的加水量（对小麦粉百分比）如下：

① 海绵蛋糕，加蛋量 100%～200%，相当于加水量 75%～150%。

② 油脂蛋糕，加蛋量 100%，相当于加水量 75%。

配料时，当配方中蛋量减少时，可用牛乳或水来补充总液体量，但须注意，液体间的换算不是等量关系，减少 1 份的鸡蛋需要以 0.75 份的水或 0.86 份的牛乳来代替，或牛乳和水按一定的比例同时加入，这是因为鸡蛋含水约为 75%，而牛乳含水约为 87.5%。例如，在制作可可型蛋糕时，加入的可可粉可以算作是代替原配方中的部分小麦粉，加入量一般不低于小麦粉量的 4%，由于可可粉比小麦粉具有更强的吸水性，所以需要补充等量的牛乳或适量的水来调节干湿平衡。

如果配料中出现干湿物料失衡，对制品的体积、外观和口感都会产生影响。湿性物料太多会在蛋糕底部形成一条“湿带”，甚至使部分糕体随之坍塌，制品体积缩小；湿性物料不足，则会使制品出现外观紧缩，且内部结构粗糙，质地硬而干。

（2）强性原料和弱性原料之间的平衡

强弱平衡考虑的主要问题是油脂和糖对面粉的比例，不同特性的制品所加油脂量和糖量不同。

各类主要蛋糕制品油脂和糖量的基本比例（对面粉百分比）如下：

① 海绵蛋糕：糖 80%～110%，油脂 5%～10%。

② 奶油海绵蛋糕：糖 80%～110%，油脂 10%～50%。

③ 油脂蛋糕：糖 25%～50%，油脂 40%～70%。

调节强弱平衡的原则是：当配方中增加了强性原料时，应相应增加弱性原料来平衡，反之亦然。例如，油脂蛋糕配方中如增加了油脂量，在小麦粉量与糖量不变的情况下要相应增加鸡蛋量来平衡；当鸡蛋量增加时，糖的量一般也要相应增加。可可粉和巧克力都含有一定量的可可脂，因此，当加入此两种原料时，可适当减少原配方中的油脂量。

强弱平衡还可以通过添加化学膨松剂进行调整。当海绵蛋糕配方中鸡蛋量减少时，除应补充其他液体外，还应适当加入或增加少量化学膨松剂以弥补膨松不足。油脂蛋糕也如此。

如果配料中出现强弱物料失衡，也会对制品的品质产生影响。糖和膨松剂过多会使蛋糕的结构变弱，造成顶部塌陷，油脂太多亦能弱化蛋糕的结构，致使顶部下陷。

2. 蛋糕生产工艺流程

蛋糕生产主要工艺流程如图 6-1 所示。

原料准备→调制面糊→拌粉→注模→烘烤（或蒸制）→冷却→包装→成品

图 6-1　蛋糕生产工艺流程

（1）原料的要求及准备

原料准备阶段主要包括原料清理、计量，如鸡蛋清洗、去壳，小麦粉和淀粉疏松、碎团等。小麦粉、淀粉一定要过筛（60 目以上），否则可能有块状粉团进入蛋糊中，而使面粉或淀粉分散不均匀，导致成品蛋糕中有硬心。

1）蛋及蛋制品。鸡蛋是蛋糕加工中不可缺少的原料。蛋品有着多种特性，如膨松、营养，增加蛋糕的风味和色泽、改善制品组织结构的作用，对蛋糕的品质起着多方面的作用。由于鸭蛋、鹅蛋有异味，蛋糕加工中所用的蛋品主要是新鲜鸡蛋及其加工品。

2）小麦粉。蛋糕体积与小麦粉细度显著相关，小麦粉越细，蛋糕体积越大。蛋糕加工要求小麦粉面筋含量和面筋的筋力都比较低，一般湿面筋含量宜低于 24%，面团形成时间小于 2min。但是筋力过弱的小麦粉可能影响蛋糕的成型，不利于蛋糕加工。因为小麦粉是蛋糕重要的原料之一，其中的蛋白质吸水后会形成面筋，与蛋白质在蛋糕结构中形成骨架，如果筋力过弱将难以保证足够的筋力来承受蛋糕焙烤时的膨胀力，同时也不宜于蛋糕的运输。蛋糕专用粉是经氯气处理过的一种面粉，这种面粉色白，面筋含量低，吸水量很大，用它做出来的产品保存率高，是专用于制作蛋糕的面粉。

3）糖。糖在蛋糕生产中的作用：增加甜度、产生颜色及风味、增加产品柔软性。制作蛋糕时，若使用白砂糖，粒度以细为佳。糖粉味道与蔗糖相同，在重油蛋糕或蛋糕装饰中常用。转化糖浆可用于蛋糕装饰，国外也经常在制作蛋糕面糊时添加，起到改善蛋糕风味和保鲜的作用。

4）油脂。油脂在蛋糕中的作用主要包括拌和空气、膨大蛋糕、润滑面筋、改善组织与口感。人造奶油适宜制作蛋糕，融和性较好，做出的蛋糕组织细腻。在蛋糕的制作中用的最多的是色拉油和黄油。在高糖量的油脂蛋糕中，通常也采用高比例的起酥油，一般多用液态起酥油，这种起酥油结合水的功能良好，并且能改善形成的乳状液的起酥性，增加体积，提高蛋糕质量，使新鲜蛋糕获得更均匀的组织结构。液态起酥油以植物油为主体，尤以添加微量水的豆油具有较好的稳定性。它的配料中有添加高熔点油脂、添加高熔点油脂和乳化剂或单加乳化剂三种，高溶点油脂有菜籽氢化油和大豆氢化油。

5）乳化剂。乳化剂是蛋糕生产中很重要的添加剂，它对蛋糕的质地结构、感官性能和食用质量分别起重要作用。近 10 年来，蛋糕的制作工艺发生了很大的变化，这种变化的取得是以乳化剂为基础的搅打起泡剂的发展为基础的。搅打起泡剂通过形成膜使空气稳定，空气泡和配料分布均匀，从而制得蜂窝均匀和蜂窝壁薄的蛋糕。蛋糕常用的乳化剂有单硬脂酸甘油酯、脂肪酸丙二醇酯、脂肪酸山梨糖醇酐酯、卵磷脂、脂肪酸蔗糖酯、脂肪酸聚甘油酯。海绵蛋糕制作时常用的乳化剂制品是蛋糕油，蛋糕油又称蛋糕乳化剂或蛋糕起泡剂，是一种复配型乳化剂，具有发泡和乳化的双重功能，它在海绵蛋糕的制作中起着重要的作用。添加了蛋糕油，制作海绵蛋糕时打发的全过程只需 8～10min，出品率也大大地提高，烤出的成品组织均匀细腻，口感松软。蛋糕油一定要在面糊的快速搅拌之前加入，这样才能充分搅拌溶解，达到最佳添加效果。同时，蛋糕油要在面糊搅拌完成之前充分溶解，否则会出现沉淀结块；添加蛋糕油的面糊不能长时间的搅拌，否则会因过度的搅拌使空气拌入太多，气泡不稳定，导致破裂，最终造成成品体积下陷，组织变成棉花状。油脂蛋糕面糊搅打过程加入蛋糕油，能使空气和油脂分布更好、更细微和更稳定，形成更多、更稳定的空气泡。油脂蛋糕添加的乳化剂通常制成发泡性乳化油，它是在大致等量的糖液（糖含量为 30%～60%）和液体油（常用精炼玉米油、菜籽油等植物油）中加入 10%～25%的乳化剂而制成的胶状发泡剂。蛋糕油的添加量一般为 3%～6%。

6）膨松剂。蛋糕生产常用的膨松剂为泡打粉，又称速发粉、泡大粉、蛋糕发粉或发酵粉，是一种复配食品添加剂，经常用于蛋糕及西饼的制作。泡打粉是由小苏打配合其他酸性材料，并以玉米粉为填充剂的白色粉末。泡打粉在接触水、酸性及碱性粉末同时溶于水中而起反应，有一部分会开始释出二氧化碳，同时在焙烤加热的过程中，会释放出更多的气体，这些气体会使产品达到膨胀及松软的效果。泡打粉使用方便，也可以直接掺入小麦粉中制成蛋糕专用粉。泡打粉根据反应速度的不同，也分为慢速反应泡打粉、快速反应泡打粉、双重反应泡打粉。

7）塔塔粉。塔塔粉（酒石酸钾）是制作戚风蛋糕必不可少的原材料之一。戚风蛋糕是利用蛋清来起发的，蛋清偏碱性，pH 约为 7.6。而蛋清需在偏酸的条件下（pH 在 4.6～4.8）时才能形成膨松稳定的泡沫，起发后才能添加大量的其他配料。戚风蛋糕的制作是将蛋清、蛋黄分开搅拌，蛋清搅拌起发后需要拌入蛋黄部分的面糊。没有添加塔塔粉的蛋清虽然能打发，但是加入蛋黄面糊后会下陷，不能成型。塔塔粉添加量为全蛋的 0.6%～1.5%，与蛋清部分的砂糖一起拌匀加入。

（2）搅打蛋糊

搅打操作是蛋糕加工过程中最为重要的一个环节，其主要目的是通过对鸡蛋、糖和（或）油脂的强烈搅打而将空气卷入其中，形成泡沫，为蛋糕多孔状结构奠定基础。搅打操作工艺同原料的特性有很大的关系，制作蛋糕，面粉应用低筋粉；如果没有低筋粉，可用适量的玉米粉代替部分小麦粉；鸡蛋要新鲜，因为鲜鸡蛋的蛋白黏度比较高，形成的泡沫稳定性好；油脂要选用可塑性、融合性好的，以提高空气和拌和能力；其他微量原料（如香精、色素）需要在搅打时加入，以便混合均匀。由于海绵蛋糕和油脂蛋糕分别利用的是鸡蛋白的打发性和油脂的融合性，而鸡蛋和油脂的加工性能有比较大的差异，两者搅打操作也不同。

搅打蛋糊是蛋糕生产的关键，蛋糊打得好坏将直接影响成品蛋糕的质量，特别是蛋糕的体积质量（蛋糕质量与体积之比）。若蛋糊打得不充分，则焙烤后的蛋糕胀发不够，蛋糕的体积质量便小，蛋糕松软度差。若蛋糊打过头，则因蛋糊的“筋力”被破坏，持泡能力下降，蛋糊下塌，焙烤后的蛋糕虽能胀发，但因其持泡能力下降而出现表面“凹陷”。打好的鸡蛋糊成稳定的泡沫状，呈乳白色，体积约为原来的 3 倍。

蛋糊的起泡性与持泡能力还与打蛋时的温度有关，打蛋时温度应控制在 17～22℃。温度过高，蛋白的胶黏性减弱，起泡性增加，易于起泡胀发，但持泡能力下降；温度过低，蛋白稠度太浓，不易拌入空气，打发时间较长。因此，冬季打蛋时应采取保暖措施，如用热水，保持蛋液温度在 20℃左右，以达到良好的搅打效果，以保证蛋糊质量。

在工厂生产蛋糕时，有时用蛋量比较少，蛋糊比较稠，则可在打蛋时加入适量的水。因水无起泡性，一般在蛋糊快打好后再加入，否则虽有利于打蛋时起泡，但蛋糊持泡能力太差而影响蛋糕质量。

油脂是消泡剂，在搅打蛋白时会影响、破坏蛋白的起泡性。当容器周围残留有油脂时，起泡性变差。因此，打蛋时容器一定要清洁。

打蛋时间要控制好，搅打时间过长会使蛋液中混入的空气过多，蛋白薄膜破裂，造成蛋液质量降低。搅打时间过短，混入空气不够，制品不易起发。

与鸡蛋不同，人造奶油起泡性很差，其打糊后的胀发性并不大，油蛋糕的体积质量一部分是靠膨松剂来达到的。

糖油搅拌法适用于油蛋糕的搅拌，即将油、糖先行打发，再加入其他原料。清蛋糕的搅拌可选用糖蛋搅拌方法，对于清蛋糕的搅拌，加入面粉拌匀后，再加入油。

（3）拌粉

拌粉就是将过筛后的小麦粉、淀粉、膨松剂等混合物加入蛋糊中搅匀的过程。

鸡蛋、糖和（或）油脂的混合体打发好后，需将剩余的原料混入其中，以形成蛋糕糊，小麦粉一般筛入蛋糊中，边筛入边搅拌，拌至见不到生粉为止。另外，在投入小麦粉后，搅拌时间不能过长，以防形成过量的面筋降低蛋糕糊的可塑性，影响注模及成品的体积。

对清蛋糕来说，若蛋糊经强烈的冲击和搅动，泡就会被破坏，不利于焙烤时蛋糕胀发。因此，加粉时只能慢慢将面粉倒入蛋糊中，同时轻轻翻动蛋糊，拌至见不到生粉即可。

对油蛋糕来说，则可将过筛后的小麦粉、淀粉和膨松剂慢慢加入打好的人造奶油与糖混合物中，用打蛋机的慢档或手工搅动来拌匀面粉。

（4）注模

搅拌完成的面糊，依其产品性质的不同，确定烤模是否必须涂油。例如，面糊类及乳沫类中的海绵类蛋糕，于装模前需先垫入烤模纸，或涂上薄油后再撒少许干粉（面粉），使其烤焙完成后易于脱模；而戚风类及乳沫中的蛋白类则因面糊的密度低，故装模前不可涂油或垫纸，否则产品于烤焙后，会因热胀冷缩而下陷。

蛋糕成型一般都要借助于模具，选用模具时要根据制品特点及需要灵活掌握。如蛋糕糊中油脂含量较高，制品不易成熟，选用模具不能过大；蛋糕糊中油脂成分少，组织松软，容易成熟，选择模具的范围比较大。一般常用模具的材料的不锈钢、马口铁、铝合金，其形状有圆形、长方形、桃心形、花边形等，还有高边和低边之分。

注模操作应该在 15～20min 完成，以防蛋糕糊中的面粉下沉，使产品质地变结。成型模具使用前事先涂一层植物油或猪油。注模时还应掌握好灌注量，一般以填充模具的七八成为宜，不能过满，以防焙烤后体积膨胀溢出模外，既影响了制品外形美观，又造成了蛋糕糊的浪费；反之，如果模具中蛋糕糊灌注量过少，制品在焙烤过程中，会由于水分挥发相对过多，而使蛋糕制品的松软度下降。

（5）焙烤

焙烤是完成蛋糕制品的最后加工步骤，是决定产品质量的重要一环。焙烤不仅仅是熟化的过程，而且对成品的色泽、体积、内部组织、口感和风味也有重要的作用。

焙烤的主要目的：使拌入蛋糕糊中的空气受热膨胀，或使膨松剂发生反应，产生气体，形成蛋糕膨松的结构；使蛋糕糊中的蛋白质凝固，形成蛋糕膨松结构的骨架，将气泡胀大的结构固定下来；使蛋糕糊中的淀粉糊化，即蛋糕的熟化；通过蛋糕糊中一些成分在受热时发生的反应而得到好的色、香、味。

蛋糕的焙烤工艺条件主要是焙烤温度和焙烤时间，工艺条件同原料种类、制品大小和厚薄有关。蛋糕焙烤的炉温一般在 200℃左右。油蛋糕的焙烤温度为 160～180℃，清蛋糕的焙烤温度为 180～200℃，焙烤时间为 10～15min。在相同的焙烤条件下，油蛋糕比清蛋糕的温度低，时间长一些。因为油蛋糕的油脂用量大，配料中各种干性原料较多，含水量较少，面糊干燥、坚韧，如果焙烤温度高，时间短就会发生内部未熟、外部烤煳的现象。而清蛋糕的油脂含量少，组织松软，易于成熟，焙烤时要求温度高一点，时间短一些。长方形大蛋糕坯的焙烤温度要低于小圆形蛋糕和花边型蛋糕，时间要稍长些。

蛋糕在焙烤过程中一般会经历胀发、定型、上色和熟化四个阶段。

1）胀发。制品内部的气体受热膨胀，体积迅速增大。

2）定型。蛋糕糊中的蛋白质凝固，制品结构定型。

3）上色。当水分蒸发到一定程度后再加上蛋糕表面温度的上升，在表面形成了由焦糖化反应和美拉德反应表皮色泽逐渐加深产生的金黄色，同时也产生了特殊的蛋糕香味。

4）熟化。随着热量的进一步渗透，蛋糕内部温度继续升高，原料中的淀粉糊化而使制品熟化，制品内部组织烤至最佳程度，既不黏湿，也不发干，且表皮色泽和硬度适当。

面糊装模后入炉前，应依产品性质及所需条件的不同，事先将烤箱调整为适当的烤温、时间等，再入炉烘。入炉前切记先将烤炉预热至产品所需的温度，以免入炉后因烤炉的温度不够，而影响产品的膨发、组织品质及烤熟所需的时间等。并且在焙烤的过程中，即焙烤所需时间的 2/3 时，将烤盘掉头，以使整个产品都能均匀受热，而烤出最佳的产品品质与色泽。

焙烤过程中如底火温度太高，但产品尚未达其熟度时，可降低烤温或于原烤盘的下方再垫一个烤盘，预防产品底部上色太早；同理，若面火温度太高使上色太早时，则可视情况盖上油纸，以降低产品直接受热的温度。

蛋糕焙烤时不宜多次拉出炉门做焙烤状况的判断，以免面糊受热胀冷缩的影响而下陷。蛋糕烤熟程度可以蛋糕表面颜色深浅或蛋糕中心的蛋糊是否粘手为标准。成熟的蛋糕表面一般为均匀的金黄色，若有像蛋糊一样的乳白色，说明并未烤透。蛋糕中的蛋糊仍粘手，说明未烤熟；不粘手，焙烤即可停止。

常用以下三种方法判断蛋糕是否烤熟。

① 眼试法：焙烤过程中见面糊中央已微微收缩下陷即可出炉。

② 触摸法：当眼试法无法正确判断时，可借手指检验触击蛋糕顶部，如有沙沙声及硬挺感，此时应可出炉。

③ 探针法：取一竹签直接刺入蛋糕中心部位，当竹签拔出时，竹签无生面糊粘住时即可出炉。适合初学者使用。

（6）蒸制

蒸蛋糕时，先将水烧开后再放上蒸笼，大火加热蒸 2min 后，在蛋糕表面结皮之前，用手轻拍笼边或稍振动蒸笼以破坏蛋糕表面气泡，避免表面形成麻点；待表面结皮后，火力稍降，并在锅内加少量冷水，再蒸几分钟使糕坯定型后加大炉火，直至蛋糕蒸熟。冷却后可直接切块销售，也可分块包装出售。

（7）冷却、脱模、包装

蛋糕出炉后，应趁热从烤模（盘）中取出，并在蛋糕面上刷一层食用油，使表面光滑细润，同时有起保护层的作用，减少蛋糕内水分的蒸发。然后，平放在冷却架上自然冷却，对于大圆蛋糕，应立即翻倒，底面向上冷却，可防止蛋糕顶面遇冷收缩变形。成功地将产品脱模，是焙烤制作的最后步骤，待脱模后再视其需要进行适当的装饰。

以圆模脱模为例，其脱模基本程序为：蛋糕出炉待冷却后沿蛋糕边缘往下压，再将烤模倾斜，使蛋糕易于脱离烤模；最后一手固定烤模底盘，一手轻拖住蛋糕，使其完全剥离烤模。

对油脂蛋糕，出炉后，应继续留置在烤模（盘）内，待温度降低烤模（盘）不烫手时，将蛋糕取出冷却。在蛋糕的冷却过程中应尽量避免重压，以避免破损和变形。

蛋糕冷却后，要迅速根据需要进行包装，以减少环境条件对蛋糕品质的影响。

6.2　清蛋糕类生产工艺

清蛋糕（海绵蛋糕）是蛋糕的基本类型之一，它是以鸡蛋、小麦粉、糖为主要原料制成的，具有浓郁的蛋香味，且质地松软，因其结构类似多孔海绵而得名。在国外。清蛋糕又称为泡沫蛋糕。在清蛋糕的配方中，在一定范围内，蛋的比例越高，糕体越膨松，产品质量越好。蛋不仅起发泡膨松作用，而且蛋白质的凝固在制品的成型中也有显著作用。中高档海绵蛋糕几乎完全靠蛋的搅打起泡使制品膨松，产品气孔细密，口感与风味良好。低档海绵蛋糕由于用蛋量少，制品的膨松较多地依赖膨松剂，因而产品的气孔比较粗大，口感与风味较差。

海绵蛋糕的档次取决于蛋与小麦粉的比例，比值越高，档次越高。

低档每绵蛋糕：蛋粉比为 1.0 以下。

中档每绵蛋糕：蛋粉比为 1.0～1.8。

高档每绵蛋糕：蛋粉比为 1.8 以上。

清蛋糕在配料中不使用油脂，口味清淡，在营养学上具有高蛋白、高糖分、低脂肪的特点。其糖的含量也比较高，一般大约与小麦粉相等。糖有平衡蛋的作用，同时能维持气泡结构的稳定。但糖的量不能比小麦粉量高出 25%，因为糖能使鸡蛋蛋白的凝固温度升高，妨碍鸡蛋蛋白的凝固，且不利于淀粉的糊化作用。

清蛋糕多孔泡沫的形成主要依赖于蛋清蛋白质的搅打发泡性能，加入其中的糖能增加浆液的黏度，起到稳定泡沫的作用。蛋白在打蛋机的高速搅打下，大量空气被卷入蛋液，并被蛋白质胶体薄膜所包围，形成大量的气泡即泡沫。开始时，气泡较大而透明，并呈流动状态，随着搅打不断进行，卷入的空气不断增加；同时，搅打也使进入蛋液的空气重新分配，气泡越来越小；最后，全部蛋液变成乳白色的细密泡沫，并呈不流动状态，这样由蛋液所形成的泡沫体系就形成了海绵蛋糕的疏松多孔性。单纯的蛋白虽然也能打发，但是，形成的气泡易破裂，砂糖的加入使形成的裹包空气的蛋白膜黏稠而有弹性，不易破裂，因而提高了气泡的稳定性。

清蛋糕与油蛋糕的差别，即在于清蛋糕类“油脂含量很少”，但有时为使产品有较佳的口感质地，通常会在海绵类蛋糕中添加适量的流质油脂。由于其使用蛋的成分不同，因此清蛋糕又可分为蛋白类及海绵类。

6.2.1 蛋白类

此类的产品全部以蛋白作为蛋糕的基底组织及膨大原料，一般天使蛋糕即属于此类。天使蛋糕以蛋白泡沫为基础材料，不含油脂，其蛋白应打至湿性发泡期即可，过度打发蛋白会丧失其扩展及膨胀蛋糕的能力。

蛋白搅拌的程度对于产品组织及口感等的优劣与否，有着相当大的影响力，而其又因搅拌速度与时间长短，可分为起泡期、湿性发泡期、干性发泡期及棉花期四个阶段。

1. 起泡期

蛋白用球状搅拌器以高速搅拌后呈泡沫液体状态，表面有很多不规则的气泡。

2. 湿性发泡期

加入配方中的糖，改用中速搅拌后蛋白会渐渐凝固起来，此时表面不规则气泡消失，转为均匀的细小气泡，洁白而有光泽，以手指勾起呈细长尖峰，且尾巴有弯曲状。

3. 干性发泡期

将湿性发泡期蛋白改用低速搅拌打发，蛋白无法看出气泡组织，颜色洁白无光泽，以手指勾起呈坚硬尖峰，尾巴部会微微的弯曲，此阶段为干性发泡。

4. 棉花期

将干性发泡期蛋白继续搅拌，打发至蛋白成为球形凝固状，以手指勾起无法成尖峰状，形态似棉花，故又称为棉花期，此时表示蛋白搅拌过度，不适合用来制作蛋糕。

6.2.2 海绵类

此类产品使用全蛋或将蛋黄与全蛋混合，以作为蛋糕的基本组织和膨化的原料，而常见的品种为海绵蛋糕。此外，瑞士卷也是一个典型品种。瑞士卷的配方中增加了鸡蛋的用量，使糕体更柔软、有韧性，便于卷动。

海绵蛋糕的质量要求：糕体轻，顶部平坦或略微突起，表皮呈均匀的淡褐黄色，内部色泽金黄，孔隙与籽粒细小均匀，组织柔软而有弹性，口感不黏、不干，轻微湿润，甜味与蛋香味适中。

6.2.3 清蛋糕的制作实例

【例 6-1】香草天使蛋糕的制作

1）原料配方。蛋白 100g，塔塔粉 2g，食盐 1.4g，砂糖 20g，低筋粉 30g，奶香粉 1.1g。

2）制作过程。

① 蛋白、塔塔粉、食盐用中速或高速打至起泡期。蛋白温度应维持在 17～24℃，

以达较佳的打发效果与泡沫稳定性。

② 蛋白用中速打至起泡期接近湿性发泡期时，再加入砂糖、奶香粉继续搅拌。

③ 将蛋白打至湿性发泡期。

④ 蛋白打发完成时即呈滴落状。

⑤ 低筋粉先过筛在白纸上，再分次加入上述蛋白中。

⑥ 用橡皮刮刀或手轻轻地将低筋粉拌均匀。

⑦ 烤模不可抹油，将面糊依所需重量装入。

⑧ 用手指轻将面糊抹平后入烤箱，以面火 200℃、底火 160℃烤 20～30min。

⑨ 蛋糕出炉后立即倒置冷却，待冷却完全后再脱模取出。

⑩ 取出方法是先压蛋糕边缘再剥离模具，让部分蛋糕脱离，再用力扣拍于已垫白纸的桌面或盛装器皿上。

3）质量标准。色泽洁白，内部组织细腻，富有弹性。

4）制作要点。

① 蛋白中不能掺有蛋黄或油脂。

② 加入塔塔粉可使制品更洁白，使蛋糕更加细腻、有弹性。

【例 6-2】海绵蛋糕的制作

1）原料配方。鸡蛋 2000g，砂糖 1100g，蛋糕粉 1100g，色拉油 200g，蛋黄液 100g。

2）制作过程。

① 将砂糖和鸡蛋放入打蛋器中快速搅打，使砂糖融化，使蛋液打发（图 6-2）。

② 将蛋糕粉过筛，慢速加入打发的蛋糊搅拌均匀（图 6-3）。

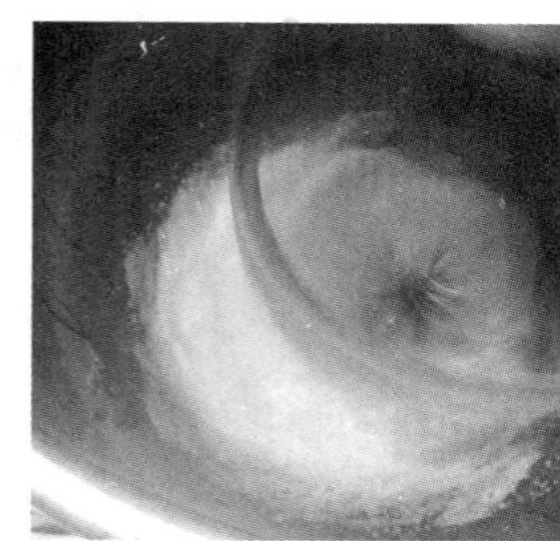
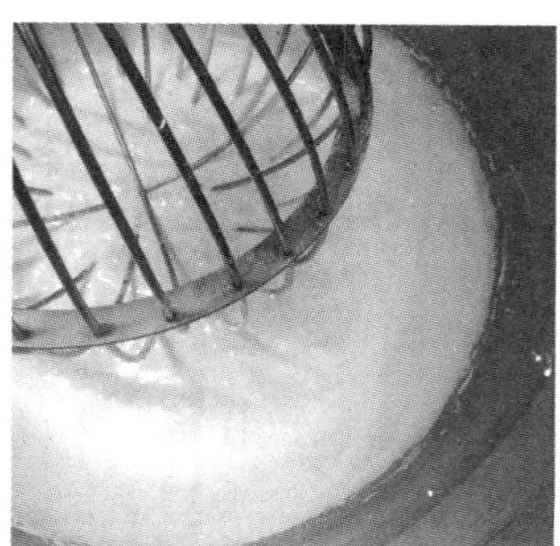

图 6-2　打发蛋液

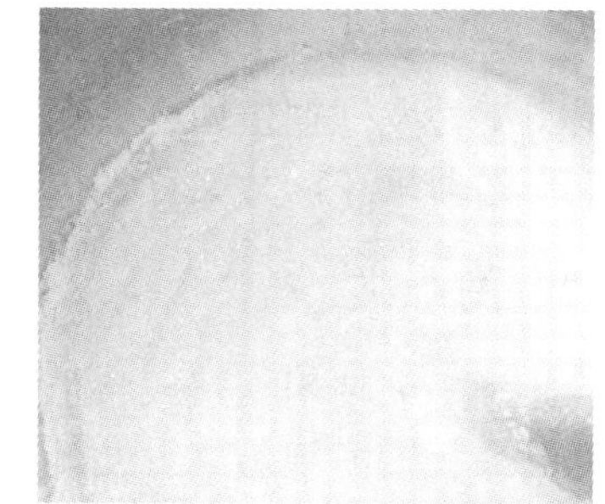

图 6-3　加入低筋粉

③ 将色拉油加入慢速搅匀。

④ 将蛋糕圈用油纸包底，放入烤盘，将面糊倒入蛋糕圈内七分满，表面用蛋黄液画出虎皮纹即可（图 6-4）。

⑤ 烤箱预热，面火 180℃，底火 170℃（图 6-5）。

3）质量标准。

① 组织。细致柔软而富弹性，纹路清晰，香甜暄软。

② 口感。爽口湿润，不粘牙，咸甜适中。

③ 风味。具该种蛋糕浓郁香味（图 6-6）。

4）制作要点。

① 鸡蛋必须新鲜，搅拌器干净无油。

② 打发时间不能太长。

③ 严格照操作顺序来操作。

图 6-4　将面粉倒入蛋糕圈

图 6-5　烤制成熟

图 6-6　成品

6.3　油脂蛋糕类生产工艺

油脂蛋糕也是蛋糕的基本类型之一，在西点中占有重要的地位。油脂蛋糕的配方中除了使用鸡蛋、糖和小麦粉外，它与清蛋糕（海绵蛋糕）的主要不同在于使用了较多的油脂（特别是奶油）以及化学膨松剂。其目的为润滑面糊以产生柔软的组织，并有助于在搅拌过程中，拌入大量的空气而产生膨大作用。属于此类的蛋糕有魔鬼蛋糕、大理石蛋糕等。而使面糊类产生膨化效果的另一主要原因，即是"当面糊搅拌时，拌入了大量的空气所致"。因此，不同的搅拌器具与搅拌速度，对于面糊的密度有着直接的关系。

油脂蛋糕口感油润松软，质地酥散、滋润，营养丰富，带有油脂特别是奶油的香味。但是，其弹性和柔软度不如海绵蛋糕。

油脂的充气性和起酥性是形成产品组织与口感特征的主要原因。在一定范围内，油脂量越多，产品的口感等品质也越好，即油脂蛋糕的档次主要取决于油脂的质量和数量，普通油脂蛋糕的油脂用量一般为小麦粉用量的 60%～80%。蛋对油脂蛋糕质量也起重要作用，用量一般略高于油脂量，等于或低于小麦粉量。糖的用量与油脂量接近。

在普通油脂蛋糕中，油脂量与蛋量一般不超过小麦粉量，油脂太多会引起强弱不平衡，使蛋糕太松散，不成型，而蛋太多则不利于油、水乳化。高档油脂蛋糕中小麦粉、油脂、糖、蛋的用量相等，而低档油脂蛋糕中蛋量和油脂量较少，而泡打粉较多，产品质地较粗糙。

油脂蛋糕有多种不同的搅拌方法，最常见的是粉油搅拌法及糖油搅拌法。

6.3.1　粉油搅拌法

粉油搅拌法适用于油脂成分较高的面糊类蛋糕，尤其适用于低熔点的油脂。制作前可先将小麦粉置于冷藏库，降低温度后以利打发的效果。使用此法时，需注意配方中的油用量必须在 60%以上，以防面团出筋，造成产品收缩因而得到反效果。

此搅拌方法比糖油搅拌法简便而不易失败，且其所得的面糊光滑，蛋糕组织紧密而松软，质地亦较为细致、湿润。

粉油搅拌法的制作程序如下：

1）将油脂放于搅拌缸内，用桨状搅拌器以中速将油脂搅拌至软，再加入过筛的小麦粉与膨松剂，改以低速搅拌数下（1～2min），再用高速搅拌至呈松发状，此阶段需 8～10min（过程中应停机刮缸，使所有材料充分混合均匀）。

2）将糖与盐加入已打发的粉油中，以中速搅拌 3min 左右，并于过程中停机刮缸，使缸内所有材料充分混合均匀。

3）再将蛋分 2～3 次加入上述材料中，以中速拌匀（每次加蛋时，应停机刮缸），此阶段约需 5min。

4）再将配方中的奶水以低速拌匀，面糊取出缸后，需再用像皮刮刀或手彻底搅拌均匀即成。

6.3.2 糖油搅拌法

糖油搅拌法又称传统乳化法，一直以来是搅拌面糊类蛋糕的常用方法。此类搅拌法可加入更多的糖及水分，至今仍用于各式面糊类蛋糕。其常被使用的原因主要是烤出来的蛋糕体积较大，其次则是习惯性。一般的点心制作，如凤梨酥、丹麦菊花酥、小西饼、菠萝皮等，皆使用糖油搅拌法。

糖油搅拌法的制作程序如下：

1）将奶油或其他油脂（最佳温度为 21℃）放于搅拌缸中，用桨状搅拌器以低速将油脂慢慢搅拌至呈柔软状态。

2）加入糖、食盐及调味料，并以中速搅拌至松软且呈绒毛状，需 8～10min。

3）将蛋液分次加入，并以中速搅拌，每次加入蛋时需先将蛋搅拌至完全被吸收才加入下一批蛋液，此阶段约需 5min。

4）刮下缸边的材料继续搅拌，以确保缸内及周围的材料均匀混合。

5）过筛的小麦粉材料与液体材料交替加入（交替加入的原因是面糊不能吸收所有的液体，除非适量的小麦粉加入以帮助吸收）。

6.3.3 油脂蛋糕的质量要求

油脂蛋糕的质量要求是：蛋糕顶部平坦或略微突起，表皮呈均匀的金黄色，表面以及内部的颗粒与气孔细小而均匀，质地酥散、细腻、滋润，甜味适口，风味良好。

6.3.4 制作实例

【例 6-3】重奶油蛋糕的制作

1）原料配方。鸡蛋 500g，低筋粉 500g，砂糖 500g，黄油 500g，泡打粉 10g，香草粉 5g，牛乳 30g，葡萄干适量。

2）制作过程。

① 砂糖加黄油打发，约 5min（图 6-7）。

② 分次加入鸡蛋（图 6-8）。

③ 加入低筋粉、香草粉、泡打粉搅匀，最后加入牛乳（图 6-9）。

图 6-7　打发糖和黄油

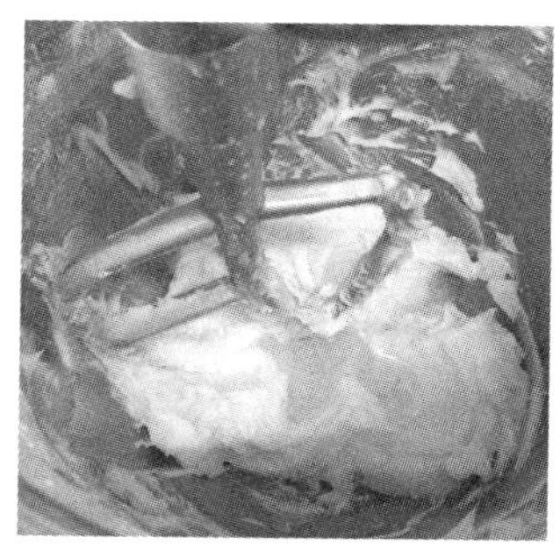

图 6-8　加入鸡蛋

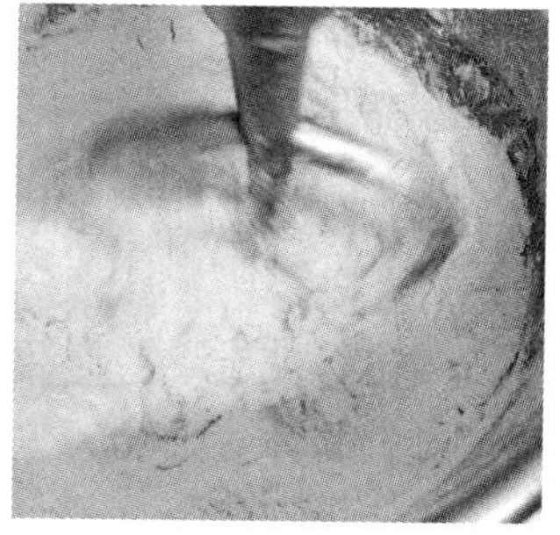

图 6-9　加入牛乳

④ 将烤模纸装入烤模中，将面糊挤入高温纸杯约七分满，撒上葡萄干即可入炉焙烤。

⑤ 焙烤：面火 200℃，底火 190℃。

3）质量标准。

① 组织：细致柔软而富弹性，酥散，有奶油香味，香甜可口。

② 口感：爽口湿润，不粘牙，咸甜适中。

③ 风味：具该种蛋糕浓郁香味（图 6-10）。

图 6-10　成品

4）制作要点。

① 鸡蛋要分次加入。

② 加入面粉不要搅时间太长，葡萄干要适量放。

【例 6-4】黑巧克力布朗尼蛋糕的制作

布朗尼蛋糕又叫巧克力布朗尼蛋糕、核桃布朗尼蛋糕或者波士顿布朗尼——可爱的巧克力蛋糕，据说是一个胖胖的黑人老奶奶围着围裙在厨房做松软的巧克力蛋糕，却忘了先打发奶油而做出的失败的蛋糕，这个蛋糕的湿润绵密成了意外的美味，这个可爱的错误让布朗尼蛋糕成为现在美国家庭最具代表性的蛋糕。

1）原料配方。鸡蛋 10 个，砂糖 700g，牛乳 200g，黑巧克力 300g，黄油 200g，蛋糕粉 300g，可可粉 60g，核桃 400g。

2）制作过程。

① 鸡蛋加砂糖打发，约 5min（图 6-11）。

② 加入牛乳、黑巧克力、黄油，搅拌均匀（图 6-12）。

③ 加入过筛的蛋糕粉和可可粉，继续搅拌（图 6-13）。

④ 加入切碎的核桃，搅匀即可。

⑤ 将打好的面糊倒入模具，放入底火 170℃、面火 180℃的烤炉焙烤，约 35min（图 6-14）。

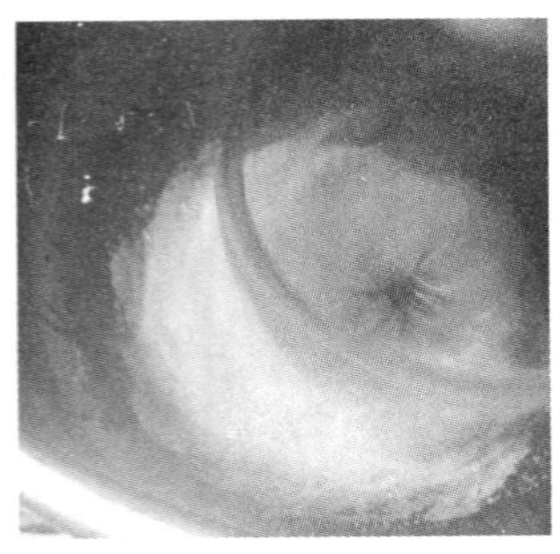
图 6-11　打发鸡蛋和糖

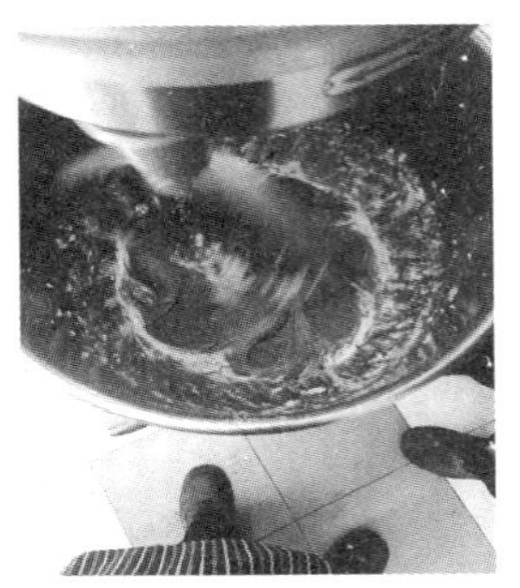
图 6-12　加入融化的牛乳、巧克力、黄油

3）质量标准。香甜适口，巧克力风味浓郁（图 6-15）。

4）制作要点。严格按照操作顺序来操作。

图 6-13　加入过筛的蛋糕粉和可可粉

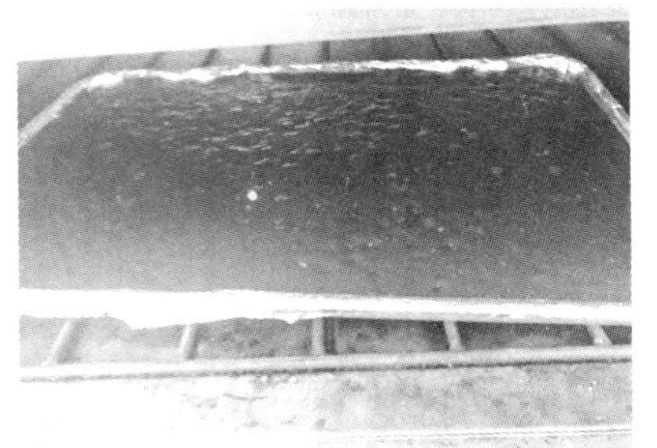
图 6-14　烤制成熟

图 6-15　成品

【例 6-5】胡萝卜蛋糕的制作

1）原料配方。鸡蛋 450g，砂糖 850g，面包粉 150g，提子干 240g，蛋糕粉 750g，苏打粉 30g，月桂粉 15g，胡萝卜丝 900g，核桃仁 240g，色拉油 850g。

2）制作过程。

① 鸡蛋加砂糖打发。

② 加入面包粉、蛋糕粉、苏打粉、月桂粉。

③ 加入核桃仁、提子干、胡萝卜丝，搅拌均匀（图 6-16）。

④ 将面粉装入模具（图 6-17）。

⑤ 烤箱预热 170℃，烤约 45min。

⑥ 蛋糕出炉晾凉即可。

3）质量标准。口感暄软、香甜适口、营养丰富（图 6-18）。

4）制作要点。加入面粉不要搅拌过长。

【例 6-6】奶油大理石蛋糕

1）原料配方。

① 白面糊：低筋面粉 100g，泡打粉 1g，乳化白油 40g，奶油 40g，细砂糖 100g，盐 2g，全蛋 88g，乳粉 4g，水 20g。

图 6-16　将原料拌至均匀

图 6-17　装模

图 6-18　成品

② 巧克力面糊：白面糊 100g，热水（55℃）8g，苏打粉 0.3g，可可粉 5g。

2）制作过程。

① 白面糊的制作参考重奶油蛋糕的粉油搅拌法制作程序。

② 巧克力面糊的调制：热水（55℃）与可可粉先搅拌数下后，再加入苏打粉拌均匀。

③ 巧克力面糊与白面糊用橡皮刮刀充分搅拌均匀即可。

④ 将白面糊与巧克力面糊分别装入挤花袋中。

⑤ 先将油纸装入烤模中，再将白面糊挤入烤模的底层。

⑥ 挤入白面糊，即可入炉焙烤（最终的面糊量应依所需重量规定分别称量）。

⑦ 挤入巧克力面糊于其上。

⑧ 再挤入白面糊即可入炉焙烤（最终的面糊量应按规定分别称量）。

3）质量标准。

① 组织：应细致柔软而富弹性，大理石条纹明显均匀。

② 口感：应爽口湿润，不粘牙，咸甜适中。

③ 风味：应具该种蛋糕浓郁香味。

4）制作要点。烤至表面结皮，可拿出在中间划一道，然后继续焙烤，可形成漂亮的裂纹。

6.4　戚风蛋糕类生产工艺

6.4.1　戚风蛋糕概述

戚风蛋糕又称为泡沫蛋白松糕。它是采用分蛋法，即蛋白与蛋黄分开搅打再混合而制成的一种海绵蛋糕。其质地非常松软，柔韧性好。此外，戚风蛋糕水分含量高，口感滋润嫩爽，存放时不易发干，而且不含乳化剂，蛋糕风味突出，因而特别适合高档卷筒蛋糕及鲜奶装饰的蛋糕坯。

虽然戚风蛋糕及天使蛋糕都是以蛋白乳沫为基本材料，但在搅拌的最后步骤则有不同，制作天使蛋糕时是将干性材料拌入蛋白中，而制作戚风蛋糕时，则是将小麦粉、蛋黄、油脂与水先调制成面糊再拌入蛋白中。

戚风蛋糕所使用的蛋白打发程度，应较天使蛋糕所打发的蛋白质地较硬，但切勿打过头使质地变得干燥，戚风蛋糕的材料中含有膨松剂，并非完全依赖蛋白泡沫以达膨胀的效果。

6.4.2 戚风蛋糕制作实例

【例 6-7】戚风蛋糕的制作

1）原料配方。蛋白 1600g，白砂糖 700g，塔塔粉 20g，蛋黄 900g，低筋粉 700g，绵白糖 200g，清水 320g，色拉油 320g，食盐 15g，泡打粉 5g，果酱 500g。

2）制作过程。

① 将蛋清放入打蛋器中搅打，加入白砂糖搅拌均匀，加入塔塔粉，快速打发成鸡尾状（图 6-19）。

② 将绵白糖倒在容器内，加入清水，用蛋抽搅拌均匀；加入食盐，继续搅拌；加入色拉油，搅拌均匀；将低筋粉倒入筛子内，加入泡打粉，过筛后加入容器内，搅拌；加入一半量蛋黄，搅拌均匀；加入剩余蛋黄，搅拌均匀（图 6-20）。

③ 将打发 1/3 的蛋清倒入面糊内，搅拌均匀，再倒入剩余的蛋清，搅拌均匀。烤盘内刷上色拉油，铺上油纸，将蛋糕浆倒入烤盘内，用刮板刮平（图 6-21）。

图 6-19 打发蛋清

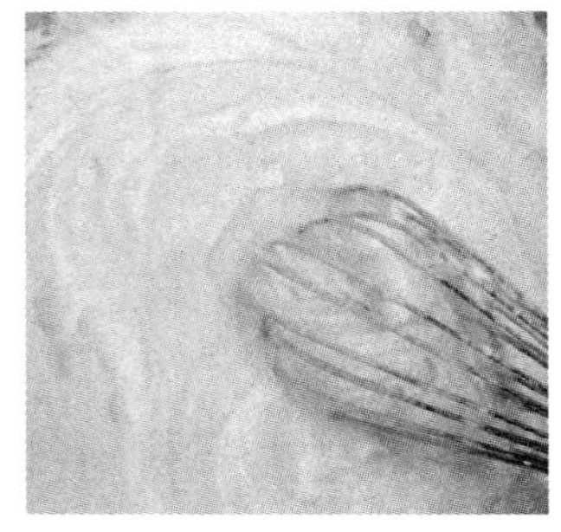

图 6-20 拌制面糊

图 6-21 刮平面糊

④ 打开烤箱放入烤盘，将焙烤温度设置为面火 180℃、底火 160℃，焙烤 20min 即可（图 6-22）。

⑤ 打开烤箱，取出烤好的蛋糕，将蛋糕放在案板上；案板上铺油纸，将蛋糕倒扣过来；揭去油纸，将蛋糕翻面，表面抹一层果酱，卷成筒状，将油纸打开，把蛋糕切开，放入盘内，这样戚风蛋糕就制作好了。

3）质量标准。绵软有弹性，香甜可口（图 6-23）。

4）制作要点。

① 鸡蛋必须新鲜，搅拌器干净无油。

② 打发时间不能太长。

③ 严格按照操作顺序来操作。

【例 6-8】香草戚风蛋糕的制作

1）原料配方。低筋粉 100g，泡打粉 3g，色拉油 50g，蛋黄 75g，香草香精 1g，牛乳 60g，食盐 2g，蛋白 150g，砂糖 130g，塔塔粉 1g。

图 6-22　烤制成熟

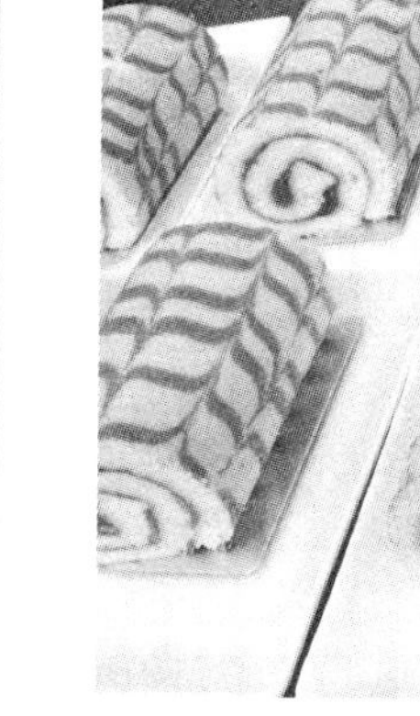

图 6-23　成品

2）制作过程。

① 面糊搅拌方法：先湿后干。

② 将蛋黄、砂糖（30g）、食盐、牛乳及色拉油置钢盆中，并充分搅拌至砂糖溶化。

③ 低筋粉与泡打粉先过筛在白纸上，再加入上述原料中。

④ 用搅拌器将低筋粉拌匀即可，但切勿搅拌过久以防面团出筋。

⑤ 视现场操作步骤的需要，面糊部分先备妥，可静置 30min 以上。

⑥ 取 1/3 已打发的蛋白，加入面糊中，加入香草香精、塔塔粉、砂糖（100g），用橡皮刮刀轻轻拌匀。

⑦ 再将剩余 2/3 的蛋白加入继续拌均匀。

⑧ 依所需重量将面糊分别倒入烤模中（烤模不可以抹油）。

⑨ 用塑胶刮板或手指直接将面糊抹平。

⑩ 烘烤炉温面火 180℃、底火 160℃，烤约 30min。

⑪ 焙烤完成后，立即反扣于冷却架上待冷却完成．用手先压后剥开法，取出蛋糕（图 6-24）。

图 6-24　成品

3）质量标准。口感绵软、弹滑，外观蓬松。

4）制作要点。

① 搅拌过程应尽量快速。

② 烤好倒扣时，一定要完成晾凉。

【例 6-9】巧克力戚风蛋糕卷的制作

1）原料配方。低筋粉 100g，泡打粉 3g，可可粉 15g，热水 20g，色拉油 48g，蛋黄 50g，绵白糖 90g，食盐 2g，香草香精 1g，蛋白 100g，塔塔粉 0.5g，细砂糖 66g，奶油霜 300g。

2）制作过程。

① 面糊搅拌方法：先干后湿。

② 将可可粉过筛后倒入热水（55℃）中拌溶即为可可液。

③ 低筋粉与泡打粉过筛入钢盆中，续加入绵白糖、食盐拌匀，再依顺序倒入色拉油、蛋黄等于上述原料中，并用搅拌器充分搅拌均匀。

④ 拌匀后即成可可面糊（此部分可利用空间时间尽早完成，不必担心面团出筋的问题）。

⑤ 蛋白加入塔塔粉，用中速打至湿性发泡后分次加入砂糖，再继续用中速打至湿性接近干性发泡时，取 1/3 打发的蛋白加入上述面糊，用橡皮刮刀或用手轻轻拌均匀。

⑥ 再将拌均匀的面糊倒回 2/3 蛋白中，继续轻轻拌均匀。

⑦ 面糊倒入已垫纸的长方形烤盘中，并用薄片塑胶板抹平，再入炉焙烤，炉温面火 200℃、底火 170℃，烤制 20～25min。

⑧ 蛋糕出炉后、待完全冷却，底部垫纸抹上奶油霜，并在卷心部划 2～3 刀浅刀痕（目的是便于卷收时的操作，且可预防造成中间呈空心有孔洞的缺陷）。

⑨ 取与蛋糕等长的面棍来操作瑞士卷。

⑩ 左手压住垫纸，右手将面棍往后拉，施力平均且尽可能地粗细一致，最后再松开右手，将上方剩余的纸用蛋糕卷按住，使力约 20min 后定型，然后按规定分割蛋糕长度（图 6-25）。

图 6-25 成品

3）质量标准。口感绵软，有浓郁的巧克力风味。

4）制作要点。搅拌不可过度，否则会造成面粉起筋。

6.5 慕斯蛋糕类生产工艺

6.5.1 慕斯蛋糕概述

慕斯的英文是 mousse，是一种奶冻式的甜点，可以直接吃或作为蛋糕夹层，通常是加入奶油与凝固剂来造成浓稠冻状的效果。慕斯蛋糕最早出现在美食之都法国巴黎，最初厨师们在奶油中加入起稳定作用以及改善结构、口感和风味的各种辅料，使之外形、色泽、结构、口味变化丰富，更加自然纯正，冷冻后食用其味无穷，成为蛋糕中的极品。

慕斯与布丁一样属于甜点的一种，其性质较布丁更柔软，入口即化。制作慕斯最重要的是胶冻原料，如琼脂、明胶、果冻粉等，如今也有专门的慕斯粉。另外，慕斯制作时最大的特点是配方中的蛋白、蛋黄、鲜奶油都须单独与糖打发，再混入一起拌匀，所以质地较为松软，有点像打发了的鲜奶油。慕斯使用的胶冻原料是动物胶，所以需要置于低温处存放。

常见的慕斯蛋糕有芒果慕斯、提拉米苏、抹茶慕斯、西番莲慕斯等。

6.5.2 慕斯蛋糕制作实例

【例 6-10】芒果慕斯的制作

1）原料配方。芒果果蓉 375g，糖粉 200g，芒果啫喱 200g，鱼胶片 7 片，淡奶油 500g，蛋黄 4 个。

2）制作过程。

① 将鱼胶片放入冰水泡软待用。

② 将淡奶油打至湿性发泡待用（图 6-26）。

③ 将芒果果蓉放入锅中煮开，待凉后加入淡奶油中搅拌均匀（图 6-27）。

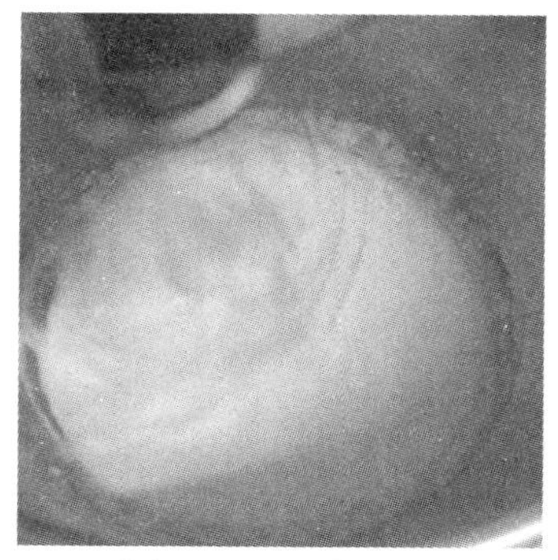
图 6-26　打发奶油

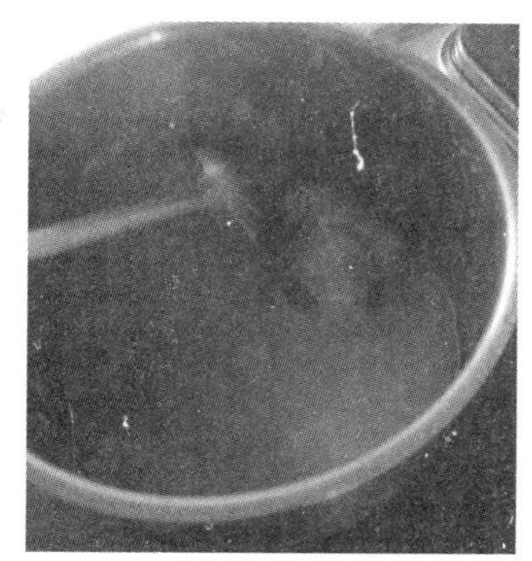
图 6-27　加入芒果果蓉

④ 将蛋黄和糖粉放入搅拌盆里，隔热水加热打发，加入芒果奶油中搅拌均匀（图 6-28 和图 6-29）。

图 6-28　将蛋黄和糖粉放入盆中

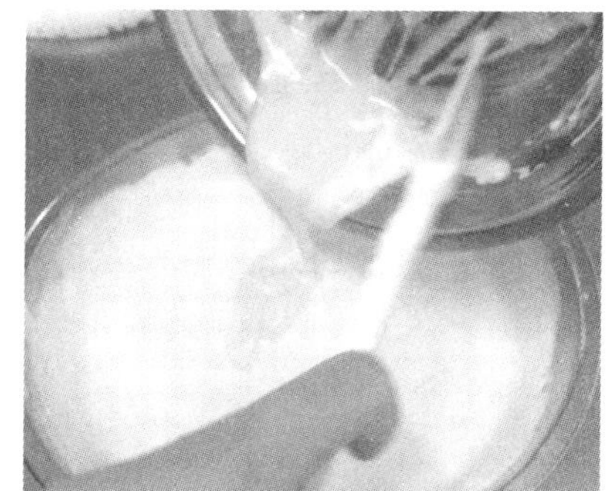
图 6-29　加入芒果奶油

⑤ 将泡软的鱼胶片放入盆中隔热水熔化。

⑥ 将少量芒果奶油放入熔化的鱼胶中搅拌均匀，再将其倒入剩余芒果奶油搅拌均匀（图 6-30）。

⑦ 把芒果奶油倒入备好的模具中，覆上保鲜膜放入冰箱冷藏（图 6-31）。

图 6-30　将鱼胶与芒果奶油拌匀

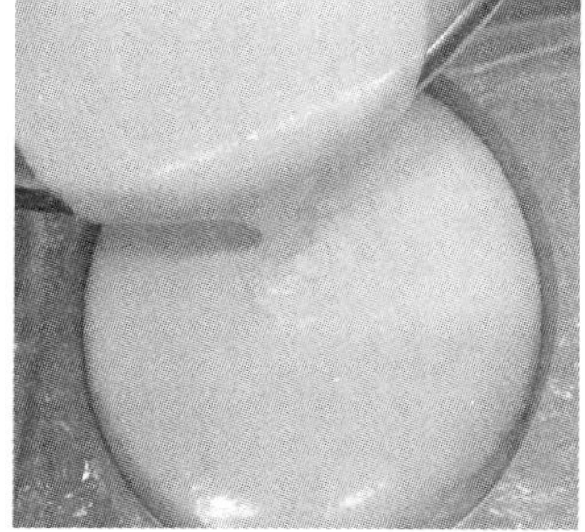

图 6-31　冷藏

⑧ 等芒果奶油完全凝固后，在表面淋上一层芒果啫喱。继续冷藏，凝固后脱模即可食用（图 6-32）。

3）质量标准。奶油细腻松软，入口即化，清香爽口（图 6-33）。

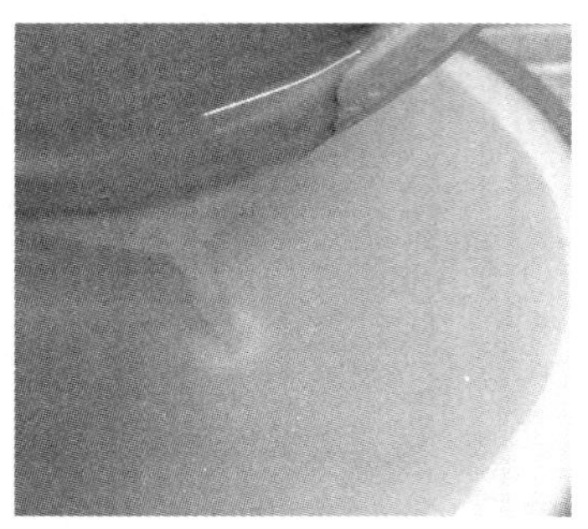

图 6-32 淋芒果啫喱

图 6-33 成品

4）制作要点。

① 打发鲜奶油至七成。

② 需加入一小部分奶油先和鱼胶搅匀，在将其倒入奶油中搅拌均匀。

【例 6-11】意大利经典提拉米苏的制作

提拉米苏（Tiramisu）是一种带咖啡酒味儿的意大利甜点，由马斯卡邦尼奶酪、意式咖啡、手指饼干与咖啡酒（朗姆酒）制成的。提拉米苏在意大利文里的意思是"带我走，拉我起来"，意指吃了此等美味，就会幸福得飘飘然，宛如登上仙境。

1）原料配方。蛋白 8 个，蛋黄 8 个，砂糖 120g，意大利鲜芝士（Marscopone）500g，意式咖啡（Espresso）300mL，手指饼干 7 块，明胶 30g，咖啡力娇酒 60g，巧克力 60g，奶油 500g。

2）制作过程。

① Espresso 稍冷却后加入咖啡力娇酒，待用。

② 将蛋黄加入砂糖，隔水加热打散，直到浓稠乳霜状，颜色变浅（图 6-34）。

③ 待稍冷却后，加入 Marscopone，搅拌均匀。

④ 在奶油中加入咖啡力娇酒，打发至六成（图 6-35）。奶油需要先打发，再加咖啡力娇酒。

⑤ 前述两种材料混合均匀。

⑥ 奶酪糊：将蛋白打到起鱼眼泡沫，加入砂糖，再打发至硬性发泡，分两次加入混合料里，搅拌均匀。奶酪糊是混合了奶酪和其他原料（巧克力、明胶）的混合物（图 6-36）。

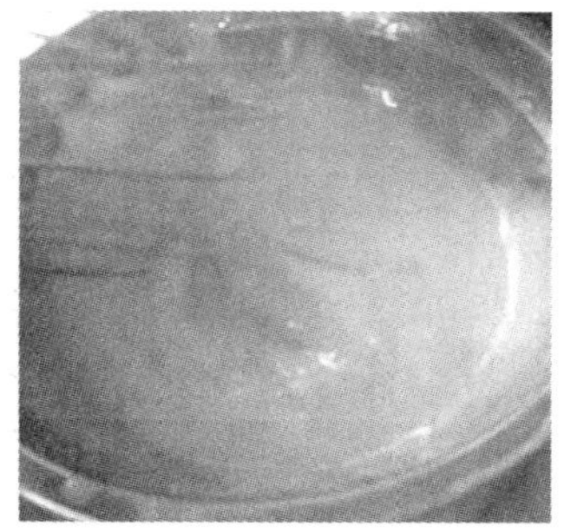

图 6-34 打发蛋黄和白砂糖

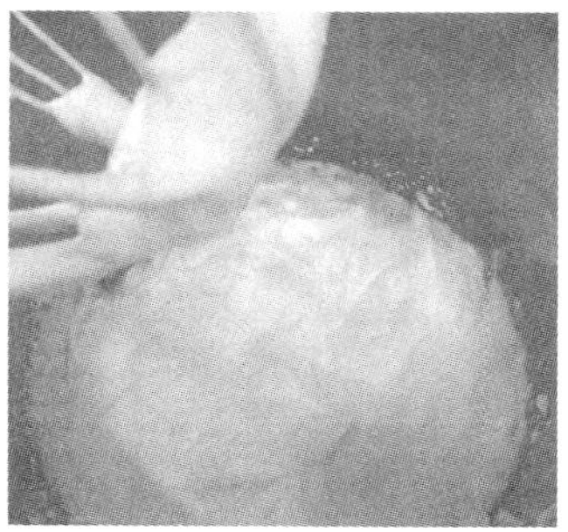

图 6-35 打发奶油

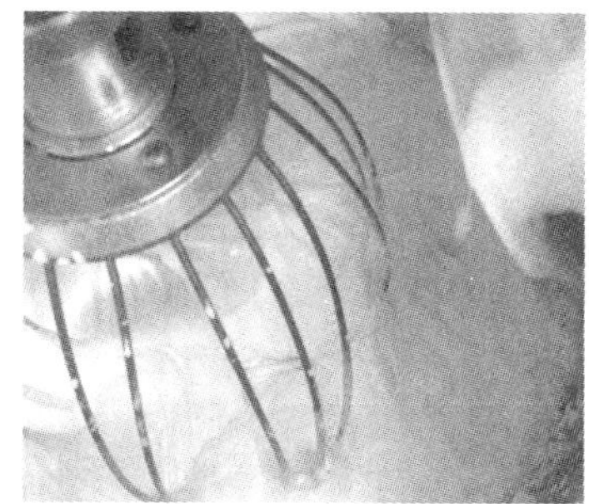

图 6-36 搅匀奶酪糊

⑦ 把蘸过煮式咖啡的手指饼干并排铺开（图 6-37），在上面铺上奶酪糊（图 6-38），再次排上手指饼干，再铺上奶酪糊，放入冰箱冷藏 4 小时左右。

⑧ 等奶酪糊凝固后，脱模（图 6-39），表面撒上可可粉，并在周围围上手指饼干做装饰。

图 6-37　排放手指饼干

图 6-38　铺奶酪糊

图 6-39　脱模

⑨ 摆盘装饰。等奶酪糊凝固后，脱模，切一块，表面撒上可可粉，放入甜品盘，配上咖啡汁、水果、奶油和薄荷叶装饰即可。

3）质量标准。鲜奶酪味醇厚，入口细滑，切块整齐，可可粉均匀。

4）制作要点。

① 打发鲜奶油至六成。

② 手指饼需泡透 Espresso。

③ 注意食品卫生要求。

6.6　裱花蛋糕类生产工艺

裱花蛋糕又称装饰蛋糕，是西式糕点的重要组成部分，是西方饮食文化的一朵奇葩，也是西式糕点品种变化的主要手段，千姿百态、丰富多彩的西式糕点品种正是源于这种装饰。它通过对蛋糕装饰的主题、形式、结构等内容的设计，运用涂抹、裱型、构图、淋挂、捏塑等工艺，充分体现装饰蛋糕的原料美、形式美与内容美，给人以美的享受，起到了烘托气氛的作用，成为传达情感的载体。裱花蛋糕的制作不仅仅是食品的制作，而且还是一种艺术的创作，其工艺性强、技术含量高，所以裱花蛋糕也成为检验烘焙师水平高低的一种手段。常言说："蛋糕制作是一门科学，蛋糕装饰是一门艺术。"通过装饰与点缀，不但可以增加蛋糕的风味特点，提高产品的营养价值和质量，更重要的能够给人们带来美的享受，增进食欲。

6.6.1　装饰的目的

1. 使蛋糕外表美观以提高其价值

蛋糕是所有食物中最重视外表装饰的一种，虽然所有食物都讲究色香味俱全，但以"色"（外表）而论，很难有食物能像蛋糕这样千变万化、争奇斗艳。一个装饰美丽鲜艳的蛋糕，不仅令食者赏心悦目，亦提高了蛋糕的价值。

2. 增加蛋糕口味的变化

蛋糕本身的口味虽多，总有吃腻的时候。如果加上各种装饰的搭配，则变化更多。同时，装饰也能衬托出蛋糕的特别风味，或弥补其口味甜腻的缺点。例如，太甜的蛋糕可加咸性装饰来调和，尝起来更美味。

3. 保护蛋糕

蛋糕在存放过程中，若放冰箱会使蛋糕干燥；不放冰箱，湿热的空气又易使蛋糕发霉。如果蛋糕外表加上装饰，则可保持蛋糕内部组织与风味不变。

6.6.2 装饰的类型及方法

1. 装饰类型

（1）简易装饰

简易装饰属于用一种装饰料进行的一次性装饰，操作较简单、快速。例如，在制品面上撒糖粉，摆放一粒或数粒果干或果仁，或在制品表面裹附一层巧克力等。另外，仅使用馅料的装饰也属于简易装饰的范畴。

（2）图案装饰

这是最常用的装饰类型，一般需使用两种以上的装饰料，并通常具有两次或两次以上的装饰工序，操作较复杂，带有较强的技术性。例如，在制品表面抹上奶膏、糖霜等，或裹上方登糖后再进行裱花、描绘、拼摆、挤撒或粘边等。

（3）造型装饰

造型装饰属于高级装饰，技术性要求很高。装饰时，或将制品做成多层体、房屋、船、马车等立体模型，再做进一步装饰；或事先用糖制品、巧克力等做成平面或立体的小模型，再摆放在经初步装饰的制品（如蛋糕）上。这类装饰主要用在传统高档的节日喜庆蛋糕和展品上。

2. 装饰方法

（1）挤注裱花

挤注是西点最常用的装饰方法，其中主要为膏类装饰料（如奶油膏）的挤注（即裱花），也可以用熔化为半固体的糖霜类装饰料和巧克力。

（2）浸（穿衣）

浸（穿衣），即将制品的部分或全部浸入熔化的巧克力或方登糖（一种微结晶糖膏）中，片刻即取出，晾凉后，制品外表便附上一层光滑的装饰料。

（3）包裹

包裹是将蛋皮、虎皮或糖皮包在制品外表，彩色蛋糕或花式卷筒蛋糕经常用这种方法。

（4）抹

抹包括两种形式，一种是用膏类装饰料涂抹干制品的四周和表面；另一种是将熔化的巧克力或糖霜类装饰料倾倒在制品上，然后迅速将其抹开或抹平。

（5）拼摆

常用于水果塔和福兰的装饰，如将各种水果拼摆于烤好的塔坯或福兰坯中。此外，还有将水果、果仁巧克力制品等摆放在制品或裱好的花上加以点缀。

（6）蘸

此法是指在制品外表先抹一层黏性装饰料或馅料，如果酱、奶油膏、冻胶等，然后再接触干性的果仁或巧克力碎粒，使其黏附在制品表面，看起来似绒毛状。

（7）模型

用糖制品或巧克力制作成花、动物、人物等模型，再摆放于制品上，这是一种难度较高的技术。

6.6.3 装饰的基本要求

1. 装饰效果的要求

蛋糕装饰要注意色彩搭配，造型完美，具有特色和丰富的营养价值。

不同品种的蛋糕，具有不同的特色，尤其在色彩方面，不同品质的蛋糕应配以不同的色彩烘托。例如，婚礼蛋糕多以白色为基调，白色显得纯洁淡雅；儿童蛋糕多以五颜六色，使蛋糕显得活泼而富有生机。制作巧克力蛋糕时，又多以巧克力本色为基调进行装饰，从而使蛋糕显得庄重典雅。总而言之，蛋糕装饰要求用明快、低彩、雅洁、冷暖含蓄相结合为主体的色调。局部的点缀以高明度色彩的花、叶图案来烘托，以达到高雅、恬静、赏心悦目的效果。

装饰具有特定内容的蛋糕时，要根据不同国家和地区的习惯进行装饰，西方制作生日蛋糕，无论男女老幼都在蛋糕上写有“Happy Birthday”的字样，而我国对这种蛋糕的要求比较严格，要根据过生日人的年龄来制作。年龄小的写生日快乐，年长的则要写“福”字、“寿”字，挤上老寿星、寿桃和“松鹤延年”等图案，以表示对老年人的尊重和祝愿。

圣诞节是西方国家的传统节日，制作圣诞蛋糕时，大都根据西方文化的传统风俗，在蛋糕上装饰雪白的庭院，披上银装的圣诞树和长须红装的圣诞老人。此种蛋糕的制作不仅是美味的食品，更像一件富有诗情画意的艺术雕塑品。

2. 装饰质量要求

一般蛋糕的制作要求是形态规范，表面平整，图案清晰美观。在装饰有特殊内容的蛋糕时，构图主题要突出鲜明，色彩装饰协调，避免颜色堆砌零乱繁杂，切忌认为越鲜艳的色彩越浓越好。在欧洲，婚礼蛋糕是白色的，象征着纯洁，而在其他地区，婚礼蛋糕一般是颜色丰富、鲜艳。要严格遵守国家颁布的关于食用色素的标准，用量不许超标。

6.6.4 创意蛋糕的装饰技巧

蛋糕的装饰是有一定的科学规律的，蛋糕的面积是有限的，设计的空间也是有限的，并不是所有的越多越好的装饰都可以作为设计出现在同一个蛋糕上。例如，具体的饰物（花草、动物等有写实形象的装饰物）就不能与抽象的饰物同时组合在一个蛋糕上，尽管有人喜欢这种方式，但事实上这种蛋糕不仅不美，反而显得画蛇添足，没有品位。再如，传统的裱花花边的蛋糕面上，放入巧克力饰片、巧克力卷和巧克力屑等，就会显得不协调和风格不统一。事实上，多数蛋糕师的技术、技巧并不低，但是不懂得设计就无法创造出好的、美丽的蛋糕。

蛋糕装饰占蛋糕总表面积的比例是有限的。如果说一个任何装饰都没有的蛋糕是 0 的设计完成度的话，那么花边或辅助的装饰物（指蛋糕周围的装饰物等）不能超过蛋糕总表面积的 30%，而 70%是需要用接近表现主题的设计去完成。

留白面积是设计的一部分，并且是重要的部分。好的设计强调留白部分的面积与装饰物之间的关系是否符合美感效果。同时，也拉开了辅助装饰的部分（花边）与主要装饰物部分之间的距离，以达到视觉层次上的效果。

此外，创意蛋糕的语言是非常简洁的，不要过多地处理要表达的内容，甚至是文学性的有故事情节的，因为这类题材极不适宜用创意蛋糕来进行表现。裱花蛋糕是需要用形象来表现和寓意的，形象表现得越清楚、越直观、越简洁越好。蛋糕是可食用的食品，这是它的主要功能，因此在蛋糕装饰中，既要注意美观，又要刺激人们的食欲。那些把蛋糕作为纯艺术品的观点，或者是尽显技能为能事的方式都是错误的。

1. 装饰蛋糕的美学基础

缤纷色彩的千变万化，来源于红、黄、蓝的三种原色，三种原色按比例混合就能产生光谱中的任何颜色。颜色是不能随便相配的，色彩的组合是有一定规律的。符合规律能给人以和谐之美，否则会产生不平衡，不能给人美的享受。

色彩在装饰蛋糕中的运用是烘焙师能力的体现。理想的色彩运用是最大限度地发挥装饰蛋糕原料所固有的色彩美，因为有的原料本身就很美，不需要进行人工着色处理，如樱桃、草莓的鲜红色，猕猴桃的翠绿色，鲜奶油膏与糖粉、白砂糖的白色，巧克力的咖啡色，紫葡萄的紫色等。在原料色彩不能满足烘焙师创作需要时也可借助于工艺手段或利用人工合成色素（如色香油）着色，但这类色素要严格控制使用量，否则适得其反，会给人以不卫生的感觉。

装饰蛋糕的艺术造型首先需构思，要通过其用途、表达的情感来确定主题。要选择相应的表达形式（即造型）、工艺手段、主导色调和色彩，适宜的原材料，进行造型布局（即构图）。装饰蛋糕构图是在构思的基础上对蛋糕的整体进行设计，它包括对图案造型的用料、色彩、形状等内容进行安排与调整。构图形式有平面或立体的，图案有写实或抽象的，各种几何图形的边饰在蛋糕装饰中运用极广，构图的方法有平行、对称、不对称、螺旋等不同种形式。

2. 装饰蛋糕的构图应遵循形式美的基本法则

1）多样与统一。原料与造型的多样性，内容与形式的统一性，使装饰蛋糕的图形丰富，有规律，有组织，不是单调、杂乱无章的；从纹饰、排列、结构、色彩各个组成部分，从局部到整体均应呈现出多样、统一的效果。

2）对称与平衡。对称形式条理性强，有统一感，起到优美、活泼的效果，但容易造成杂乱；注重平衡，效果会更好。

3）对比与调和。色彩之间的对比关系，可以增强色彩的鲜明度，产生活泼感，但不耐看；图案间大小、高低、长短、粗细、曲直等方面的对比会明显突出各自特点，获得完整、生动的效果；调和则相反，强调差距要小，具有共性，如颜色的调和给人一种宁静的感觉。

4）节奏与韵律。装饰蛋糕边饰所运用的裱花手法，通过各种线条的长短、强弱的变化，有规律地交替组合，表现出一种节奏感，而韵律则是节奏中体现的情感，是节奏的和谐；装饰蛋糕图案中各种形象构成，形成各自的节奏，如不注意互相的搭配，会成为杂乱的画面，因此构图应首先着眼主要形式布局所形成的节奏，这是构图的主要环节；在此基础上，再考虑其他形式，如点、线、色块的节奏，使之成为富有韵律的作品。

装饰蛋糕的构图造型中各种花卉的装饰是重头戏，以不同的花卉造型表达不同的感情，使装饰蛋糕成为情感的载体。不同的花有不同的含义：玫瑰表示纯洁的爱；百合花表示百年好合，纯洁和庄重，事事如意；迎春花表示朝气蓬勃，喜气洋洋；向日葵表示崇拜、光辉和羡慕；康乃馨表示亲情与思念；牡丹表示荣华富贵。

当前，装饰蛋糕新理念、新信息、新技巧、新原料、新工具层出不穷，我们要不断继承传统、开拓创新、与时俱进，使装饰蛋糕这朵奇葩绚丽多彩，开得更美、更艳。

6.6.5　装饰材料调制方法

装饰的种类极为繁多，但其中有些原料较难取得，有些则做法太复杂，因此这里只介绍少数几种做法简易而口味甚佳的装饰配方。不过这些配方、口味都可以自由变化，也足以配合大部分的蛋糕使用。

1. 洋菜亮光胶

原料配方（质量分数）：水 250，糖 45，洋菜（琼脂）粉 15。

制作要点：

1）上述材料混合搅匀，煮沸即可。

2）趁热滴在蛋糕表面，即会凝成一层亮光胶膜，以增加蛋糕的色泽亮度。

3）有时候也可用果酱隔水加温，软化后涂抹在蛋糕表面，其作用类似洋菜亮光胶，只是效果不太持久。

2. 糖装

原料配方（质量分数）：热开水 15～30，糖粉 120。

制作要点：

1）糖粉过筛，加热水调到需要的浓度即可。

2）糖汁滴到蛋糕上会扩散成为光滑均匀的表面，多余的糖汁会流下来，刮去即可；糖汁干后即成为一层硬糖壳，称为糖装。

3）糖汁中调入可可粉即为黑糖装，还可调入咖啡、果汁，甚至各种香料、色素，则为不同口味与颜色的糖装。

3. 各种奶油酱

原料配方（质量分数）：

1）咸奶油酱配方：（人造）奶油 227，糖粉 80，牛乳 400，盐 10。

2）咖啡奶油酱配方：（人造）奶油 227，糖粉 80，水 400，即溶咖啡 100。

3）巧克力奶油酱配方：（人造）奶油 227，糖粉 80，水 400，可可粉 100。

4）柳橙奶油酱配方：（人造）奶油 227，糖粉 80，水 400，橙皮末 100。

制作要点：

1）所有材料隔水加热到奶油呈半溶化状，离开热水用力搅拌至光滑均匀即可。

2）以少量的奶油酱涂抹在蛋糕上或挤成奶油花作装饰皆可，大量使用则稍觉油腻。

4. 鲜奶油

鲜奶油是一种高级的装饰材料，尤其冰凉后更如冰激凌般松软可口，一点也不油腻，所以相当受大众欢迎。真正的鲜奶油是鲜奶经过离心处理后，浮在上面一层乳脂肪含量特别高的稀奶油。乳脂肪一经搅打便能包含空气，而使鲜奶油体积膨胀，并由液体变成可涂抹的浓稠状固体。

5. 人造鲜奶油（植物奶油）

人造鲜奶油是棕榈油制成的，其优点包括：

1）价钱便宜。

2）可冷冻保存较长的时间。

3）使用方便，不但已调好甜味，甚至有其他口味（如草莓、巧克力等）可供选择。

4）搅打不易失败，不像真正的鲜奶油搅打过度便会出水。

制作要点：

1）人造鲜奶油半解冻后，用电动打蛋器搅打到需要的浓度即可使用；搅打时间越长，鲜奶油打发的程度就越硬。一般来说，涂抹蛋糕用的鲜奶油打得较软，挤花用的则打得较硬。

2）鲜奶油搅打非常费时费力，一定要用电动打蛋器打，须 5～7min 才够硬。

注意事项：

1）鲜奶油买回后应保存于冰箱冷冻室内，使用时取出，待其解冻呈半结冰的牛奶状即可打发。

2）打好的鲜奶油最好立刻使用，如果放置一段时间再用来涂抹蛋糕，表面往往不够光滑洁净。

3）鲜奶油受热会熔化，故鲜奶油蛋糕装饰好必须冷藏在冰箱中，要吃时再取出。

6. 巧克力

上述的各种装饰都可添加可可粉做成巧克力口味，这里要介绍的是以巧克力为主原料做出的高级装饰。巧克力香浓美味，能使平凡的蛋糕变得更可口。可是品质好的巧克力价格昂贵，会使蛋糕成本提高 2～3 倍，蛋糕店是不会大量使用的。

最高级的巧克力装饰，就是把适量的巧克力块切碎，隔水加温熔化，直接涂抹在蛋糕表面，冷却后凝成一层巧克力外皮，称为脆皮巧克力。脆皮巧克力不只成本高，做法更难。巧克力中可可脂的性质比较特别，能使其熔化呈液态的温度范围很小，所以巧克力即使熔化也是浓浓黏黏的不好涂抹，而且一下子就冷凝，以致还没抹匀就凝固了。如果怕中途凝固而提高加热的温度，巧克力很快就会干焦，就算蛋糕涂好也没一点光泽。

为了操作方便，初学者不宜做纯粹的脆皮巧克力装饰，可以在巧克力中添加些别的材料（如液体或奶油）就好处理多了。

（1）添加液体

巧克力添加液体如牛乳、咖啡、蜂蜜、果汁、酒类等，再隔水加温搅拌一下就成为软巧克力，又叫巧克力酱，超市有售现成的。软巧克力口味也很好，但冷却后仍有点软，不会变成脆皮巧克力。有不少人很喜欢软巧克力装饰，觉得比脆皮巧克力更可口。

（2）添加奶油

巧克力加奶油一起隔水加温，搅拌均匀后即可涂抹。冷却后的奶油巧克力较像脆皮巧克力，但奶油加多了会觉得太腻。巧克力须添加多少液体或奶油可随意，两样都添加也可以。以下介绍一种常用的巧克力装饰配方，称为巧克力富奇，就是液体和奶油两样都加。

巧克力富奇配方（质量分数）：巧克力 225，奶油 100，液体 7。

制作要点：

1）巧克力切碎，加液体隔水加温，搅拌到巧克力完全熔化。

2）离开热水，加奶油搅拌到完全均匀。

3）巧克力富奇趁热涂抹在蛋糕表面，如用不完，剩下的可包装好冷藏起来，下次要使用时取出，加温软化后可继续使用。

注意事项：液体可以选用黑咖啡（富奇颜色较深，有咖啡香）、牛乳（富奇颜色较浅，有牛乳香）、蜂蜜水（富奇较甜，有蜂蜜香）、朗姆酒（富奇带有朗姆酒的香味）。

7. 其他

除了以上六类涂抹用的装饰外，还有一些撒在蛋糕上的装饰性材料，包括糖粉、可可粉、椰子粉、彩色糖珠、银珠、巧克力米、巧克力屑（以削皮刀或擦丝板削巧克力块即成）及各种干果、水果、蜜饯等，使蛋糕不仅好吃而且更好看。

6.6.6 蛋糕装饰实例

现以一个普通的鲜奶油蛋糕为例，说明其装饰的步骤，虽然每个蛋糕的装饰方法不见得完全相同，所使用的材料也不一定是鲜奶油，但鲜奶油装饰在涂抹中可说是比较麻烦而且较需要技术的。学会这种方法，其他装饰方法也可触类旁通。

1. 制作要点

1）准备好装饰材料：鲜奶油、洋菜亮光胶或果酱、草莓等。

2）将蛋糕放在一个铝箔纸盘上，确定其完全冷却才可开始装饰，以免蛋糕的余热把装饰熔化了。

3）表面如不整齐须用刀修平整，再将蛋糕横剖为两片。

4）将底片蛋糕（连铝箔纸一起）放在转台上，用抹刀挖出打发的鲜奶油涂抹在蛋糕上。

5）将鲜奶油抹平，加上草莓作为夹心馅。

6）再加入一些鲜奶油，抹匀，盖住草莓，注意鲜奶油的厚度须均匀一致。

7）将第二片蛋糕叠上去。注意整个蛋糕看起来必须很平整，不可高低不匀。

8）用洋菜亮光胶涂抹整个蛋糕外表，或用隔水加温过的果酱也可以。

9）用抹刀挖鲜奶油涂抹整个蛋糕，厚薄差不多均匀即可。

10）一边旋转台子，一边用抹刀抹平鲜奶油。

11）挤上鲜奶油花。

12）排入切半的草莓等作装饰。

2. 注意事项

1）避免蛋糕潮湿。凡是蛋糕会碰到含水材料的地方都必须加以保护，如不要直接将水果放在蛋糕上。

2）注意清洁。操作步骤应注意清洁卫生。另外要注意，已抹在蛋糕上的奶油如果又刮下来，不要刮回干净的奶油中，否则蛋糕屑就会混进去。

3）外形必须平整。蛋糕不要有顶部不平或整体倾斜的感觉，否则会显得很难看。

【例 6-12】经典黑森林蛋糕的制作

黑森林蛋糕的雏形最早出现于德国南部黑森林地区。相传，每当樱桃丰收时，农妇们除了将过剩的樱桃制成果酱外，在做蛋糕时，也会大方地将樱桃一颗颗塞在蛋糕的夹层里，或是作为装饰细心地点缀在蛋糕的表面，而在打制蛋糕的鲜奶油时，更会加入大量樱桃汁。制作蛋糕坯时，面糊中也加入樱桃汁和樱桃酒。这种以樱桃与鲜奶油为主的蛋糕从黑森林传到外地后，也就变成所谓的“黑森林蛋糕”了。

1）原料配方：黑巧克力蛋糕坯，糖水酸樱桃，黑车厘子，樱桃力娇酒，黑巧克力屑 200g，黑巧克力奶油（淡奶油 600g，黑巧克力 150g），白奶油（淡奶油 500g，糖霜 100g，樱桃力娇酒 20g，鱼胶片 6～7g），淀粉 5 克。

2）制作过程。

① 黑巧克力奶油：将淡奶油煮开倒入黑巧克力，匀速搅拌至细化均匀，降温后用保鲜膜封好放入冰箱待用。

② 将糖水酸樱桃和黑车厘子加糖煮开，加入少量淀粉增稠（煮制时需不停搅拌，以免煳锅），稍冷后加入樱桃力娇酒，待用。

③ 将黑巧克力蛋糕坯切出 3 片需要的形状、尺寸和厚度，取一片放入蛋糕圈内铺平。

④ 将黑巧克力奶油打发，装入带有圆形裱花嘴的裱花袋，沿蛋糕圈的边挤注一圈巧克力奶油，再距奶油圈 2cm 挤注一个小奶油圈。

⑤ 将备好的樱桃馅平铺进巧克力奶油圈的空隙处，铺满后再盖上一片黑巧克力蛋糕

坯，刷上糖水。

⑥ 将淡奶油和糖霜打发，加入融化的鱼胶和樱桃酒（加鱼胶时需要先将一少部分打起的奶油搅入鱼胶搅匀，再将其倒入剩余的奶油中轻柔搅拌均匀）。

⑦ 将制作好的白奶油平抹在第二层蛋糕坯上，之后再覆盖一片蛋糕坯，刷糖水后用保鲜膜封好，放入冰箱冷冻。

⑧ 等奶油层凝结后取出脱模，用抹刀均匀抹上加了糖粉和樱桃酒的白奶油，撒上黑巧克力屑。

⑨ 摆盘装饰。将做好的黑森林蛋糕切出一块，放入甜品盘，配上杂果酱、奶油、薄荷叶等装饰，筛上防潮糖粉即可。

图 6-40　成品

3）质量标准。奶油细滑，樱桃香味浓郁，味道酸甜可口（见图 6-40）。

4）操作要点。

① 制作巧克力奶油时，奶油必须煮开，融化好的巧克力奶油需放入冰箱冷藏 12h。

② 制作白奶油时注意鱼胶加入的手法。

【例 6-13】蛋白裱花蛋糕的制作

蛋白裱花蛋糕是一种在蛋糕坯表面刮上蛋白浆，然后裱上文字和图案的蛋糕。

1）原料配方（质量分数）。

① 蛋糕坯：小麦粉 35，鸡蛋 37.5，砂糖 25，饴糖 15。

② 蛋白浆：蛋清 6.5，砂糖 37.5，琼脂 0.25，橘子香精适量，柠檬酸 0.75，水 35。

2）制作要点。

① 制作蛋糕坯：将鸡蛋、砂糖、饴糖一起放于打蛋机中搅打至乳白色后，轻轻加入过筛后的小麦粉，拌匀至无生粉为止。将蛋糕糊加入涂过油的有底的圆形烤模中，蛋糊高度约为模高的一半。用 200℃左右炉温焙烤蛋糕至熟，出炉，冷却。

② 制蛋白浆：将琼脂与水放入锅中煮，过滤后，即加入砂糖，继续熬至能拉出糖丝即可。另外，将蛋清搅打至乳白色后，倒入熬好的糖浆中，继续搅拌至蛋白浆能挺住而不下塌为止，加入橘子香精、柠檬酸，拌匀。

③ 蛋糕裱花：将烤好的蛋糕表面焦皮削去，再一剖二，成为两个圆片，糕坯呈鹅黄色，内层朝上，其厚薄度根据需要而定。在二层蛋糕坯中间夹一层厚 5mm 的蛋白浆。舀一勺蛋白浆在蛋糕坯上，用抹刀将蛋白浆均匀地涂满蛋糕坯表面和四周，要求刮平整。将蛋糕碎边放于 30 目筛内，用手擦成碎屑，左手托起蛋糕，略倾斜，右手抓一把糕屑，均匀地沾满蛋糕四周，要避免蛋糕屑落到蛋糕面上。将花嘴装入裱花袋中，然后灌入蛋白浆，右手捏住，离裱花 3.3cm 处，根据需要裱成各种图案（图 6-41）。

图 6-41　成品

3）质量标准。蛋糕周边和表面的蛋白浆涂抹平滑，无粗糙感，裱花立体生动，不宜大面积着色。

4）操作要点。

① 在切蛋糕坯时要注意表面修理平整。

② 可预先涂抹一层薄的蛋白浆打底，再涂抹稍厚的蛋白浆造型。

③ 调色时注意色素的用量，以浅淡清新为主。

6.7 蛋糕的质量标准及要求

6.7.1 蛋糕的感官质量标准及要求

蛋糕的感官质量标准及要求如表 6-1 所示。

表 6-1　蛋糕的感官质量标准及要求

项目	要求	
	烤蛋糕	蒸蛋糕
色泽	表面油润，顶部和侧面呈金黄，色底部呈棕红色，色彩鲜艳，富有光泽，无焦煳和黑色斑块	表面呈乳黄色，内部为月白色，表面果料撒散均匀，戳记清楚，装饰得体
形态	外形丰满周正，大小一致，薄厚均匀，表面有细密的小麻点，不粘边，无破碎，无崩顶	切成条块状的长短、大小、薄厚都均匀一致，若为碗状或梅花状的则周正圆润
组织结构	发起均匀，柔软而具弹性，不死硬，切面呈细密的蜂窝状，无大小空洞，无硬块	有均匀的小蜂窝，无大的空气孔洞，有弹性，内部夹的果料或果酱均匀，层次分明
滋味和气味	蛋香味醇正，口感松暄香甜，不撞嘴，不粘牙，具有蛋糕的特有风味	松软爽口，有蛋香味，不粘牙，易消化，具有蒸蛋糕的特有风味
杂质	外表和内部均无肉眼可见的杂质，无糖粒，无粉块，无杂质	外表和内部均无肉眼可见的杂质，无糖粒，无粉块，无杂质

6.7.2 蛋糕的理化及微生物要求

蛋糕的理化指标如表 6-2 所示。

表 6-2　蛋糕的理化指标

项目	要求	
	烤蛋糕	蒸蛋糕
干燥失重/%	≤42.0	≤35.0
总糖/%	≤42.0	≤46.0
粗脂肪/%	—	
蛋白质/%	≥4.0	
酸价（以脂肪计，KOH）/（mg/g）	≤5	
过氧化值（以脂肪计）/（g/100g）	≤0.25	

注：酸价和过氧化值指标仅适用于配料中添加油脂的产品。

蛋糕的微生物限量如表 6-3 所示。

表 6-3　蛋糕的微生物限量

项目	采样方案[a]及限量			
	n	c	m	M
菌落总数[b]/（CFU/g）	5	2	10^4	10^5
大肠菌群[b]/（CFU/g）	5	2	10	10^2
霉菌[c]/（CFU/g）≤	150			

a．样品的采集及处理按《食品安全国家标准　食品微生物学检测　总则》（GB 4789.1—2014）执行。
b．菌落总数和大肠菌群的要求不适用于现制现售的产品，以及含有未熟制的发酵配料或新鲜水果蔬菜的产品。
c．不适用于添加了霉菌成熟干酪的产品。

6.7.3　蛋糕生产中常出现的质量问题及控制措施

蛋糕生产中常见质量问题有很多，如蛋糕表面颜色过深或过浅、蛋糕体积过小、蛋糕形状不匀称、蛋糕表面开裂、蛋糕表面湿润、蛋糕组织易碎、蛋糕质地僵硬、蛋糕在焙烤过程中下塌、蛋糕内部织织粗糙等。

蛋糕表面颜色过深或过浅的原因分析与控制办法如表 6-4 所示；蛋糕体积过小的原因分析与控制办法如表 6-5 所示；蛋糕体积过大的原因分析与控制办法如表 6-6 所示；蛋糕表面开裂的原因分析与控制办法如表 6-7 所示；蛋糕表面湿润的原因分析与控制办法如表 6-8 所示；蛋糕组织易碎的原因分析与控制办法如表 6-9 所示；蛋糕质地僵硬的原因分析与控制办法如表 6-10 所示；蛋糕表皮太厚的原因分析与控制办法如表 6-11 所示；蛋糕在焙烤过程塌陷的原因分析与控制办法如表 6-12 所示；蛋糕表面有斑点的原因分析与控制办法如表 6-13 所示；蛋糕内部组织粗糙和质地不均匀的原因分析与控制办法如表 6-14 所示；蛋糕收缩的原因分析与控制办法见表 6-15 所示；加入的果粒沉底的原因分析与控制办法如表 6-16 所示。

表 6-4　蛋糕表面颜色过深或过浅的原因分析与控制办法

原因分析	控制办法
配方中糖量过多或过少	减少或增加配方中的用糖量
炉温过高或过低	选择合适炉温
焙烤时间过长或过短	正确掌握焙烤时间

表 6-5　蛋糕体积过小的原因分析与控制办法

原因分析	控制办法
小麦粉的比例过小或过大	正确掌握配方中小麦粉的用量
液体原料加得太多	正确掌握配方中液体原料的用量
焙烤温度过高	正确掌握焙烤温度
搅拌不够	正确掌握搅拌速度和搅拌时间
复合膨松剂的用量不足	适当增加复合膨松剂的用量
油脂的可塑性和融和性不佳	选用可塑性和融和性好的油脂

表 6-6　蛋糕体积过大的原因分析与控制办法

原因分析	控制办法
搅拌不得当	正确掌握搅拌速度和搅拌时间
面糊摊得不均衡	面糊摊匀或用刮板将面糊表面刮平
烘箱温度不均衡	选用质量好的烘箱
烤架未放平	烤架摆放平整
蛋糕烤盘变形	选用平整的烤盘

表 6-7　蛋糕表面开裂的原因分析与控制办法

原因分析	控制办法
小麦粉用量过多或面筋筋力太大	正确掌握配方中小麦粉的用量或使用低筋粉
液体原料过少	适当增加配方中液体原料的用量
搅拌不得当	正确掌握搅拌速度和搅拌时间
焙烤温度过高	适当降低焙烤温度
面糊太硬	适当增加液体原料（或油脂）的用量

表 6-8　蛋糕表面湿润的原因分析与控制办法

原因分析	控制办法
蛋糕没有烤熟	正确掌握焙烤温度和焙烤时间
未充分冷却就进行包装	蛋糕充分冷却后再进行包装

表 6-9　蛋糕组织易碎的原因分析与控制办法

原因分析	控制办法
油脂过多	适当减少油脂用量
糖粉过多	适当减少糖粉用量
小麦粉不合适	正确选用小麦粉
搅拌不正确	正确掌握搅拌速度和搅拌时间
复合膨松剂过多	适当减少复合膨松剂用量

表 6-10　蛋糕质地僵硬的原因分析与控制办法

原因分析	控制办法
小麦粉中面筋含量高	选用低筋粉
小麦粉用量过多	减少小麦粉用量
糖粉或起酥油过少	适当增加糖粉或起酥油用量
搅拌过度	正确掌握搅拌速度和搅拌时间
焙烤温度过低	适当提高焙烤温度

表 6-11 蛋糕表皮太厚的原因分析与控制办法

原因分析	控制办法
炉温太低，焙烤时间过长	适当提高焙烤温度
配方中的糖分过多	减少配方中的糖用量
液体原料不足	适当增加液体原料

表 6-12 蛋糕在焙烤过程塌陷的原因分析与控制办法

原因分析	控制办法
配方中小麦粉比例少或膨松剂的用量过大	适当增加小麦粉的比例或减少膨松剂的用量
焙烤的炉温太低或蛋糕未成熟受到振动	提高焙烤的温度，焙烤过程中要避免振动
糖、油用量过多	减少糖、油脂的用量
打发太松	正确掌握搅拌速度和搅拌时间
液体原料太多，小麦粉太少	适当减少液体原料，增加小麦粉用量
焙烤不足	正确掌握焙烤温度和烘烤时间
面粉筋力不足	选用面粉筋力适当的面粉

表 6-13 蛋糕表面有斑点的原因分析与控制办法

原因分析	控制办法
原材料搅拌不均匀	搅拌均匀
原料太冷，加蛋液太快	原料适当加温，逐次加入蛋液
糖的颗粒太粗，搅拌时充分溶解	选用更易溶解的细砂糖或绵白糖或糖粉

表 6-14 蛋糕内部组织粗糙和质地不均匀的原因分析与控制办法

原因分析	控制办法
搅拌过度，面糊类蛋糕打得太松	按正确的搅拌程序和规则进行搅拌
原材料搅拌不均匀	搅拌均匀
糖油比太大	注意配方的比例平衡
糖的颗粒太粗	选用绵白糖或糖粉
复合膨松剂用量过大	减少复合膨松剂的用量
烤箱的温度低	提高烤箱的温度

表 6-15 蛋糕收缩的原因分析与控制办法

原因分析	控制办法
原材料搅拌不均匀	搅拌均匀
面糊太软	适当减少液体原料用量
焙烤过度	调整焙烤温度与时间

表 6-16　加入的果粒沉底的原因分析与控制办法

原因分析	控制办法
复合膨松剂用量过大	适当减少复合膨松剂用量
面糊太稀	适当减少液体原料用量
小麦粉中面筋含量低	选用面筋含量较高的小麦粉

思考题

1. 简述蛋糕的概念及分类。
2. 简要说明蛋糕的膨松原理及熟制原理。
3. 蛋白的搅打要经历哪几个阶段?
4. 简述蛋糕生产原料配合原则。
5. 简述清蛋糕、油脂蛋糕、戚风蛋糕的概念。
6. 蛋糕装饰的基本要求是什么?
7. 蛋糕装饰的方法有哪些?
8. 蛋糕常见的质量问题有哪些?
9. 蛋糕生产中常用的食品添加剂有哪些?各有什么作用?

第 7 章　月饼生产工艺

☞ 知识目标

了解月饼生产常用原辅料的特性及预处理方法；了解月饼生产过程及加工原理；了解月饼常见质量问题及控制控制措施；熟悉月饼面团调制、包馅、成型、烘烤等关键工序的操作要点；掌握月饼的分类、概念、生产工艺流程。

☞ 能力目标

能够生产各大类型月饼中的常见典型产品；具有月饼产品生产管理、品质控制的基本能力。

☞ 相关资源

中国焙烤食品糖制品工业协会

智慧职教焙烤食品生产技术课程

智慧职教烘焙职业技能训练

中国月饼网

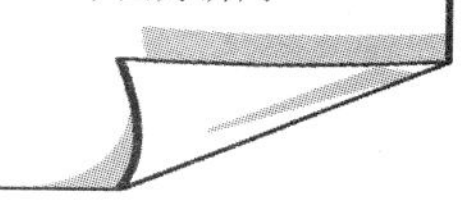

7.1 月饼概述

7.1.1 月饼的历史

中秋节吃月饼，与元宵节吃汤圆、端午节吃粽子一样，是我国民间的传统习俗。古往今来，人们把月饼当作吉祥、团圆的象征。每逢中秋，皓月当空，阖家团聚，品饼赏月，谈天说地，尽享天伦之乐。

月饼在我国有着悠久的历史。据史料记载，早在殷周时期，江浙一带就有一种纪念太师闻仲的边薄心厚的“太师饼”，此乃我国月饼的始祖。汉代张骞出使西域时，引进芝麻、胡桃，为月饼的制作增添了辅料，这时便出现了以胡桃仁为馅的圆形饼，名曰“胡饼”。唐代，民间已有从事生产的饼师，京城长安也开始出现糕饼铺。北宋皇家中秋节喜欢吃一种“宫饼”，民间俗称为“小饼”“月团”。苏东坡有诗云：“小饼如嚼月，中有酥和怡。”宋代文学家周密在记叙南宋都城临安见闻的《武林旧事》中首次提到“月饼”之名称。到了明代，中秋吃月饼才在民间逐渐流传。当时心灵手巧的饼师，把嫦娥奔月的神话故事作为食品艺术图案印在月饼上，使月饼成为更受人民青睐的中秋佳节的必备食品。明代田汝成《西湖游览记》曰："八月十五日谓中秋，民间以月饼相送，取团圆之意。"清代，月饼的制作工艺有了较大提高，品种也不断增加。清代诗人袁景澜有一首颇长的《咏月饼诗》，其中有"入厨光夺霜，蒸釜气流液。揉搓细面尘，点缀胭脂迹。戚里相馈遗，节物无容忽……儿女坐团圆，杯盘散狼藉"等句，从月饼的制作、亲友间互赠月饼到设家宴及赏月，叙述无遗。

7.1.2　月饼的特点与分类

我国月饼经过长期的演变和发展，花样不断翻新，品种不断增加，地区的差异使品种外观、口感、味道各具独特风格。

根据 GB/T 19855—2015《月饼》，月饼是使用小麦粉等谷物粉、油脂、糖或不加糖调制成饼皮，包裹各种馅料，经加工而成在中秋节食用为主的传统节日食品。月饼可按加工工艺、地方风味特色和馅料进行分类。按加工工艺，月饼可分为焙烤类月饼（以焙烤为最后熟制工序的月饼）、熟粉成型类月饼（将米粉或面粉等预先熟制，然后制皮、包馅、成型的月饼）、其他类月饼。按地方风味特色，月饼可分为广式月饼、苏式月饼、京式月饼、津式月饼、潮式月饼以及其他月饼。京、津月饼以素见长，油与馅都是素的；而广式月饼则轻油而偏重于糖；苏式月饼则取浓郁口味，油糖皆注重，且偏爱于松酥；潮式月饼饼身较扁，饼皮洁白，以酥糖为馅，入口香酥。其他还有云南的滇式月饼、宁波的宁式月饼、上海的沪式月饼等品种，风味特点各有千秋。京式月饼，做法如同烧饼，外皮香脆可口。苏式月饼外皮吃起来层次多且薄，酥软白净、香甜可口，外皮越松越白越好。广式月饼的外皮和西点类似，以内馅讲究著名。传统台湾月饼又称月光饼，以红薯为材料，口味甜而不腻，松软可口。按馅料，月饼可分为蓉沙类月饼（包括莲蓉类、豆沙类、栗蓉类及杂蓉类）、果仁类月饼（包括以核桃仁、杏仁、橄榄仁、瓜子仁等果仁和糖等为主要原料加工成馅的月饼）、果蔬类月饼（枣泥类、水果类、蔬菜类）、肉与肉制品类月饼、水产制品类月饼、蛋黄类月饼、其他类月饼。

另外，我国月饼品种繁多，就口味而言，有甜味月饼、咸味月饼、咸甜味月饼、麻辣味月饼。按饼皮，则有浆糖皮月饼、油糖皮月饼、酥皮月饼三大类。酥皮月饼组织层次分明，精巧玲珑，松酥软绵，滋润香甜，入口化渣；浆糖皮月饼丰满油润，皮薄馅多，清香肥厚，腴而不腻，能很好地保持饼皮和馅心中的水溶性或油溶性物质，组织紧密，松软柔和，不易干燥、变味，便于贮存和运输；油糖皮类月饼外感较硬，口感酥松，不易破碎，携带方便。就造型而论，有光面月饼、花边月饼、老寿星月饼等。

近年来，月饼的新风味、新款式层出不穷，比较流行的主要有以下品种。

1）冰皮月饼。特点是饼皮不需烤，冷冻后进食。以透明的乳白色表皮为主，也有紫色、绿色、红色、黄色等颜色。口味各不相同，外表十分谐美趣致。

2）果蔬月饼。特点是馅料主要是果蔬，馅心滑软，风味各异，馅料有哈密瓜、凤梨、荔枝、草莓、冬瓜、芋头、乌梅、橙等，又配以果汁或果浆，因此更具清新爽甜的风味。

3）海味月饼。海味月饼是比较名贵的月饼，有鲍鱼、鱼翅、紫菜、瑶柱等，口味微带咸鲜，以甘香著称。

4）椰奶月饼。椰奶月饼以鲜榨椰汁、淡奶及瓜果制成馅料，含糖量、含油量都较低，口感清甜，椰味浓郁，入口齿颊留香。

5）茶叶月饼。茶叶月饼称新茶道月饼，以新绿茶为主馅料，口感清淡微香，有一种茶蓉月饼是以乌龙茶汁拌和莲蓉，较有新鲜感。

6）保健月饼。这是近年才出现的功能月饼，有人参月饼、钙质月饼、药膳月饼、含碘月饼等。

7）象形月饼。象形月饼过去称猪仔饼，馅料较硬，多为儿童之食；外观生动，是孩子们的新宠物。

8）迷你月饼。迷你月饼主要形状小巧玲珑，制法精致考究。

7.1.3　月饼生产的主要原辅材料

月饼生产的主要原料是糖、油、面、蛋等，辅料很多，如各种果仁、肉制品及果蔬加工制品等。对于主要原料的特性在原、辅材料一章中已详细介绍，这里不再重述。

7.2　月饼生产基本工艺

7.2.1　工艺流程

月饼生产的基本工艺流程如图 7-1 所示。

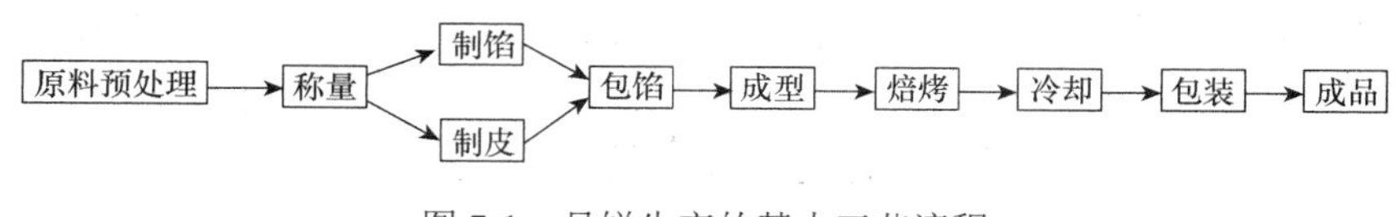

图 7-1　月饼生产的基本工艺流程

7.2.2　操作要点

1. 皮料的制作

（1）糖浆的调制

糖浆的种类很多，其调制方法因其配方不同而异，比较简单的一种是 1kg 砂糖加 0.5kg 水，煮沸溶解即成，但必须待糖浆冷却后才能使用。也可在其中加适量饴糖或添加 2.5%的柠檬酸，这两种物质对糖起抗结晶作用，有利于制品外皮保持柔软。

（2）面团的调制

首先将煮沸溶化过滤后的糖浆及食品添加剂投入调粉机中，再启动调粉机，充分搅拌，使其乳化成为乳浊液。然后加入小麦粉继续搅拌，调制成软硬适中的面团。停机以后，将面团放入月饼成型机的面料斗中待用。或将调制好的软硬适宜的面团搓成长条圆形，并根据产品规格大小要求，将其分摘成小剂，用擀面杖或用手捏成面皮即可。

2. 馅料的调制

馅料俗称馅心，是用各种不同原料，经过精细加工而成，馅料的制作是月饼生产中重要的工艺过程之一。

先将糖粉、油脂及各种辅料投入调粉机中，待搅拌均匀后，再加入熟制小麦粉继续搅拌均匀，即成为软硬适中的馅料，放入月饼成型机的馅料斗中待用。

3. 包馅、成型

开动月饼成型机，输面制皮机构、输馅定量机构与印花机构相互配合即可制出月饼生坯。包馅时，皮要厚薄均匀，不露馅。成型时，面皮收口在饼底。

4. 焙烤

成型后的生坯经手工或排盘机摆盘以后，送入烤炉内进行焙烤。焙烤时间要严格控制，焙烤过熟，则饼皮破裂，露馅；焙烤时间不够，则饼皮不膨胀，带有青色或乳白色，饼皮出现收缩和“离壳”现象，且不易保存。焙烤成熟后，应完全冷却后再进行包装。

5. 冷却

月饼的水、油、糖含量较高，刚刚出炉的制品很软，不能挤压，不可立即包装，否则会破坏月饼的造型，而且热包装的月饼容易给微生物的生存繁殖创造条件，使月饼变质。因此，月饼出炉以后应进入输送带，待其凉透后可装箱入库。现在也有许多厂家采用趁热包装工艺，即月饼表面冷却到60℃左右便开始包装，但必须使用复合材料严格密封，并按照品种规格的不同，使用合适的脱氧剂或保鲜剂，才能达到所要求的保质期。

7.3 酥皮月饼生产工艺

酥皮月饼是指用面团包入油酥制成酥皮，再经包馅、成型、焙烤而制成的一类月饼。酥皮由两层面团构成，外层为筋性面团，内层为油酥面团，故产品层次分明，精巧玲珑，酥松软绵，滋润香甜。

油酥皮月饼是使用较多的油脂、较少的糖与小麦粉调制成饼皮，经包馅、成型、焙烤而制成的口感酥松、柔软的一类月饼。

浆酥皮月饼以小麦粉、转化糖浆、油脂为主要原料调制成糖浆面团，再包入油酥制成酥皮，经包馅、成型、焙烤而皮有层次，口感酥松的一类月饼。

水油酥皮月饼用水油面团包入油酥制成酥皮，经包馅、成型、焙烤而制成的饼皮层次分明，口感酥松、绵软的一类月饼。

7.3.1 酥皮月饼的制作流程

1. 配方举例（质量分数）

1）皮料：高筋粉 18，饴糖 2，猪油 5.5，水 4。

2）酥料：高筋粉 11，猪油 5.5。

3）馅料：糖板油 15，猪油 6，白糖 16，熟制小麦粉 8，桂花 1.5，瓜子仁 3，冬瓜糖5，香葱1.5。

2. 工艺流程

水油酥皮月饼的制作工艺流程如图7-2所示。

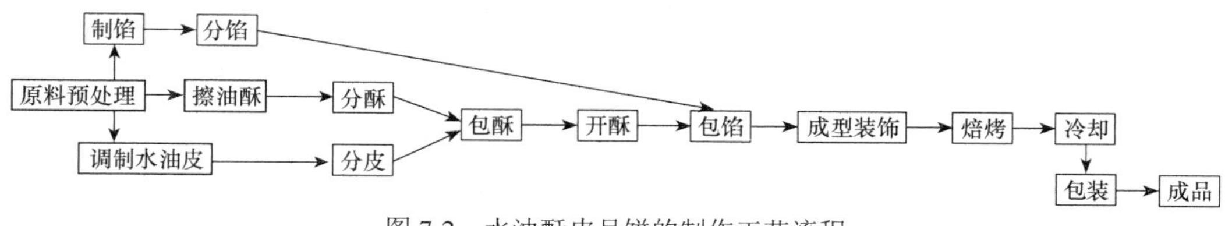

图7-2 水油酥皮月饼的制作工艺流程

3. 制作方法

（1）筋性面团的调制

先将配方中的油脂与水充分搅拌成乳化状，然后加入小麦粉搅拌或揉搓成不粘手的、软硬适宜的柔软面团。要求面团有良好的弹性和延伸性。

（2）油酥面团的调制

将配方中的小麦粉与油脂充分揉搓均匀，使其与筋性面团软硬一致即可。油酥主要是利用油脂的润滑性对小麦粉进行间隔，使分子间的黏性减少而变酥。它不需要产生任何面筋，因此，最好使用面筋含量低的面粉。

（3）酥皮的制作

1）小开酥。将筋性面团搓成条，用刀切或用手掐的办法将条分成等份的若干小节。然后，将每个小节用手掌压扁，包进按比例要求的油酥。碾压成薄片，卷成筒，又碾成薄片，继续卷成筒，再碾压成小圆饼形，即成酥皮，谓之小开酥。

2）大开酥。将筋性面团置于工作台上碾成片状，按比例于片上铺上一层油酥。油酥铺于片的一端，占整片面积的一半。将另一端覆盖在油酥上，四周封严。将左右两端均匀向中间折叠成三层，再碾成长方形片状。自外向内卷成筒，搓成条，用刀切或用手掐分成所需分量的小节。再将小节碾压成圆饼形，即成酥皮，称之为大开酥。

（4）馅的调制

馅料大体分成炒制馅和擦制馅两类。

1）炒制馅。炒制馅就是将制馅原料经过预处理加工后，再加温进行炒制成馅。炒制馅由于工艺比较烦琐，制馅时间较长。

① 枣泥馅：以红枣、面粉、食糖等为主要原料，经加热炒制而成。馅色呈红褐，味甜质软，滋润爽口。配方如下：

配方一（京式，质量分数）：白糖35，红枣37，植物油6，核桃仁2，玫瑰2，饴糖10。

配方二（广式，质量分数）：小麦粉10，白糖36，红枣36，植物油8，核桃仁2，瓜子仁2，桂花2，青梅1，瓜条2。

制作过程：选用核小肉厚的优质红枣，除去杂质、烂枣，用容器浸泡，洗涤干净，然后入蒸笼煮烂。冷却后，用筛隔办法除去皮核即为坯子。将坯子与糖（饴糖）一起加温炒制，火不宜大，以免焦化。待水分蒸发到一定程度时，取一小点枣泥出锅进行水冷却，视其软硬适宜，加进油脂及其他辅料，炒制均匀即可。

② 豆沙馅：以赤小豆及小豆粉加白糖、油脂等，经加工炒制而成。色呈黄褐，柔软细腻，沙而润滑。配方如下：

配方一（京式，质量分数）：赤小豆 40，白糖 40，饴糖 5，植物油 12，桂花 2。

配方二（广式，质量分数）：赤小豆 22，白糖 33，饴糖 5，植物油 8，面粉 5，绿豆粉 6，玫瑰 2，瓜条 2，青梅 2，核桃仁 3。

制作过程一：将赤小豆冲洗干净，除去杂质，浸泡片刻，加温煮溶，沥水过筛成豆沙坯；然后加糖炒制浓缩，其浓缩度与枣泥的浓缩度一样；再加油脂、辅料及小麦粉，炒匀即可。

制作过程二：先将赤小豆冲洗干净，用沸水煮制片刻；然后起锅沥水晒干，破豆，去皮，粉碎；生产时再用适量水先将豆粉浸泡湿润，然后与糖一起下锅炒制，待浓缩火色适宜，加入油脂等辅料炒制均匀。

两种加工方法，后者炒制时间短，色泽也比前者强，但其食用风味略差。

③ 莲蓉馅：以莲子肉、白糖、植物油等主要原料经炒制而成。是南方糕点中常用馅料。大致的比例为 1kg 莲子肉配入白糖 1.5～2kg，配入食用油 0.3～0.45kg。

④ 红莲蓉馅：将莲仁用 0.5%～0.8%的碱水加热煮沸，搓揉去皮，清水漂洗干净后用钩针钩出莲芯，再加热煮到能用手捏烂，入口松发，即出锅控水，用绞肉机绞烂成泥状；双灶生产，先将 0.5kg 植物油（一般采用花生油）、1～1.5kg 白糖用一灶炒到金黄色，然后加入上述绞烂的莲蓉，进行炒制，并用另一灶将剩余的白糖、植物油加温炒制，待莲蓉炒至浓缩到一定程度时改用小火，分多次逐渐将剩余的正在炒制的油糖加入，炒制浓缩到适宜程度即可。

⑤ 白莲蓉馅：像红莲蓉馅一样，将莲仁采取同样的方法去皮出芯；然后加温用小火将莲仁焖至软烂、起蓉状，用布袋盛装控去水分；将控水莲蓉加白糖、植物油一起倒入锅中加温炒制；待浓缩到适宜程度（取小样测试）即起锅冷却，包装贮藏。

2）擦制馅。擦制馅即临生产时将制馅的原料进行混合搅拌、揉擦成产品所需的馅。

① 制作要点：首先将所配馅料混合均匀，然后将其揉擦成软硬适中并有一定黏性的混合体即可。

② 注意事项：制馅的所有用料都必须是熟制品；小麦粉需用熟面，使其不至于在馅中水分的影响下产生面筋而影响制品的松酥性和爽口性；擦馅以使各种馅料充分和匀为原则，不要过长时间的使用机械搅拌，以免加强面筋的形成，影响制品口感；各种辅料的预处理一定要按制品的要求严格处理，不能带进杂味、异味和杂质；馅料中一般使用砂糖，不宜使用糖粉；如果制品是以某一种辅料来命名，如莲蓉月饼、瓜仁月饼等，则必须突出某一辅料的风味，加重其比例，将其他辅料置于次要地位；带有芳香气味的原料在馅中只宜配入一种，如玫瑰、桂花不能同时加入一种馅中，麻蓉、花椒不宜在同一品种中使用，椒盐馅不能加入带酸味的果脯，这样才能保证香味和口味的纯正；注意皮料的软硬度，而且皮、馅软硬度要尽量一致，以方便操作。

（5）包馅成型

将事先分摘称量并经搓圆的馅心包入酥皮内，把酥皮封口处捏紧，随手压成的扁圆形饼坯即成。酥皮月饼一般不需借助饼模成型，每只生坯一般为 100g 左右，其中皮占 40%左右，馅占 60%左右。

（6）焙烤

酥皮月饼要求“白脸”，同时饼坯遇热后膨胀起发，因此采用较低温度进行焙烤。一般要求面火温度略低，底火稍高，炉温在 150～170℃为宜。如果温度过高，饼坯易焦，或突然遇热迅速膨胀，出现饼皮“开花”现象。但是焙烤温度太低，饼坯容易发生跑糖走油，严重时会出现“油摊”。因此，正确掌握焙烤温度也是操作中一项重要环节。正常情况下，一般焙烤 20～25min。熟透的酥皮月饼，其饼面略见生酥，鼓起外凸，饼边周围呈乳黄色，起酥。如果饼面不起鼓，呈凹进状态，饼边圆周呈青色，则制品未全成熟。

7.3.2　酥皮月饼的生产实例

1. 牛肉月饼

（1）原料配方（质量分数）

1）皮料：高筋粉 13，香油 2。

2）酥料：高筋粉 28，香油 14。

3）馅料：熟制标准粉 6，白糖 12，酱牛肉 10，植物油 0.3，核桃仁 3，花椒粉 0.03，芝麻仁 3，香油 4。

（2）制作要点

1）原料预处理。将核桃仁浸泡去涩切碎，酱牛肉切成四方小丁。

2）将皮料、酥料、馅料按各自的调制方法调制好后，进行大开酥；搓条分节，逐个包入馅料拍打成扁圆形；入炉前用食用红色素加印“牛肉”字样标记于表面，入炉焙烤，待两面呈麦黄色熟透，出炉冷却，包装成品。

2. 果仁酥月饼

（1）原料配方（质量分数）

1）皮料：高筋粉 18，猪油 3.1，水 9。

2）酥料：高筋粉 10，猪油 5。

3）馅料：标准粉 4.5，糕粉 4，白砂糖 12，玫瑰糖 2.5，冬瓜糖 20，橘饼 2.5kg，核桃仁 3，瓜子仁 1.5，麻仁 3，花生油 3，凉开水 4。

（2）制作要点

1）制筋性面团。先将高筋粉过筛，使面粉松散并混入空气，以降低面团因揉和形成的面筋量；然后将高筋粉倒在操作台上，于高筋粉中间加入猪油和水，用手搅匀，再慢慢和入高筋粉，调成软硬合适的筋性面团。

2）制油酥面团。高筋粉过筛后倒在操作台上，加入猪油拌匀，双手反复搓揉，即成油酥面团；调制油酥时切勿加水，其软硬度要与筋性面团一致，否则，在包酥、擀酥时会使酥皮爆裂。

3）包酥、擀酥。采用小开酥法，皮与酥的比例取 2∶1，擀成圆形酥皮。

4）制馅。先把标准粉文火炒熟（不黄、不焦）；把核桃仁炒熟，除去衣皮，切碎；把麻仁洗干净，烘干至半熟；把冬瓜糖、橘饼等分别切碎，然后将标准粉倒在操作台上，投入白砂糖、玫瑰糖、橘饼、冬瓜糖、核桃仁、瓜子仁、麻仁、花生油等充分翻拌均匀，边翻边加入凉开水拌匀，可分几次加入，水量不宜过多，馅心过湿、过干都会影响制品质量；最后撒入糕粉，拌匀，调成能手捏成团的馅心。

5）包馅、成型、焙烤、冷却、包装。焙烤 7～25min，烤至饼面生酥，呈鼓状外凸，饼边圆周呈乳黄色，起酥至月饼完全成熟，否则需继续焙烤；月饼成熟后取出，冷却后经包装即为成品。

3. 蛋白月饼

（1）原料配方（质量分数）

1）皮料：小麦粉 19，猪油 4，温水 10。

2）酥料：小麦粉 20，猪油 10。

3）馅料：糖粉 29，花生仁 5，芝麻 3，核桃仁 2，瓜子仁 1，蛋清 4。

4）薄面：面粉 2。

（2）制作要点

1）和皮。将小麦粉过筛后，置于操作台上，围成圈，将猪油、温水搅拌均匀后加入小麦粉。混合均匀调成软硬适宜的筋性面团。

2）调酥。将小麦粉过筛后，置于操作台上，围成圈，加猪油擦成软硬适宜的油酥性面团。

3）制馅。糖粉过筛后，置于操作台上，围成圈，将小料（花生仁、芝麻、核桃仁）加工切碎置于中间；蛋清搅打后，投入与小料搅拌均匀，将糖粉擦入。

4）成型。将调制好的皮面摁成中间厚的扁圆形，把油酥包入中间；破酥后再擀成中间厚的扁圆形，将馅包入，封严剂口；拍成圆饼，摆入烤盘；扎一气孔，准备焙烤。

5）焙烤。首先调好炉温，面火弱，底火强，将摆好生坯的烤盘送到炉内，烤成表面乳白色底面红褐色，熟透即可出炉，冷却后包装、装箱。

（3）注意事项

1）剂口必须封严，气孔不宜扎得过大。

2）擦馅时蛋清要擦匀，如果擦制后馅硬，可适量增加蛋清的用量，一定不能加水。

3）为了防止馅内的糖长时间受热熔化，焙烤时炉温不能太低，时间不宜太长。

7.4 糖浆皮月饼生产工艺

糖浆皮月饼又名浆皮月饼、糖皮月饼，是指以小麦粉、转化糖浆、油脂为主要原料制成饼皮，经包馅、成型、焙烤而制成的饼皮紧密、口感柔软的一类月饼。糖浆皮月饼皮薄、馅多，其饼皮是由转化的糖浆调制成的面团，且面团中一般有少量饴糖，也有全用饴糖调制的，因而饼皮甜而松，含油不多，主要是凭借高浓度糖浆来降低面筋含量，使面团既有韧性，又有可塑性。制品外表光洁，纹印清楚，口感清香肥厚，腴而不腻，不易干燥、变味。

7.4.1　糖浆皮月饼的制作

1. 原料配方（质量分数）

1）皮料：小麦粉 34，糖浆 17.5，猪油 5，植物油 4，转化糖浆 2，碱水 0.1。

2）馅料：熟小麦粉 3，绿豆面 12，糖粉 12，猪油 4，植物油 4，香油 2，转化糖浆 1，花生仁 2，芝麻 2，核桃仁 1，瓜子仁 0.5，食盐 0.5，葱 2，花椒粉 0.1。

3）薄面与装饰料：小麦粉 1，鸡蛋 1.5。

2. 工艺流程

糖浆皮月饼的工艺流程如图 7-3 所示。

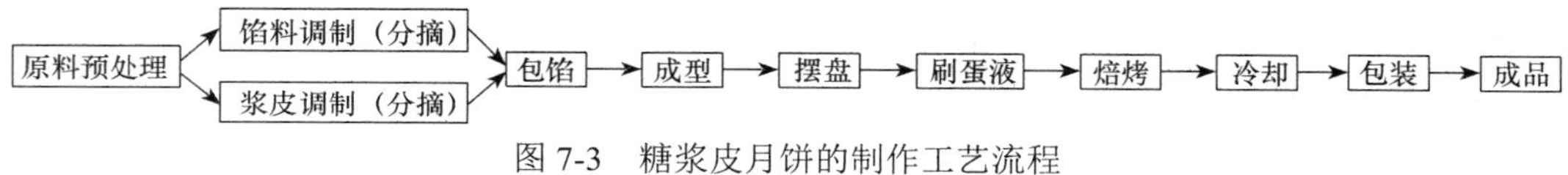

图 7-3　糖浆皮月饼的制作工艺流程

3. 制作要点

（1）原料预处理

按要求对各种原料进行筛选，除净杂质；果料经筛选后还要用磁石探查一遍，以防金属杂物混入。原料称量要准确，以保证产品质量稳定，然后配制好糖浆、碱水及馅料。

（2）调制面皮

将小麦粉倒在操作台上，围成圈，加入糖浆、碱水和油，搅匀后加入小麦粉，调成软硬适宜的面团，静置 20～30min 后再使用。使用时用手把面团揉叠一下，使组织更加紧密、柔软，然后搓成圆形长条，并根据产品规格大小，将其分摘成小剂，用擀面杖或用手捏成面皮备用。

调制糖浆面团时应注意以下几点：

1）糖浆必须冷却后才能使用，不可使用热糖浆。

2）糖浆与水（碱水等）充分混合，才加入油脂搅拌，否则成品会起白点。使用碱水的糕点，一定控制好用量，碱水用量过多，成品不够鲜艳，呈暗褐色；碱水用量过少，成品不易着色。

3）在加入小麦粉之前，糖浆和油脂必须充分乳化，如果搅拌时间短，乳化不均匀则调制的面团发散，容易走油、粗糙、起筋，工艺性能差。

4）小麦粉应逐次加入，最后留下少量小麦粉以调节面团的软硬度，如果太硬可增加些糖浆来调节，不可用水。

5）面团调制好以后，面筋胀润过程仍继续进行，所以不宜存放时间过长，否则面团韧性增加，影响成品质量。

（3）制馅心

1）调硬馅。如果配料中有叉烧肉、冬瓜糖、橘饼等，需要将其切碎再用。拌和时，先把各种果料和砂糖拌和，围成圈，加入油、水，拌匀，将其平铺在操作台上，撒入粉料等，搅拌均匀。在拌制果料馅时，要特别注意用水量，可根据各种馅料的干湿和粉料的吸水能力灵活掌握，不能千篇一律。水分过多，影响制品成型，焙烤时，还会出现跑糖或摊底现象；水分过少，馅心不油润或发沙僵硬，皮馅黏结不牢，成熟后容易皮馅脱离。

2）调软馅。很多软馅月饼的馅心是单一的，如莲蓉素月、豆蓉素月等，此类月饼的馅心可以直接使用。但有些品种的软馅，在调制时就需要将果肉和冬瓜糖切碎，拌和均匀，方可使用。

3）分摘。馅心调制好后，可用特制的模子挤压成小剂，或手工分摘，手工分摘的馅心必须过秤，以免超量或不足，将分摘的馅心逐一搓圆备用。

（4）包馅

将馅心放在面皮上，捏展面皮，边捏边转，使面皮不断延伸，直到包住馅团，即可合拢封口（封口处不宜捏结）。包馅时为防止粘结，可取少许生小麦粉，但不可过多，以免影响饼面的光洁或脱皮。

（5）成型

糖浆皮月饼的成型多使用木制印模，使用前将饼模刷洗干净并晾干，再用少许花生油将模槽涂抹一遍，以便成型脱出。操作时将包好的饼团放入模内，模口朝上，饼团封口亦朝上，用手按压，先重后轻，直到饼团扁平。印模按压好后，将印模两侧往案板边上轻轻磕打一下，翻过来，使模口朝下，一手持模敲拍，一手接住脱落的饼坯，脱模后即成型完毕。目前，规模较大的厂家则采用全自动月饼成型设备。

（6）刷蛋液

月饼面上刷蛋液，目的是增加产品光泽度，改善制品成色，成熟后饼面呈金黄色。操作时，选用新鲜鸡蛋，将蛋白、蛋黄充分混合均匀并起发即可使用。刷蛋液动作要轻，扫刷要均匀，花纹凹处不宜刷过多，以免糊住花纹。

（7）焙烤

俗话说“三分做，七分烤”，焙烤是糖浆皮月饼生产中十分重要的一环，必须严格遵守操作规程。焙烤之前，先调好烤炉温度。

第一炉月饼焙烤温度要适当高些，面火为220～230℃，底火为270℃左右，以后各炉均在200～220℃。糖浆皮月饼要求表面呈金黄色，可以适当加强面火的热辐射。在正常焙烤温度下，一般糖浆皮月饼要焙烤15min才能成熟，烤到饼面呈金黄色，腰鼓起，无青边，即表明制品已成熟应立即出炉。

（8）包装

糖浆皮月饼现在一般都采用独立包装。方法是：焙烤出炉后趁热包装（月饼表面温度不低于 60℃），每个月饼单独用复合塑料袋密封起来。为了延长保存期，通常还在复合袋内放置脱氧剂或保鲜剂，这样可使保存期在常温下达到3个月以上。如使用脱氧剂，则对包装材料的透气性有严格的要求，一般要求透氧率低于20mL/（m^2 • atm • 24h），适用的复合包装材料有 PET/PE、PA/PP、KOP/CPP、KOP/PE 等。而使用保鲜剂则对包装材料的阻气性无严格要求，但有可能带来轻微的酒精味。

7.4.2　糖浆皮月饼的制作实例

1. 双麻月饼

（1）原料配方（质量分数）

1）皮料：小麦粉 35，糖浆 17.5，猪油 9.5，碳酸氢铵 0.1。

2）馅料：熟制小麦粉 13，糖粉 13，猪油 6.5，香油 1，花生仁 2，核桃仁 1，青梅 1，橘饼 1，桂花 1，水 1.5。

3）薄面与装饰料：面粉 1，芝麻仁适量。

（2）制作过程

1）制糖浆。以 1kg 白砂糖加 0.5kg 水，煮沸溶化后加入饴糖，再煮约 5min（饴糖可用柠檬酸代替并在制皮料时加入）。糖浆制成后，需存放 15～20d，使蔗糖转化为还原糖后使用。这样做可减少湿面筋的形成，使制成的糖浆面团质地柔软，延伸性良好，不收缩，还可降低面团吸水率。

2）制皮。小麦粉过筛，置于操作台上，围成圈，加入糖浆、碳酸氢铵溶液、猪油，必须搅匀，否则皮熟后会起白点。同时，要注意碳酸氢铵溶液用量，多则易烤成褐色，影响外观，少则难于上色。待糖浆、碳酸氢铵溶液、猪油搅匀后，逐步拌入小麦粉，拌匀后搓揉，直到皮料软硬适度，皮面光洁即可。皮料制好后，存放时间不宜过长，一般在 1h 内用完，否则由软变硬，筋性增加，可塑性差。

3）制馅。将熟制小麦粉、糖粉搅拌均匀，过筛后，置于操作台上，围成圈。把小料（花生仁、核桃仁、青梅、橘饼、桂花）加工切碎置于中间，同时加入猪油、香油和适量的水，搅拌均匀，与拌好糖粉的熟制小麦粉擦匀，软硬适宜。

4）包馅成型。取一小块皮面，摁成中间厚的扁圆形，将馅料包入，剂口朝上，装入特制的铁圈内。按实后，翻过来取下铁圈，摆在操作台上，将干净的湿布铺在表面，用毛刷蘸水，往返地刷。待制品表面刷出白浆，取下湿布，将制品沾上精选后的芝麻，翻过来再次摆在操作台上，用同样的方法，将底面沾好芝麻，摆入烤盘，扎一气孔，准备焙烤。包馅时基本按皮占 35%、馅占 65%的比例进行包制。

5）焙烤。调好炉温，底火大于面火。将摆好生坯的烤盘送入炉内焙烤，待底面烙成微黄色时抽出，在饼面上涂刷蛋液，再放回炉内烘至熟透出炉。

（3）注意事项

1）和皮时油、浆必须中和好，面团要成型好，防止出油。

2）第一次焙烤后，一定略微晾冷后再进行第二次焙烤，防止裂墙跑馅。

2. 银星玫瑰月饼

（1）原料配方（质量分数）

1）皮料：小麦粉 34，糖浆 17.5，猪油 6，植物油 2.5，碳酸氢铵 0.15。

2）馅料：熟制小麦粉 13，糖粉 13，植物油 5.5，香油 2，花生仁 2.5，芝麻 1，核桃仁 1.5，糖玫瑰 3，水 1.5。

3）薄面与装饰料：小麦粉 1，砂糖 3，蛋液 1.5。

（2）制作过程

1）调面团。将小麦粉过筛后置于工作台上，围成圈。加入猪油、植物油、糖浆和碳酸氢铵溶液，充分搅拌使其乳化。形成悬浮状液体时，倒入小麦粉中，调制成软硬适宜的面团。

2）制馅。将熟制小麦粉、糖粉搅拌均匀过筛，放在操作台上，围成圈。把小料（花生仁、芝麻、核桃仁、糖玫瑰）加工切碎置于中间，同时加入植物油、香油和适量的水，搅拌均匀，与拌好糖粉的熟制小麦粉擦匀，软硬适宜。

3）成型。取一小块皮面，摁成中间厚的扁圆形，包入馅料。剂口朝上，装入特制的铁圈内。摁实后，翻过来取下铁圈。表面均匀地刷上蛋液，再撒上大粒的砂糖。扎一气孔，摆入烤盘，略晾后焙烤。

4）焙烤。调好炉温，将摆好生坯的烤盘送入炉内。初上炉时，炉温稍高。待制品定型后适当降低炉温，面火、底火一致，烤成底面红棕色，表面金黄色，有蛋液的光亮，砂糖粒洁白。熟透出炉，冷却后装箱。

（3）注意事项

1）调制面团时糖浆、猪油、植物油必须充分搅匀。

2）蛋液要刷匀，待蛋液略干后，均匀撒上砂糖，防止糖化。

7.5　油糖皮月饼生产工艺

油糖皮月饼是使用较多的油与小麦粉、糖等调制成饼皮，经包馅、成型、焙烤而制成的造型完整、花纹清晰的一类月饼。饼皮一般含油量高，不是用糖浆和面，而是用糖、水、油、面直接混合调制而成。成品口感酥松，不易破碎，携带方便。

7.5.1　油糖皮月饼的制作

1. 原料配方（质量分数）

1）皮料：小麦粉 31，白糖 12，猪油 12。

2）馅料：小麦粉 13，白糖 12，香油 6，蜂蜜 2，芝麻仁 2，核桃仁 3，瓜子仁 2，冬瓜糖 2，玫瑰 2，青梅 2，葡萄干 2，橘饼 1.5，桂圆肉 1，果脯 2，猪油 3。

2. 工艺流程

油糖皮月饼的工艺流程如图 7-4 所示。

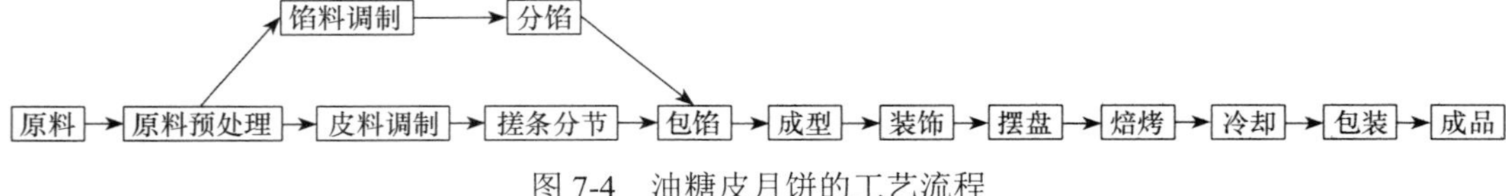

图 7-4　油糖皮月饼的工艺流程

3. 制作过程

（1）皮料调制

油糖皮月饼的调制不论是采用手工调制还是机械调制，均需先将糖、水、蛋、饴糖等搅拌均匀，然后加入油脂搅拌均匀，使其充分混匀成乳状，最后加入小麦粉混合，搅拌成软硬适宜的面团。

制作要点：

1）在加入小麦粉之前，尽量使糖在液状原辅料中进行充分搅拌溶解。

2）在加入小麦粉后，进行搅拌的时间不宜过长，以免生成过量的面筋和导致油脂外渗。

3）如果在皮料中加有鲜蛋，必须将蛋搅打至发泡后方可加入，否则会影响皮料的膨松度。

4）所有包馅制品一个共同注意的问题就是皮料与馅料必须软硬一致。

（2）馅料的调制

馅料的调制基本与水油酥皮月饼擦制馅料的调制相同，即将所有馅料混合揉擦成软硬适宜并有一定黏性即可。

油糖皮月饼的焙烤与糖浆皮月饼相同。

7.5.2 油糖皮月饼的配方

1. 葡萄干馅月饼配方（质量分数）

1）皮料：小麦粉31，白糖12，猪油12。

2）馅料：小麦粉13，白糖12，猪油3，香油6，核桃仁3，瓜子仁2，冬瓜糖2，玫瑰2，蜂蜜2，橘饼1，桂圆肉1，果脯1，葡萄干5。

2. 果脯馅月饼配方（质量分数）

1）皮料：小麦粉31，白糖12，猪油12。

2）馅料：小麦粉13，白糖12，猪油3，香油6，核桃仁3，瓜子仁1，芝麻2，冬瓜糖2，玫瑰2，蜂蜜2，橘饼1，桂圆肉1，青梅1。

3. 五脯月饼配方（质量分数）

1）皮料：高筋粉31.5，白糖12.5，鸡蛋1，香油11，小苏打0.3。

2）馅料：小麦粉7，白糖10，香油2，蜂蜜10，苹果脯6，梨脯6，桃脯4，杏脯4，菠萝脯4，桂花1。

各种果脯均需经过蜜制入馅，味道浓郁，故亦叫“蜜制五脯月饼”；皮料中所配白糖，须加水及适量柠檬酸，加温煮制成糖浆后方可投料。

4. 枣泥月饼配方（质量分数）

1）皮料：小麦粉32，白糖12.5，香油10，鸡蛋1.5，小苏打0.3。

2）馅料：枣泥 45.5，核桃仁 5，芝麻 3。

5. 灵芝月饼配方（质量分数）

1）皮料：小麦粉 32，白糖 12.5，香油 11，鸡蛋 1，小苏打 0.3。

2）馅料：小麦粉 6，白糖 10，核桃仁 3，青梅 3，芝麻 2，桃脯 2，杏脯 2，苹果脯 2，冬瓜糖 3，蜂蜜 10，桂花 1.5，瓜子仁 1.5，橘饼 1，葡萄干 2，桂圆肉 1，梨脯 2，灵芝酒 1.5。

7.6 其他月饼生产工艺

7.6.1 奶油皮月饼

奶油皮月饼是指以小麦面粉、奶油和其他油脂、糖为主要原料制成饼皮，经包馅、成型、焙烤而成的饼皮呈乳白色，具有浓郁奶香味的一类月饼。

1. 原料配方（质量分数）

1）皮料：小麦粉 34，糖粉 13，猪油 4，奶油 5，鸡蛋 3，碳酸氢铵 0.2，水 6。

2）馅料：熟制小麦粉 13，糖粉 13，猪油 4，香油 2，花生仁 3，瓜子仁 0.5，果脯 1，青梅 1，葡萄干 1，青红丝 1.5，桂花 1，果酱 2。

3）薄面与装饰料：小麦粉 1，鸡蛋 2。

2. 工艺流程

奶油皮月饼的工艺流程如图 7-5 所示。

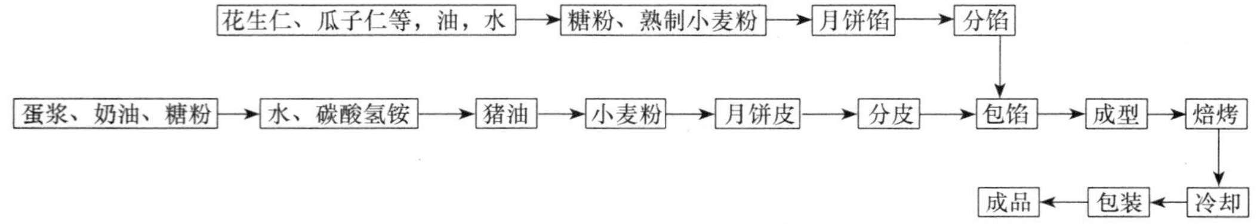

图 7-5　奶油皮月饼的工艺流程

3. 制作过程

（1）月饼皮的调制

将小麦粉过筛后，置于操作台上，围成圈。加入糖粉，将蛋液和用手擦软的奶油与糖粉擦匀。然后加入水和碳酸氢铵溶液，搅拌均匀。再加入猪油，充分搅拌，乳化后，徐徐加入小麦粉，揉擦成柔软、细腻的酥性面团。

（2）月饼馅的调制

将熟小麦粉、糖粉搅拌均匀，过筛后，置于操作台上，围成一圈。将小料加工切碎放在中间，同时加入植物油和适量的水，搅拌均匀，与拌好糖粉的熟小麦粉擦匀成软硬适宜的馅料。

（3）成型

取一小块面皮，揿成中间略厚的扁圆形，均匀包入馅料。剂口朝上，装入特制的铁圈内，按实后，翻过来，取下铁圈。表面均匀地刷上蛋浆，扎一气孔，摆入烤盘，略晾后焙烤。

（4）焙烤

调好炉温，将已摆好生坯的烤盘送入炉内。初上炉，炉温稍高。待制品定型后，适当降低炉温，底面一致。烤成表面红黄色，有蛋液的光亮，底面红褐色。熟透出炉，冷却后装箱。

4. 注意事项

1）和皮时油、水、糖必须中和好，防止面团出油上筋。

2）调制好的面团要迅速成型。

3）掌握好炉温，防止馅内糖化或跑馅。

4）铁圈的内径 7.2cm、高 2.1cm。

7.6.2　蛋调皮月饼

蛋调皮月饼是指以小麦粉、糖粉、鸡蛋、油脂为主要原料调制成饼皮，经包馅、成型、焙烤而制成的口感酥松，具有浓郁蛋香味的一类月饼。

1. 原料配方（质量分数）

1）皮料：小麦粉 28，糖粉 10，植物油 9，鸡蛋 7，转化糖浆 3，碳酸氢铵 0.3，水 1。

2）馅料：熟制小麦粉 14，糖粉 14，植物油 6.5，香油 2，花生仁 2，芝麻仁 1，核桃仁 1，瓜子仁 0.5，果脯 1，青梅 2，瓜条 1，葡萄干 1，桂花 1，水 2。

3）薄面与装饰料：小麦粉 1，植物油 0.5，鸡蛋 1。

2. 工艺流程

蛋调皮月饼的工艺流程如图 7-6 所示。

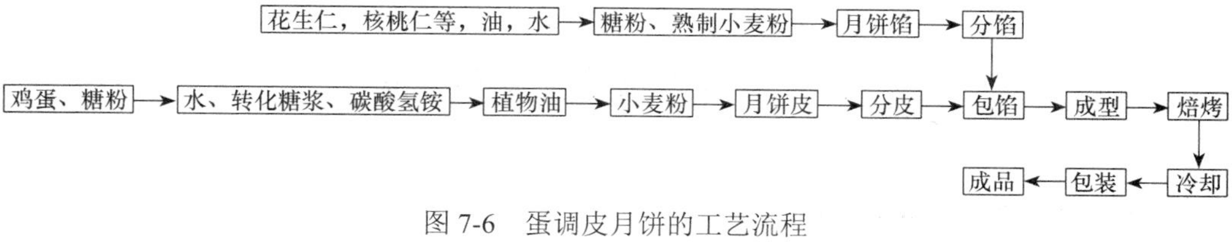

花生仁，核桃仁等，油，水 → 糖粉、熟制小麦粉 → 月饼馅 → 分馅 → 包馅

鸡蛋、糖粉 → 水、转化糖浆、碳酸氢铵 → 植物油 → 小麦粉 → 月饼皮 → 分皮 → 包馅 → 成型 → 焙烤 → 冷却 → 包装 → 成品

图 7-6　蛋调皮月饼的工艺流程

3. 制作过程

（1）月饼皮的调制

将面粉过筛后，置于操作台上，围成圈。加入糖粉，将鸡蛋用清水洗净磕在糖粉上擦匀，待呈乳白色时，投入转化糖浆和适量的水及溶化的碳酸氢铵，搅拌均匀，使其溶化。再加入油，充分搅拌，乳化后，徐徐加入小麦粉，调成细腻松软的软性面团。

（2）月饼馅的调制

将熟小麦粉、糖粉拌匀，过筛后置于操作台上，围成圈。将小料加工切碎置于中间，同时加入油和适量的水，搅拌均匀，与拌好糖粉的熟制小麦粉擦匀成软硬适宜的馅料。

（3）成型

取一小块皮面，摁成中间厚的扁圆形，将一小馅均匀包入，剂口朝下，装入特制的已加热的铜模内（模内应先刷一层油），用印模印制成型。摆入烤盘，同时注意月饼坯间的距离，再扎一气孔，准备焙烤。

（4）焙烤

首先调好炉温，底火大，面火小。将摆好生坯的烤盘送入炉内，用稳火焙烤。待制品上、下均为红棕色，熟透出炉。表面均匀及时地刷上蛋液。然后翻动出模，冷却后装箱。

4. 注意事项

1）皮面调制时，蛋必须和糖粉擦成乳白色。油、水必须乳化好，皮面呈软质面团。

2）馅与皮面的软硬要适宜，防止包制时顶破皮面。

3）炉温必须掌握好，应采用底火大，面火小。

4）本品使用铜模为好。如没有铜模，可使用铁模。

5）模印的大小要与铜模的直径相同，防止压印时出飞边。

6）制品退模时应先表面朝下，防止中间凹陷。

7）铜模的内径为 8cm，高为 3.5cm。

7.6.3　巧克力月饼

该类月饼的饼皮为纯巧克力，制作饼皮的关键就是控制好工作环境，其中主要控制好温度、湿度，使巧克力团块和其他皮料一样，便于包馅成型。

7.6.4　冰皮月饼

冰皮月饼的制作较简单，馅料必须在包馅前加工成熟馅，然后将冰皮粉料加入适量冷开水和成合适的面团，包馅成型后即为成品，但在贮存及销售过程中要冷藏。

7.7　月饼的质量标准及要求

7.7.1　月饼的感官质量要求

广式月饼的感官质量要求如表 7-1 所示，苏式月饼的感官质量要求如表 7-2 所示；其他类型月饼的感官质量要求可参考 GB/T 19855—2015《月饼》。

表 7-1　广式月饼的感官质量要求

项目	要求
形态	外形饱满，表面微凸，轮廓分明，品名花纹清晰，无明显凹缩、爆裂、塌斜、塌塌和露馅现象
色泽	饼面棕黄或棕红，色泽均匀，腰部呈乳黄或黄色，底部棕黄不焦，无污染

续表

项目		要求
组织	蓉沙类	饼皮厚薄均匀，馅料细腻无僵粒、无夹生，椰蓉类馅芯色泽淡黄、油润
	果仁类	饼皮厚薄均匀，果仁大小适中，拌和均匀，无夹生
	水果类	饼皮厚薄均匀，馅心有该品种应有的色泽，拌和均匀，无夹生
	蔬菜类	饼皮厚薄均匀，馅心有该品种应有的色泽，无色素斑点，拌和均匀，无夹生
	肉与肉制品类	饼皮厚薄均匀，肉与肉制品大小适中，拌和均匀，无夹生
	水产制品类	饼皮厚薄均匀，水产制品大小适中，拌和均匀，无夹生
	蛋黄类	饼皮厚薄均匀，蛋黄居中，无夹生
	其他类	饼皮厚薄均匀，无夹生
滋味与口感		饼皮松软，具有该品种应有的风味，无异味
杂质		正常视力无可见杂质

表 7-2　苏式月饼的感官质量要求

项目		要求
形态		外形圆整，面底平整，略呈扁鼓形；底部收口居中不漏底，无僵缩、露酥、塌斜、跑糖、露馅现象，无大片碎皮；品名戳记清晰
色泽		饼面浅黄或浅棕黄，腰部乳黄泛白，饼底棕黄不焦，不沾染杂色，无污染现象
组织	蓉沙类	酥层分明，皮馅厚薄均匀，馅软油润，无夹生、僵粒
	果仁类	酥层分明，皮馅厚薄均匀，馅松不韧，果仁粒形分明、分布均匀；无夹生、大空隙
	肉与肉制品类	酥层分明，皮馅厚薄均匀，肉与肉制品分布均匀，无夹生、大空隙
	其他类	酥层分明，皮馅厚薄均匀，无空心，无夹生
滋味与口感		酥皮爽口，具有该品种应有的风味，无异味
杂质		正常视力无可见杂质

7.7.2　月饼的理化及微生物要求

广式月饼的理化指标如表 7-3 所示；苏式月饼的理化指标如表 7-4 所示；其他类型月饼的理化指标可参考 GB/T 19855—2015《月饼》。

表 7-3　广式月饼的理化指标

项目		蓉沙类	果仁类	果蔬类	肉与肉制品类	水产制品类	蛋黄类	水晶皮类	冰皮类	奶酥皮类
干燥失重/%	≤	25	28	25	22	22	23	40	45	26
蛋白质/%	≥	—	5	—	5	5	—	—	—	—
脂肪/%	≤	24	35	23	35	35	30	18	22	30
总糖/%	≤	50						40	45	40
馅料含量/%	≥	65						30	50	50

表 7-4 苏式月饼的理化指标

项目		蓉沙类	果仁类	肉与肉制品类	果蔬类
干燥失重/%	≤	24	22	30	28
蛋白质/%	≥	—	5	5	—
脂肪/%	≤	24	35	33	22
总糖/%	≤	38	30	30	48
馅料含量/%	≥	35			

月饼的微生物限量如表 7-5 所示。

表 7-5 月饼的微生物限量

项目	采样方案[a]及限量			
	n	c	m	M
菌落总数[b]/（CFU/g）	5	2	10^4	10^5
大肠菌群[b]/（CFU/g）	5	2	10	10^2
霉菌[c]/（CFU/g）	≤150			

a. 样品的采集及处理按《食品安全国家标准 食品生物学检验 总则》（GB 4789.1）执行。

b. 菌落总数和大肠菌群的要求不适用于现制现售的产品，以及含有未熟制的发酵配料或新鲜水果蔬菜的产品。

c. 不适用于添加了霉菌成熟干酪的产品。

7.7.3 广式月饼常出现的质量问题及控制措施

1. 月饼皮不回软、不回油、无光泽

（1）糖浆质量问题

糖浆质量问题主要是糖浆熬制工艺和配料比例不合理，糖浆浓度不合适，应注意以下几个方面。

1）糖、水、酸的比例。白砂糖∶水∶柠檬酸为 100∶（35～40）∶（0.08～0.12）比较合适。加水量过少，熬制时间短，蔗糖转化不够，用这种糖浆做出的月饼皮一般很难回软、回油。酸应该在糖液煮沸后再加入。所用的酸普遍采用柠檬酸，也有使用新鲜果汁（柠檬汁、菠萝汁等），或者两者同时使用。

2）糖浆熬制终点的确定。糖浆熬制终点温度一般为 110～115℃，糖浆的浓度一般应为 78%～81%，浓度与温度直接相关。

转化糖浆的转化率为 60%～75%，转化越充分，葡萄糖和果糖生成量越多，月饼越易回油、回软。

3）加热容器。使用铜锅或不锈钢锅为宜，工厂使用能控制温度的不锈钢蒸汽夹层锅。

（2）选料的注意事项

1）使用月饼专用粉。小麦粉面筋含量过高，调制的面团筋度过强，饼皮易起皱、无光泽、回油慢。

2）碱水浓度要合适。碱水浓度太低会造成碱水加入量大，会减少糖浆用量，影响饼皮回油，最好使用浓度高的碱水，且用量要合适。

（3）饼皮面团的调制

碱水和糖浆要充分搅拌均匀，再加入植物油充分搅拌乳化均匀。

面团调制时间不宜过长，防止面团起筋、渗油。

（4）其他方面

印模成型时不能沾太多面粉。

表面刷涂用的蛋液需用全蛋加蛋黄调制，比例要合适[蛋黄与全蛋比例为 1∶（2～4）]，调好后再过筛出炉。馅料的油脂含量应合适，既可保证馅料柔软、细腻，又能使部分油脂转移到饼皮部分，以利于回油，使饼皮光亮、柔软。

2. 月饼颜色过深

（1）焙烤温度过高

一般入炉后面火高于底火，但面火若过大，烤制时间过长，容易造成月饼颜色过深。

（2）刷蛋液操作不当

表面刷蛋液过多，蛋液过稠，刷涂不匀，会造成焙烤后颜色过深、不均匀。除了蛋液所用蛋黄和全蛋比例合适外，最好烤前和烤中各刷一次，刷蛋液不能过多，且要均匀一致。

（3）皮面面团中的碱水或小苏打用量过多

加入碱水、小苏打的主要目的是中和转化糖浆中过多的酸，防止月饼产生酸味而影响口感。同时，碱水和小苏打也能起到使饼皮适度膨松的作用。但是，如果加入量过多则会造成饼皮颜色过深，还会破坏饼皮外观和质构，产生裂缝露馅、花纹模糊的现象。

（4）转化糖浆熬制温度过高

转化糖浆熬制温度过高，容易褐变，会造成月饼焙烤后颜色过深。

3. 月饼收腰、凹陷、凸起、变形、花纹模糊

（1）面粉筋力过大，面团韧性太强

广式月饼面团属于可塑性面团，即无筋性、无韧性、无弹性面团，从而保证月饼不变形、花纹清晰。所以，应主要使用低筋粉，可添加少量的中筋粉或高筋粉。

（2）转化糖浆浓度过低

转化糖浆较稀、水分含量高，调制面团时易起筋，增强了面团弹性、韧性，使月饼产品变硬、变形。

糖浆浓度是决定面团软硬度和加工工艺性能的关键因素。

糖浆面团主要是靠糖的反水化作用来限制面筋蛋白质的吸水和胀润的，从而防止面团形成过度面筋。

气温、原辅料的温度也直接影响面团的加工工艺性能，适宜的温度（30～40℃）可促进面筋大量形成。

油脂既限制面筋蛋白质吸水、胀润，又与糖浆作用。糖浆具有很大的黏性，可以使油脂在面团中保持稳定，避免发生“走油”等质量问题。因此，调制糖浆面团时，如果配方中油脂用量增加，糖浆浓度也应增大。

4. 月饼底部焦煳、有黑斑

（1）底部焙烤温度过高

正确的焙烤工艺：面火高（210～230℃），底火低（170～190℃），焙烤至表面上色后（大概需 7min），出炉刷上一层薄薄的蛋液（一定要刷均匀），晾干后再次刷蛋液，然后再烤约 7min，表面颜色合适后再根据情况调节底火温度。

（2）皮馅比例不合适或包馅不好

馅料包入过多或包馅不好，造成饼底皮过薄、破皮、露馅、渗油，产生焦化现象。

（3）烤盘不干净

前次使用的烤盘内杂质或残渣必须清理干净。

5. 月饼露馅、表面开裂

包馅时封口不紧，应严格检查、控制。

馅料质量差，配比不合理，焙烤时造成胀馅、破皮，应严格控制馅料质量（含水量、含油量、颗粒度、软硬度等）。

饼皮中加入过多的碱水或膨松剂。每批碱水使用前应做小批量试验，确认达到理想效果后再用。

6. 饼皮没有黏性、不易成型

（1）饼皮配方不合理

油脂过多或糖浆不足，都会引起饼皮脆、没有黏性。需相对增加糖浆用量，减少油脂用量。

（2）面团调制时加料顺序和搅拌时间不合理

通常应糖浆与碱水先搅拌均匀，然后再加油脂，再搅拌均匀，接着加入 2/3 左右的小麦粉搅拌成团，再加入剩余的小麦粉拌匀即可。如果一次性加入小麦粉，若没有充分搅拌，饼皮黏性就不好，不易成型；若搅拌过度，面筋形成过度，饼皮易收缩。

7. 馅料质量问题

有的厂家掺杂使假，以次充好，如加入大量淀粉和白芸豆冒充莲蓉。在馅料中加油过多，造成馅料粗糙、干燥、发渣、不油润、不光滑、不细腻。另外，馅料还从饼皮中吸油，影响饼皮不油润、不光亮、不细腻。因此，应该严格控制馅料质量。

7.7.4 苏式月饼常出现的质量问题及控制措施

1. 饼皮层次不分明

1）筋性面团（水油面团）的小麦粉选择不当或未调制好，必须选择高筋粉，面团调制时需搅打至面筋至接近完全扩展，而且要松弛 20min 左右再用。

2）筋性面团和油酥面团的比例不适合，筋性面团太少。

3）筋性面团和油酥面团的软硬度不适合，或者擀酥操作方法不当，在擀酥时容易跑酥或破裂。

2. 月饼色泽不均或颜色过深，甚至焦煳

1）成型时表面干粉太多，或者刷蛋液过多、不均匀。

2）面火温度相对过高，烤制时间过长，饼皮颜色深甚至焦煳。

3. 月饼露馅、表面开裂

1）包馅时封口不紧，且封口朝下入盘。应该先封口朝下入盘，烤制地面上色后再翻过来烤。

2）馅料质量不好，水分太多，配比不合理，焙烤时会造成胀馅、破皮。

3）皮面和馅料软硬度不合适，应控制软硬度尽量一致。

思考题

1. 简述月饼的概念及分类。
2. 简要说明酥皮月饼生产的工艺流程。
3. 简要说明糖浆皮月饼生产的工艺流程。
4. 何谓大开酥、小开酥？
5. 调制糖浆面团有哪些注意事项？
6. 广式月饼常见的质量问题有哪些？应如何控制？
7. 苏式月饼常见的质量问题有哪些？应如何控制？
8. 月饼生产中常用的食品添加剂有哪些？其各有什么作用？

第 8 章　焙烤食品生产设备与工器具

☞ 知识目标

了解焙烤食品生产的主要设备；熟悉焙烤食品生产的常用工器具；掌握各类焙烤食品生产设备及工器具的主要用途。

☞ 能力目标

能够按照生产要求合理选择工器具。

☞ 相关资源

中国焙烤食品糖制品工业协会

智慧职教焙烤食品生产技术课程

智慧职教烘焙职业技能训练

8.1　焙烤食品的主要生产设备

8.1.1　搅拌设备

焙烤食品生产常用的搅拌设备一般可统称为搅拌机，按功能通常又可分为和面机和打蛋机。

1. 和面机

和面机是用来调制面团的主要设备，有立式与卧式两种。一般而言，和面机的转速有快、慢两种，可根据需要进行调节。立式和面机搅拌速度快，面团容易打出面筋，适合搅拌各种类型的面包面团，是制作面包的首选搅拌机。目前，大型的立式和面机一次可调制面团 200kg，其搅拌缸可用举缸机取下将面团倒出（图 8-1～图 8-4）。卧式和面机容量大，搅拌速度较慢，搅拌时间较长，面筋不易打出，面团一般要经过压面机反复压至具有适当筋力才能使用（图 8-5～图 8-7）。

2. 打蛋机

打蛋机是一种集搅拌面团、糖浆、油脂和打发鸡蛋三种功能于一身的多用途、多功能搅拌机，有 3～4 挡速度可供选用（图 8-8～图 8-11）。一般配备三种搅拌器：钩形搅拌器主要用于调制高黏度物料（如面团）；扇形搅拌器作用面积大，适合调制中等黏度物料（如黄油）；球形搅拌器是由不锈钢丝组成，主要是使用于工作阻力小的低黏度物料搅拌（如蛋液、面糊、鲜奶油）。

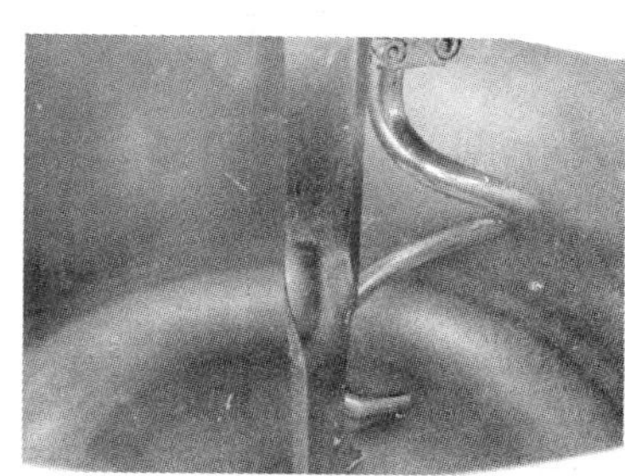

图 8-1　立式和面机（面团容量为 25kg，适合面包面团调制）的外观及搅拌器

图 8-2　立式和面机（面团容量为 50kg，适合面包面团调制）的外观及搅拌器

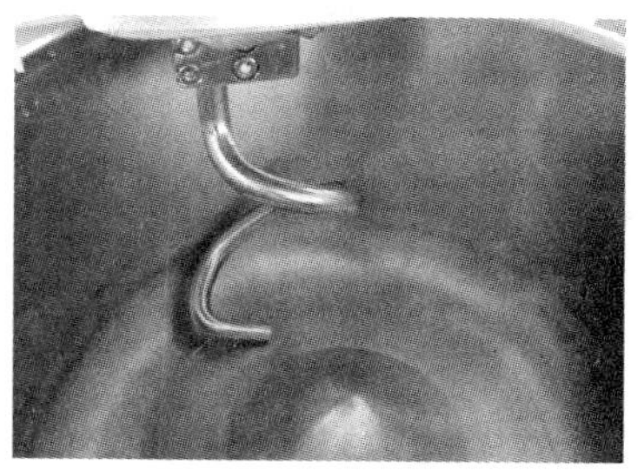

图 8-3　无中柱立式和面机（面团容量为 25kg，适合面包面团调制）的外观及搅拌器

图 8-4　立式和面机（面团容量为 200kg，适合面包面团调制）的外观及配套举缸机

图 8-5　卧式和面机（适合中式糕点面团调制）的外观及搅拌器

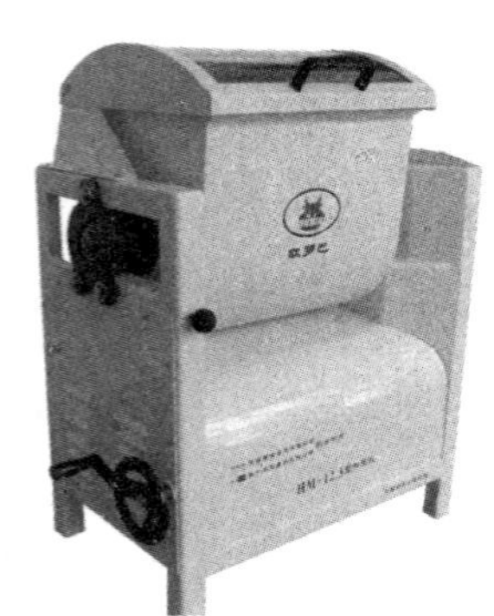
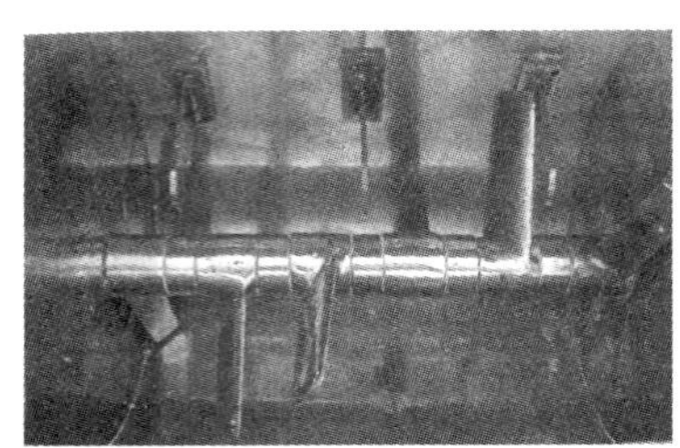

图 8-6　卧式和面机（适合饼干面团调制）的外观及搅拌器

图 8-7　其他类型的卧式和面机

图 8-8　容量为 5L 的打蛋机（鲜奶机，无级变速）

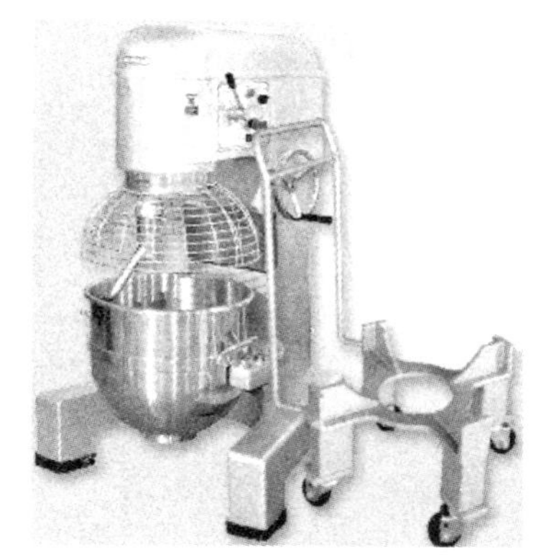

图 8-9　打蛋机（带防护罩和缸架，三挡变速）

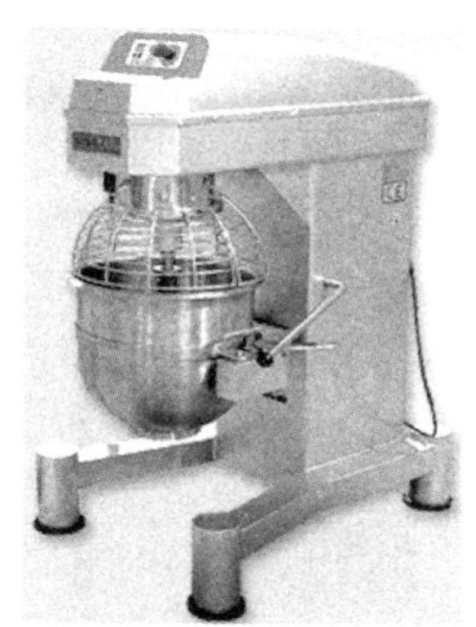

图 8-10　变频打蛋机（无级变速）

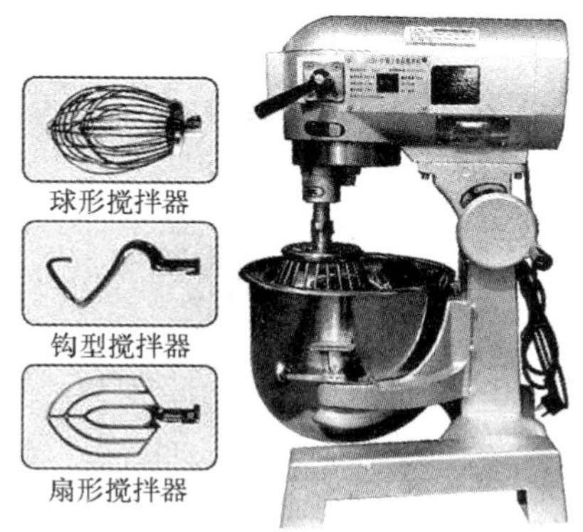

图 8-11　普通打蛋机及搅拌器

8.1.2　恒温设备

焙烤食品生产用恒温设备主要是发酵箱(图8-12～图8-14)、醒发室(图8-15～图8-18)、冰箱、冷柜、冷库等。

图 8-12　发酵箱（单门插盘式）

图 8-13　发酵箱（双门插盘式）

图 8-14　醒发箱
（插盘式，具有冷藏冻藏功能）

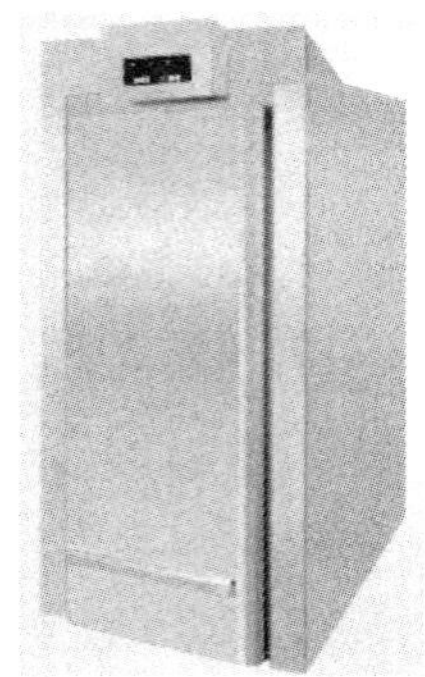

图 8-15　醒发室
（单门台车式）

图 8-16　醒发室
（双门台车式）

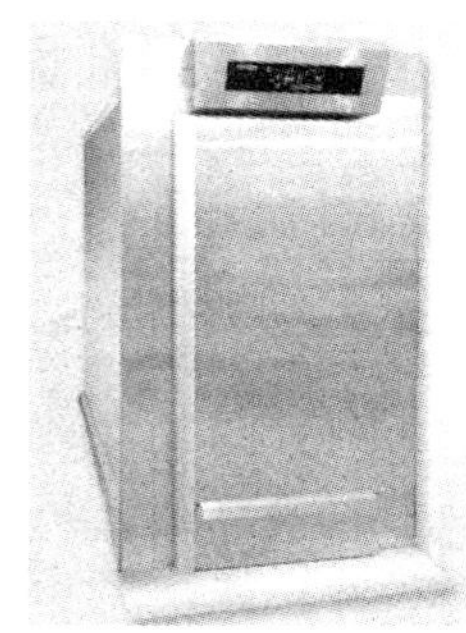

图 8-17　醒发室
（单门台车式，带冷藏）

图 8-18　醒发室
（双门台车式，带冷藏）

8.1.3　成型设备

焙烤食品常用的成型设备主要有酥皮机（开酥机）（图 8-19～图 8-21）、重复压面机（适用于含水量较少的面团，使面团输送、折叠和揉压自动连续完成，从而使面团产生筋性）（图 8-22）、手动面团分块机（图 8-23）、电动面团分块机（图 8-24）、液压面团分块机（图 8-25）、半自动分割滚圆机（图 8-26）、全自动分割滚圆机（图 8-27）、连续分割滚圆机（图 8-28）、锥形滚圆机（图 8-29）、直筒滚圆机（图 8-30）、吐司整形机（图 8-31）、法式面包整形机（图 8-32）、多功能曲奇饼干成型机（图 8-33）、冷冻曲奇饼干切片成型机（图 8-34）、桃酥成型机（图 8-35）、蛋糕灌注举缸机（图 8-36）、蛋糕灌注曲奇成型一体机（图 8-37）等。

图 8-19　酥皮机（迷你型）

图 8-20　酥皮机（重型）

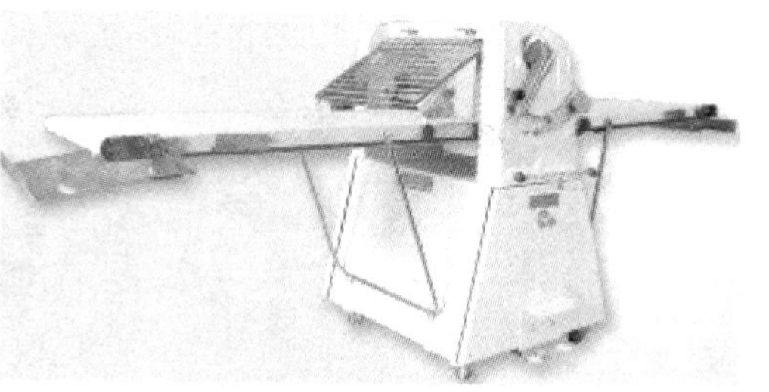

图 8-21　酥皮机（欧式）

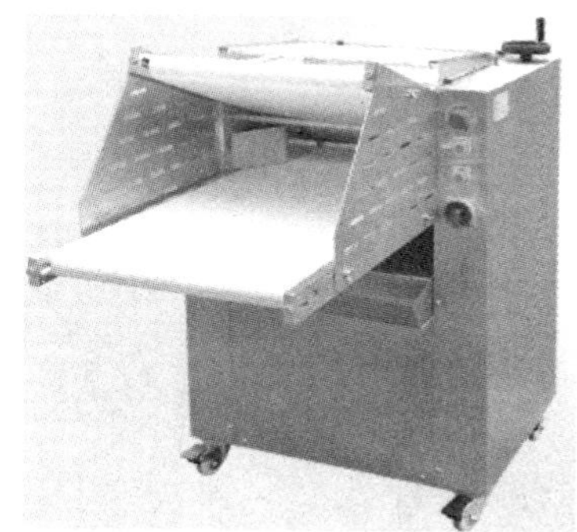

图 8-22　重复压面机

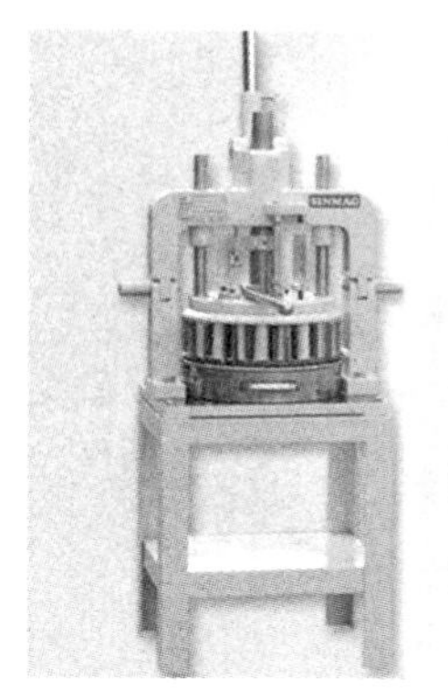

图 8-23　手动面团分块机

图 8-24　电动面团分块机

图 8-25　液压面团分块机

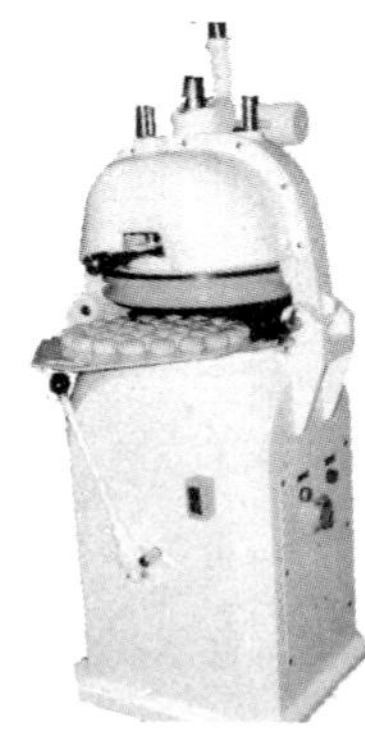

图 8-26　半自动分割滚圆机

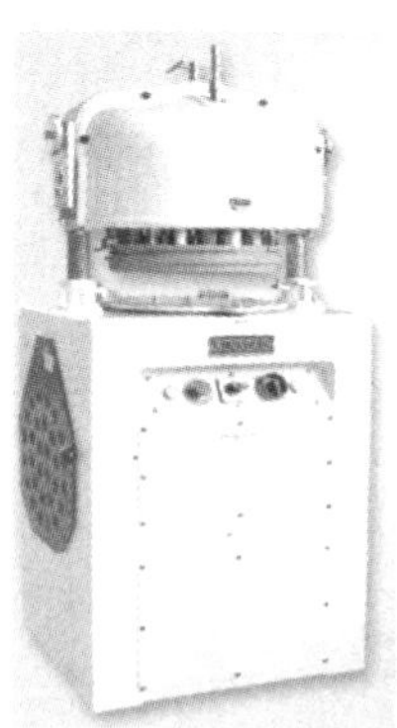

图 8-27　全自动分割滚圆机

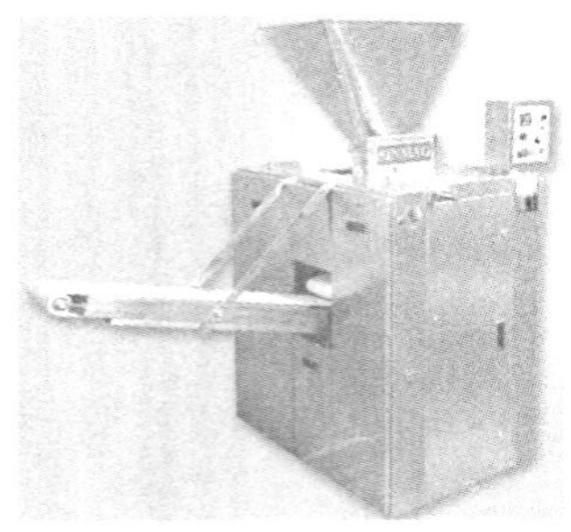
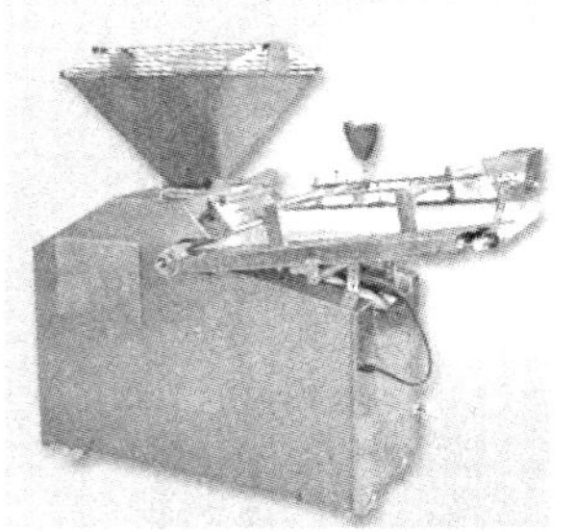

图 8-28 连续分割滚圆机

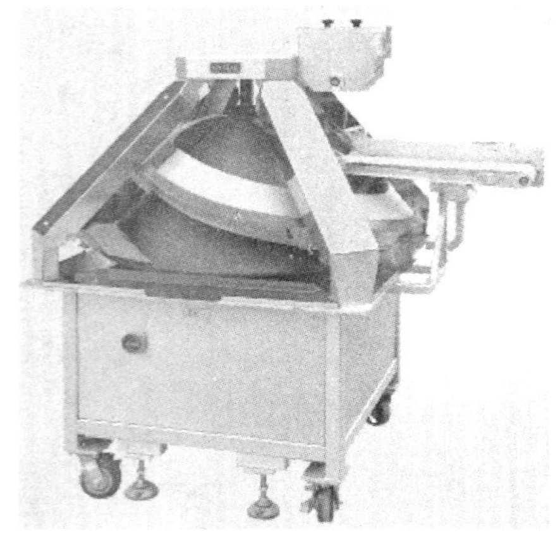

图 8-29 锥形滚圆机

图 8-30 直筒滚圆机

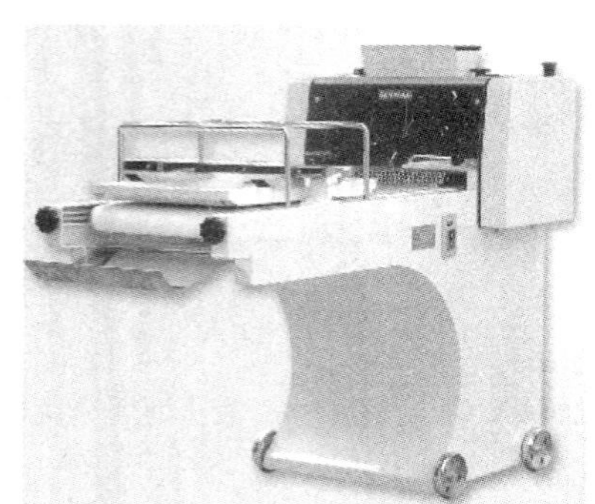
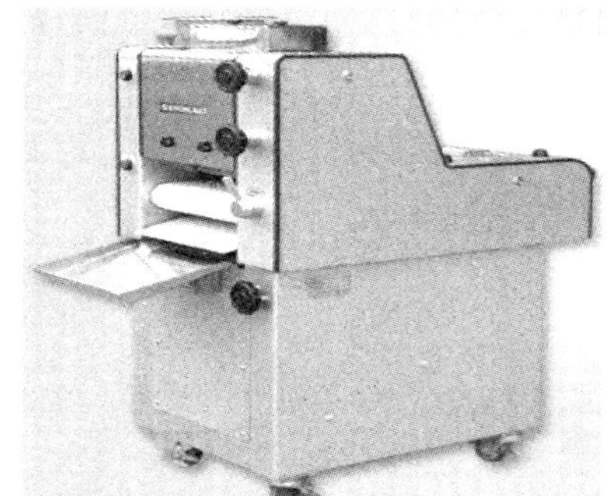
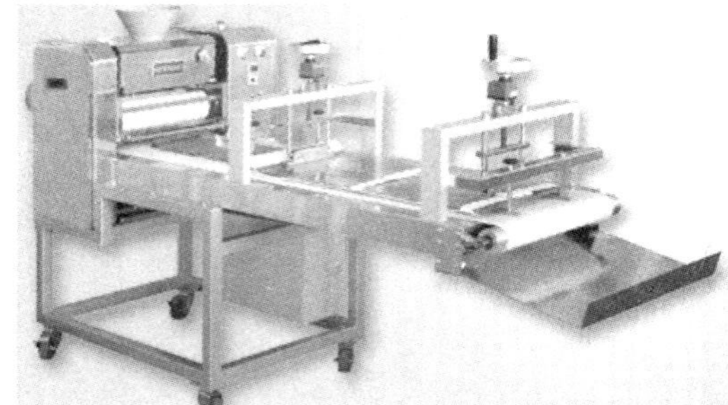

图 8-31 吐司整型机

图 8-32　法式面包整型机

图 8-33　多功能曲奇饼干成型机

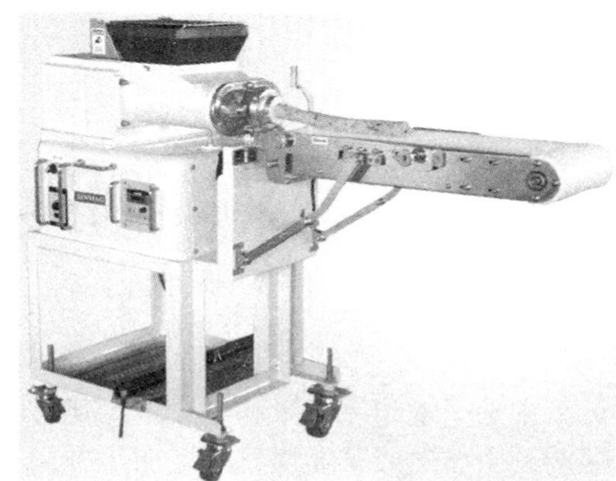

图 8-34　冷冻曲奇饼干切片成型机

图 8-35　桃酥成型机

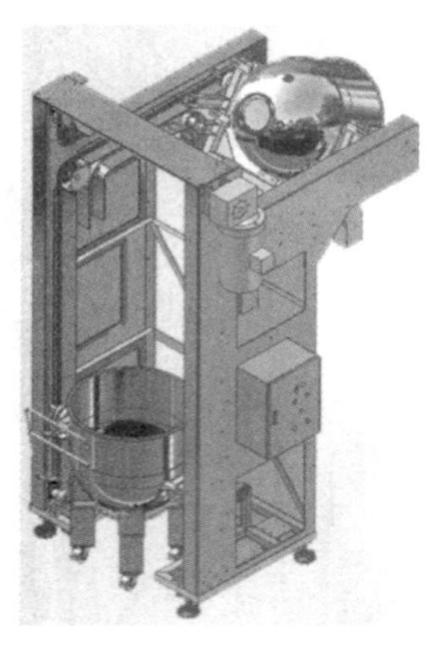

图 8-36　蛋糕灌注举缸机

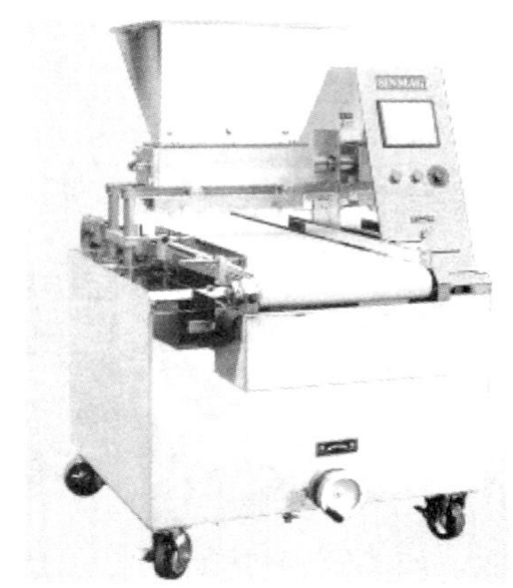

图 8-37　蛋糕灌注曲奇成型一体机

8.1.4　焙烤设备

1. 烤炉的形式与发展

烤炉的形式及其发展如下：砖制平板式烤炉→抽屉式烤炉→回转烤炉→外焚式炉→风车转炉→托盘式烤炉→隧道式烤炉。

2. 加热源

烤炉曾用过柴火、煤、木炭、焦炭、重油，其中除了木柴、木炭和焦炭外，其余燃烧都采用外焚式。目前，较新式而且普遍被采用的是电加热或工业煤气燃烧加热方式，这两种方式有使用方便、温度调节容易的优点。另外，还有采用蒸汽管式，即利用过热水蒸气或甘油，加热到 300℃以上，通过密闭管道通入烤炉内作为加热源。

3. 加热方式

烤炉最先使用的加热方式是间接式加热，即在燃烧室内，把轻油或煤气完全燃烧后得到的高温气体用管道通入烤炉内加热面包的方式，这种方法使用的加热炉称为间接加热炉。

随着工业煤气的发展，将煤气和空气混合后用管道通入烤炉内的一排排有孔的燃烧管道中，直接燃烧，称为直接加热炉。直接加热炉又可分为燃烧气体循环式（与间接式相似）、带状燃烧管式、强制对流式。

4. 常见焙烤设备

目前常见的焙烤设备有隧道烤炉（图 8-38）、层式烤炉（图 8-39）、电热风烤炉（图 8-40）、煤气热风烤炉（图 8-41）、电热风转炉（图 8-42）、上挂式电热风烤炉（图 8-43）、台车式电热风烤炉（图 8-44）、转台式电热风转炉（图 8-45）、芝士蛋糕专用烤炉（图 8-46）、泡芙专用热风炉（图 8-47）等。

图 8-38　隧道烤炉

图 8-39　层式烤炉

图 8-40　电热风烤炉

图 8-41　煤气热风烤炉

图 8-42　电热风转炉

图 8-43　上挂式电热风烤炉

图 8-44　台车式电热风烤炉

图 8-45　转台式电热风转炉

图 8-46　泡芙专用热风炉

图 8-47　芝士蛋糕专用烤炉

8.1.5　切分设备

焙烤食品常用的切分设备有蛋糕切块机（图 8-48）、吐司切片机（图 8-49～图 8-51）、面包切半机（图 8-52）、水平切割机（图 8-53）、三明治削皮机（图 8-54）等。

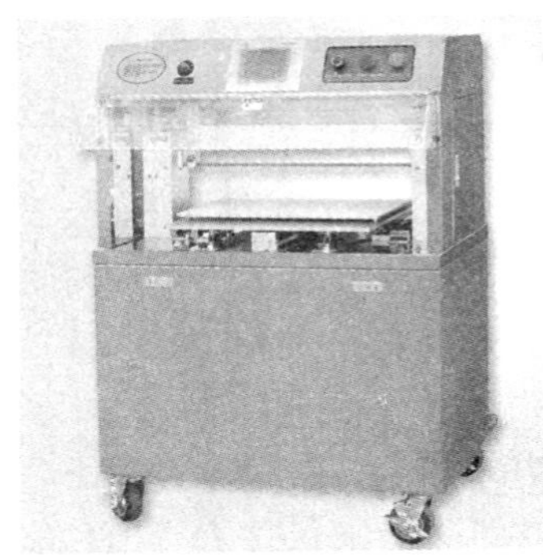

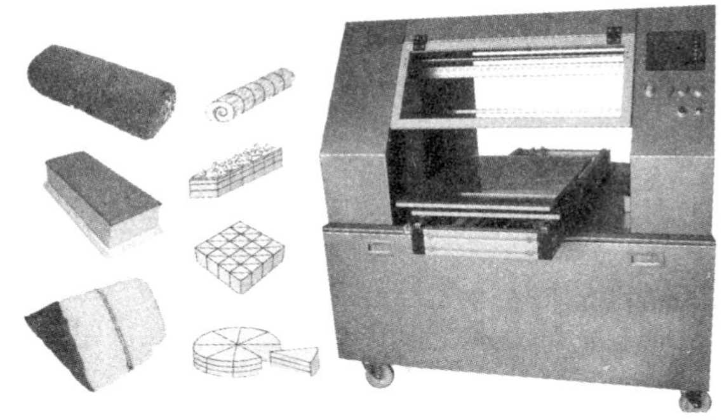

图 8-48　蛋糕切块机

图 8-49　吐司切片机

图 8-50　锯带式吐司切片机

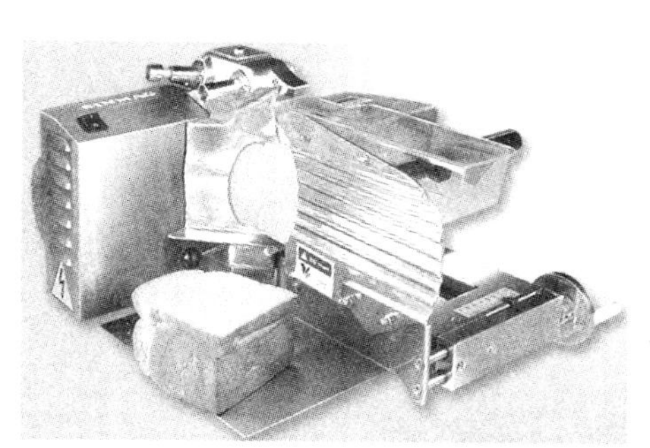

图 8-51　单片吐司切片机

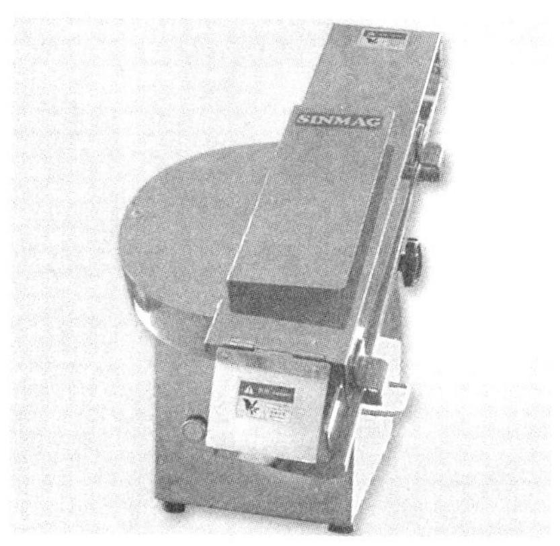

图 8-52　面包切半机

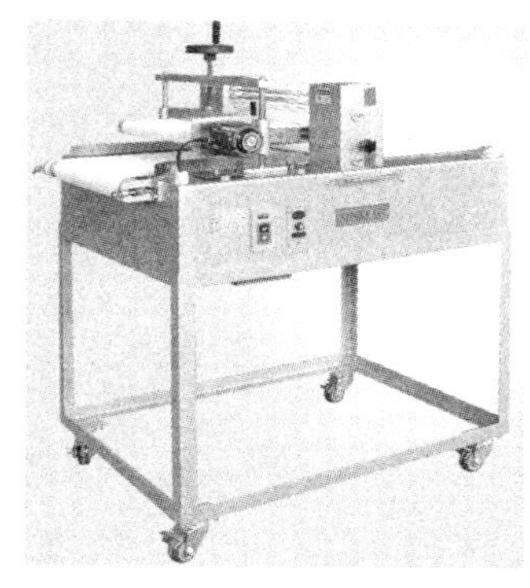

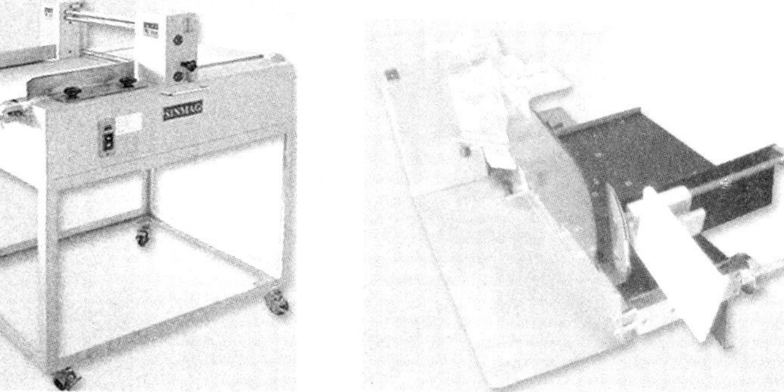

图 8-53　水平分割机

图 8-54　三明治削皮机

8.1.6　包装设备

焙烤食品常用的包装设备有多功能塑料薄膜封口机（图 8-55）、塑料袋扎口机（图 8-56）、塑料易拉罐封口机（图 8-57）、全自动包装机（图 8-58）、全自动充气包装机（图 8-59）等。

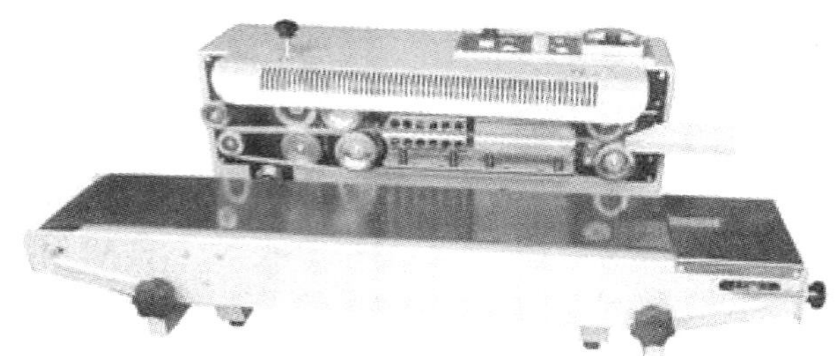

图 5-55　多功能塑料薄膜封口机

图 8-56　塑料袋扎口机

图 8-57　塑料易拉罐封口机

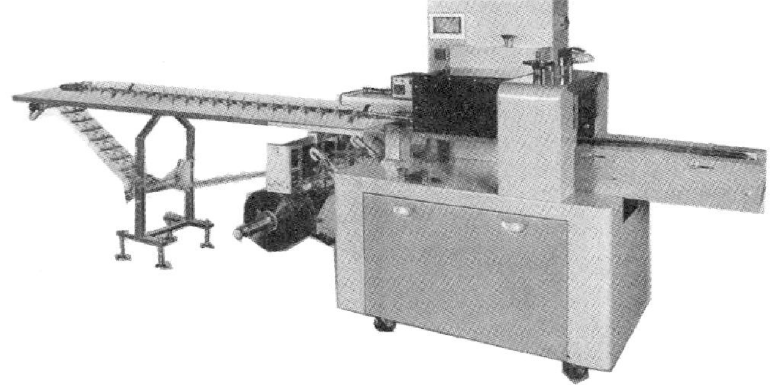

图 8-58　全自动包装机

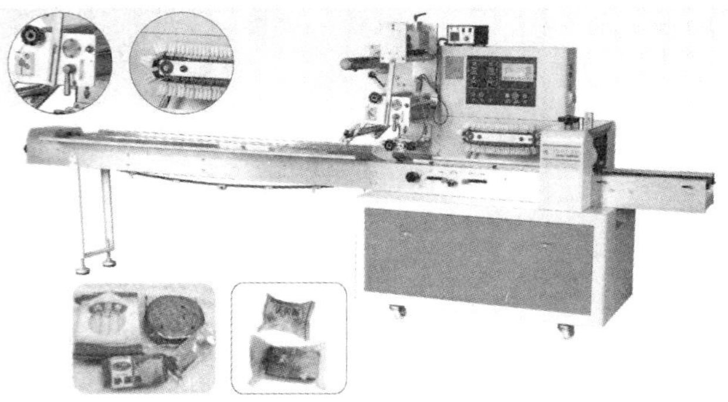

图 8-59　全自动充气包装机

8.1.7 组合设备或成套设备

焙烤食品生产常用的组合或成套设备主要有以下几种：

1）广式月饼生产线（图 8-60），主要包括全自动包馅机、月饼成型机、全自动排盘机等。

2）吐司生产线（图 8-61），主要包括面团连续分割机、锥形滚圆机、中间发酵机、整型机等。

3）酥饼面包生产线（图 8-62），包括压面机、包馅机、整型机。

4）丹麦羊角面包生产线（图 8-63），包括开酥机、分割机、整型机等。

5）饼干生产线（图 8-64），主要包括和面机、叠层机、轧面机、辊切成型机、辊印成型机、隧道烤炉、喷油机、理饼机等。

6）现烤店组合成套设备（图 8-65），主要焙烤设备和恒温设备的组合。

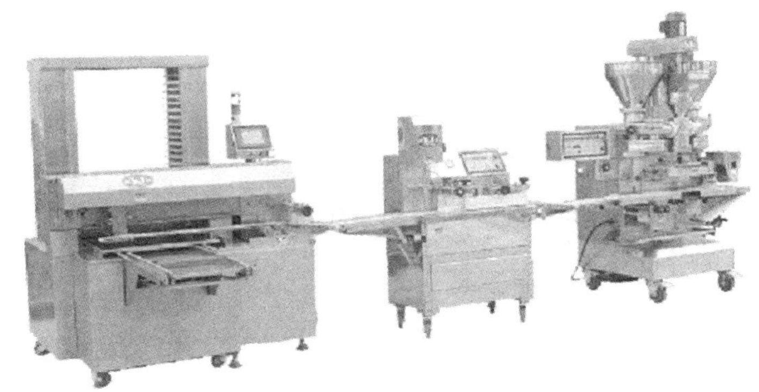

图 8-60 广式月饼生产线

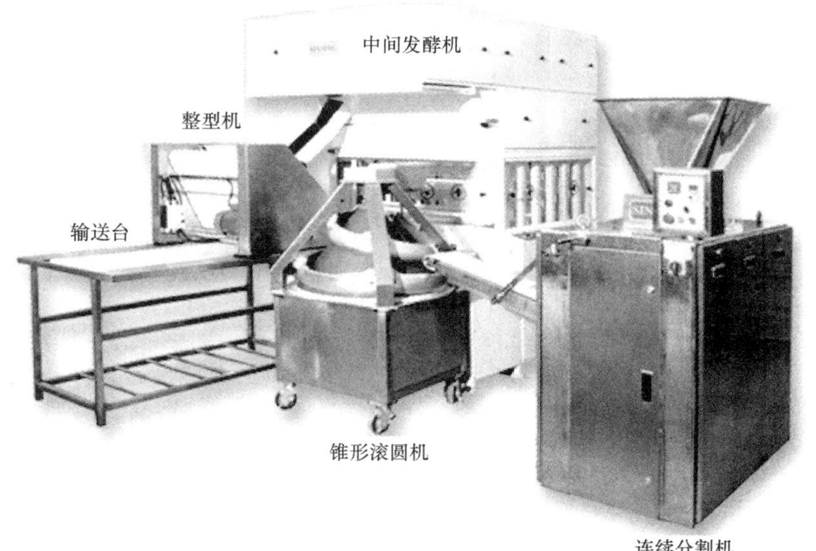

图 8-61 吐司生产线

图 8-62 酥饼面包生产线

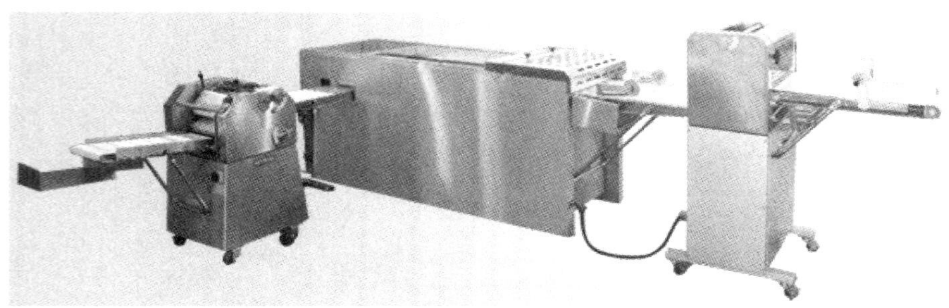

图 8-63 丹麦羊角面包生产线

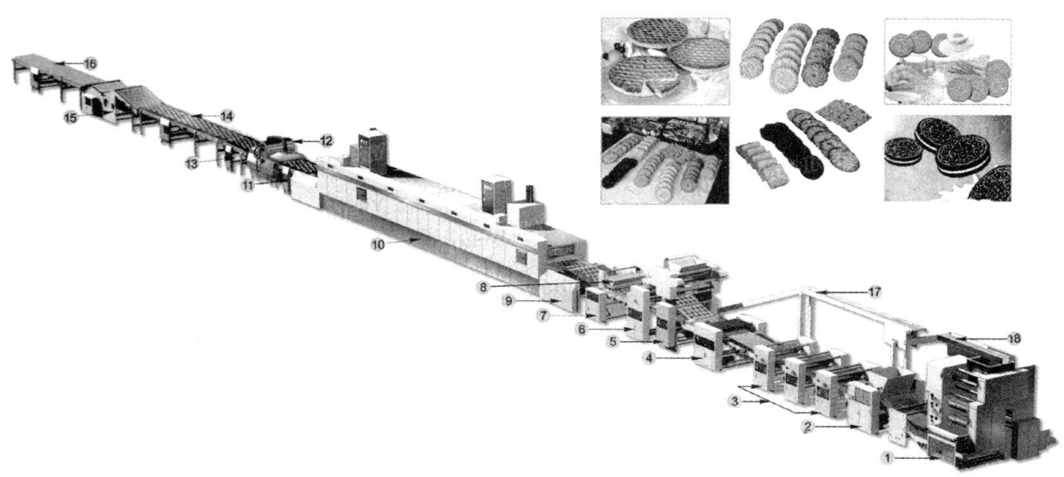

图 8-64 饼干生产线

1．叠层机；2．送料机；3．轧面机；4．辊切机；5．分离机；6．辊印机；7．动力架及入炉部分；8．撒盐/糖机；9．炉网输送及网带张紧；10．热风循环炉或燃气炉；11．炉网剥落机；12．喷油机；13．滤油机；14．冷却输送机；15．理饼机；16．包装台；17．旁通送料回收；18．往复送料

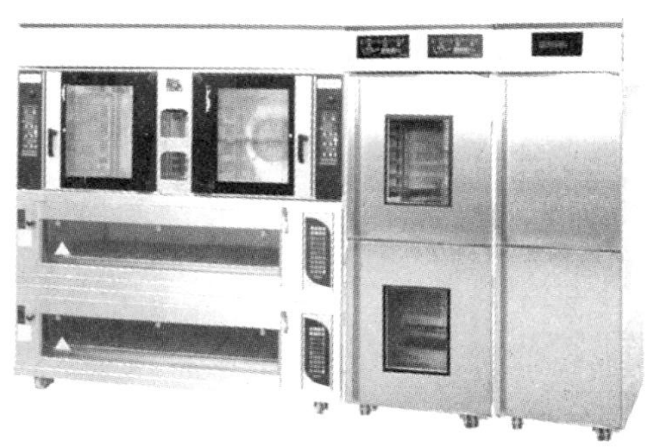
SE-942F+SM-705EE×2　DC-236S　SCD36-C2

(a) 现烤量：18盘

SM-502+SM-704E+架子　DC-236S　SCD36-C2

(b) 现烤量：8盘

图 8-65　现烤店组合成套设备

8.2　焙烤食品的常见工器具

8.2.1　称量工器具

精确的称量是糕点制作成功的第一步，而秤取材料的方法很多，倘若称量方法不正确，将会直接或间接影响成品品质，为保证糕点品质稳定，采用客观的科学化及精准化称量器材是生产的基础要素，常用的称量工器具有电子秤、温度计、量杯、量匙等。

1. 量杯与量匙

量杯的标准液体容量为 240mL（即 240mL/杯），其材质有铝制、玻璃及塑胶制等（图 8-66）。量匙专用于较少量的干性材料秤取（图 8-67）；一组包括 4 支，分别为 1 大匙、1 茶（小）匙、1/2 茶（小）匙及 1/4 茶（小）匙。

图 8-66　量杯

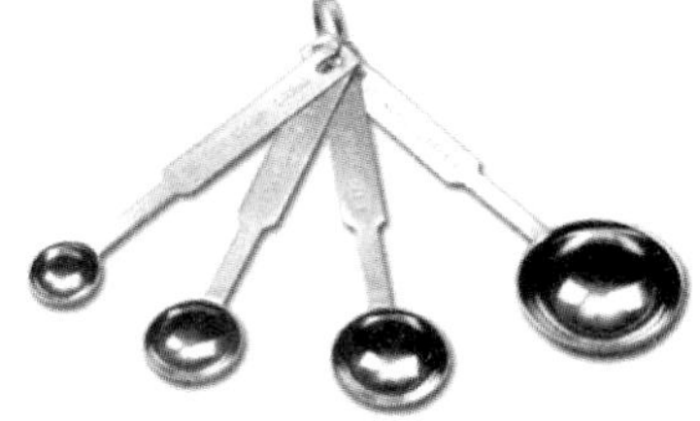
图 8-67　不锈钢量匙

2. 直尺

直尺可用来衡量产品的外观大小，并可于操作时用来做直线切割用（图 8-68）。

3. 温度计

温度计一般可分为酒精温度计、水银温度计及电子温度计，而后者多用于较高温时，如油炸温度的测试（图 8-69 和图 8-70 为面团专用温度计）。

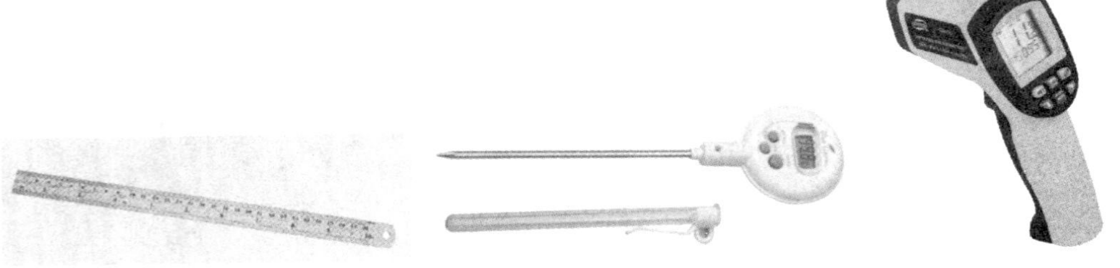

图 8-68　直尺　　图 8-69　电子防水温度计　　图 8-70　红外线温度计

4. 天平与电子秤

天平与电子秤专用于微量添加物的称取（图 8-71），如塔塔粉、小苏打等。可直接以数据读出称物的重量，而其单位重量以“克（g）”表示。

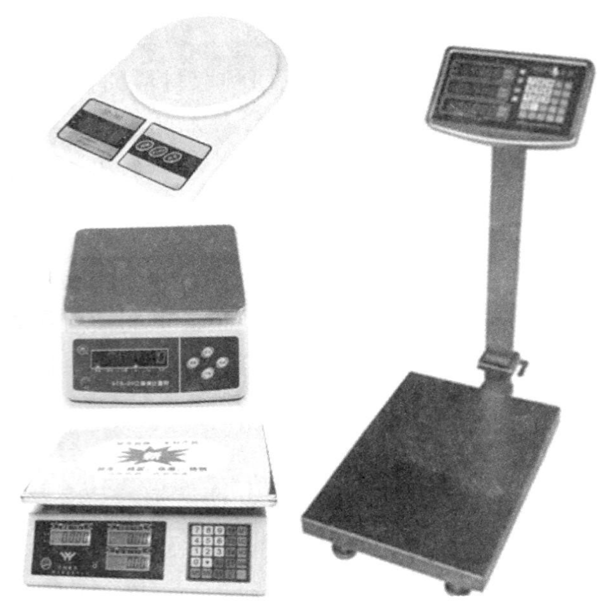

图 8-71　各式电子秤

8.2.2　烤盘

烤盘一般多为黑色铁皮金属材质制成的长方形铁盘，但近来亦研发有硅胶不粘烤盘及特氟龙（即聚四氟乙烯）制等各式材质的烤盘，使用更为方便，可直接用于各种焙烤食品的烤焙。

网状烤盘则多用于制作饼干时，垫于饼干下的烤盘，可使饼干呈网状的烙痕。

常用的烤盘有直角烤盘（图 8-72）、圆角烤盘（图 8-73）、法国烤盘（图 8-74 和图 8-75）、汉堡烤盘（图 8-76）、多连烤盘（图 8-77）、派盘（图 8-78）、比萨盘（图 8-79）等。

图 8-72　直角烤盘

图 8-73　圆角烤盘

图 8-74　有边法国烤盘

图 8-75　无边法国烤盘

图 8-76　汉堡烤盘

图 8-77　多连烤盘

图 8-78　派盘

图 8-79　比萨盘

8.2.3　模具

常用的模具有印模和烤模（图 8-80～图 8-89）。

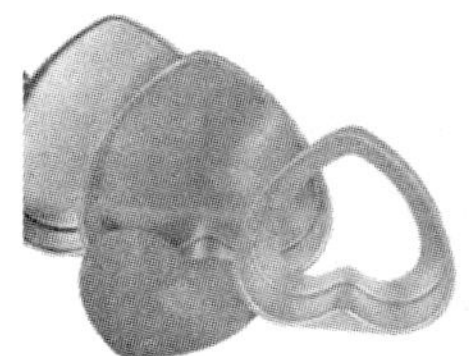

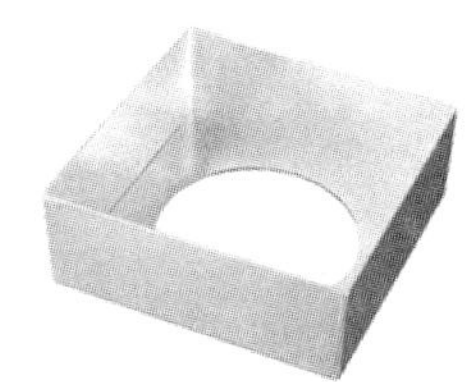
图 8-80　大蛋糕模具

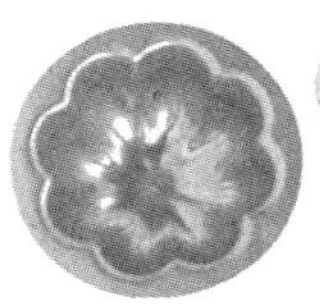
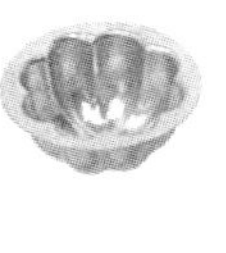
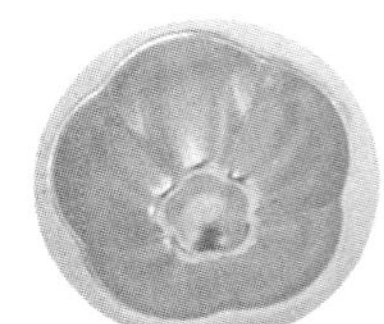

图 8-81　小蛋糕模具

图 8-82　吐司模具

图 8-83　排包模

图 8-84　布丁模

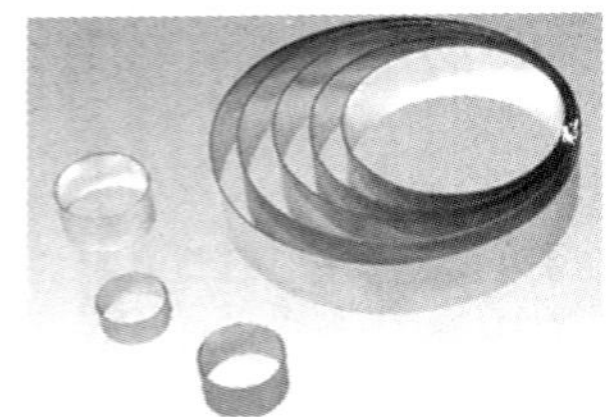

图 8-85　慕斯圈

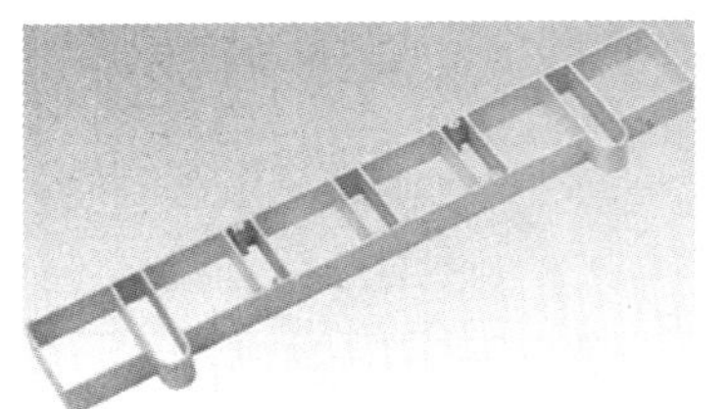

图 8-86　凤梨圈

图 8-87　蛋挞模具

图 8-88　瓦片酥圈

图 8-89　连矽胶模

印模是一种能将点心面团（皮）经按压切成一定形状的模具。形状有圆形、椭圆形、三角形等，切边有平口和花边口两种。道纳斯（甜甜圈）专用印模，多为不锈钢、铝制或塑胶材质，为甜甜圈专用的特殊印模。

烤模一般可分为不锈钢制、铝制、特氟龙制、陶瓷制或铜制。而外观则有圆形、长方形、心形、中央空心、实心活动底模等，亦分为大、中、小等各式不同的规格。

8.2.4 刀具

常用的刀具有蛋糕切刀、涂抹馅料或装饰用的抹刀及普通切削刀等，具体如下所述。

1. 切面刀、塑胶刮板

通常分为不锈钢切面刀及塑胶刮板两种，多用来切割面团或粉团。

2. 抹平刀

抹平刀又称抹刀，有各种大小长短不同的尺寸，主要用途是用来涂抹、抚平馅料或糖衣，较小的抹平刀，甚至可当作馅匙使用。

3. 西点刀

西点刀又称长形锯齿刀，多用来切割蛋糕或将蛋糕切割成数个薄层。

4. 橡皮刮刀

橡皮刮刀可用来搅拌材料或刮除粘在容器边缘的材料。

5. 车轮刀

车轮刀主要用途切割面皮，并可修饰其花边，增加美观。

焙烤食品用到的刀具如图 8-90～图 8-99 所示。

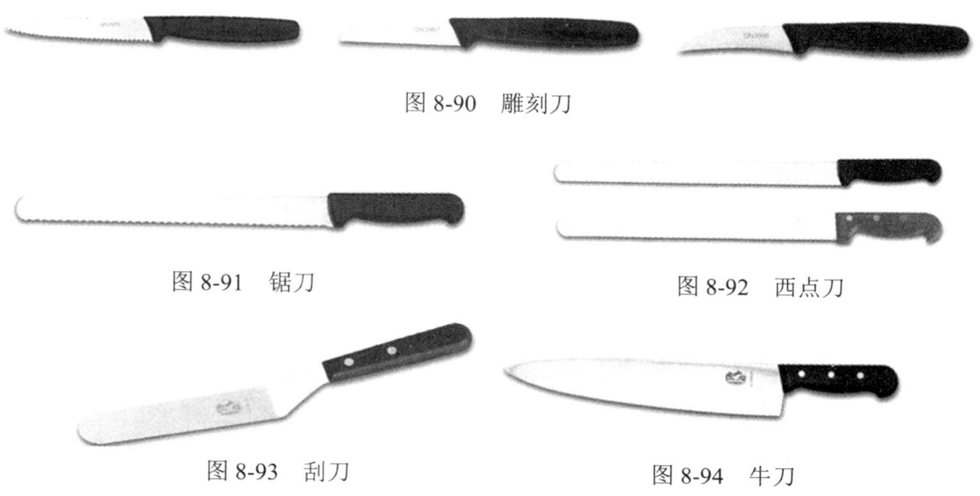

图 8-90 雕刻刀

图 8-91 锯刀

图 8-92 西点刀

图 8-93 刮刀

图 8-94 牛刀

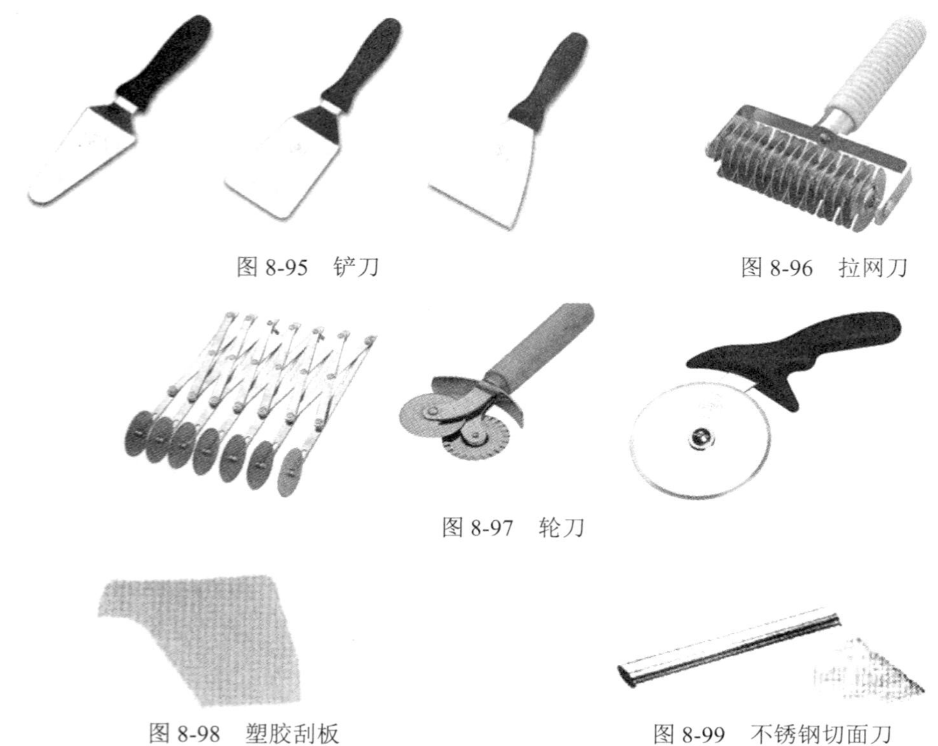

图 8-95　铲刀

图 8-96　拉网刀

图 8-97　轮刀

图 8-98　塑胶刮板

图 8-99　不锈钢切面刀

8.2.5　花嘴及裱花袋

花嘴及裱花袋，主要用于西点的挤注成型、馅料灌注和裱花装饰。裱花袋材质可分为帆布、塑胶、尼龙或纸制，多呈三角状，故又称三角袋。安放于挤注袋前端的裱花嘴常由塑料或金属制成，有齿状口、平口、扁口等多种类型，可挤出各式形状的蛋白霜、糖霜、鲜奶油等图样（图 8-100 和图 8-101）。

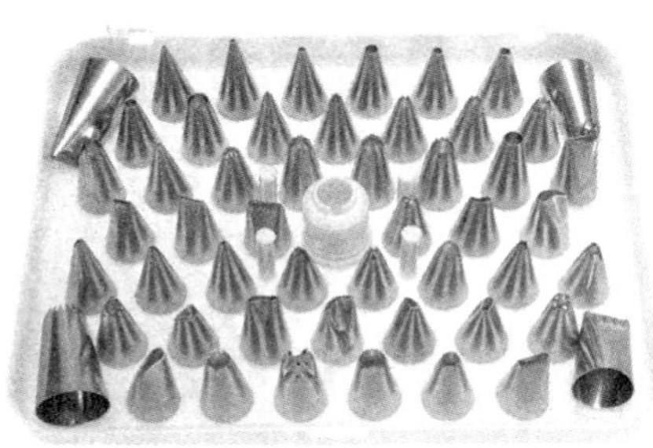

图 8-100　一般花嘴

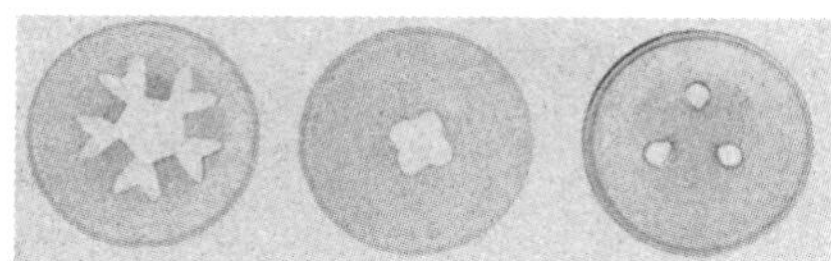

图 8-101　特殊花嘴

8.2.6　台车

常用的台车有出炉台车(轮子为塑料)、入炉台车(轮子为金属)(图 8-102 和图 8-103)、热风炉底部台车（图 8-104)、饼盘转运台车（图 8-105)、平板推车（图 8-106)、面粉台车等（图 8-107)。

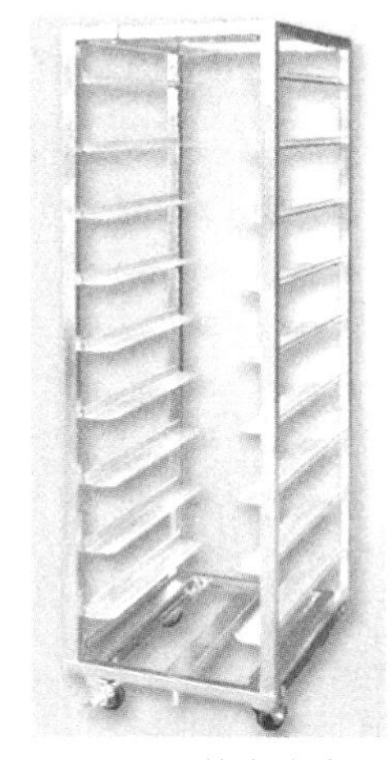

图 8-102　单盘台车

图 8-103　双盘台车

图 8-104　热风炉底部台车

图 8-105　饼盘转运台车

图 8-106　平板推车

图 8-107　面粉台车

8.2.7　产品展示用工器具

常用见的产品展示用工器具主要有各式展示柜(图 8-108 和图 8-109)、蛋糕架(图 8-110)、蛋糕盘（图 8-111）展示盘（图 8-112)、托盘（图 8-113)、藤篮（图 8-114)、标签卡（图 8-115)、食品夹（图 8-116）等。

8.2.8　其他器具

焙烤食品生产中常使用的器具还有擀面棍（图 8-117)、蛋糕切分器（图 8-118)、刮板(图 8-119)、刮刀(图 8-120)、毛刷(图 8-121)、面粉匙(图 8-122)、面粉筛(图 8-123)、蛋抽（图 8-124)、打蛋盆（图 8-125)、平网架（图 8-126)、不粘布（图 8-127)、晾干架（图 8-128)、开罐器（图 8-129)、耐热手套（图 8-130)、挖球器（图 8-131)、针车轮（扎孔器)（图 8-132)、转台（图 8-133)、切模（图 8-134)、蛋糕模板（图 8-135)、甜甜圈模（图 8-136)、煎蛋器（图 8-137)、菠萝印（图 8-138）等。

图 8-108　开放式展示柜

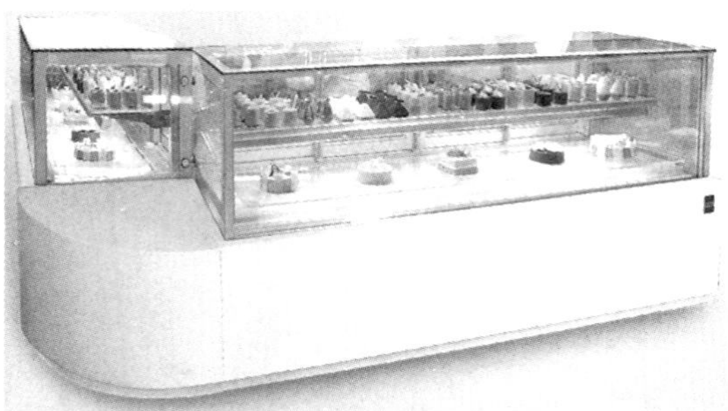

图 8-109　转角展示柜

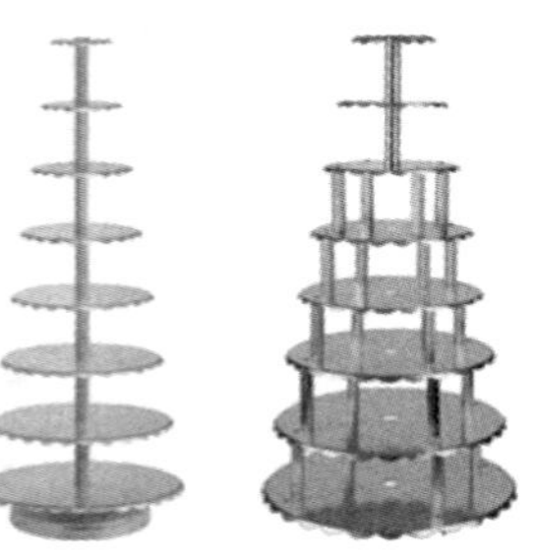

图 8-110　蛋糕架

图 8-111　蛋糕盘

图 8-112　展示盘

图 8-113　托盘

图 8-114　藤篮

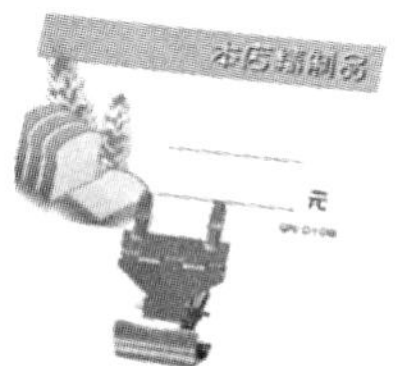

图 8-115　标签夹

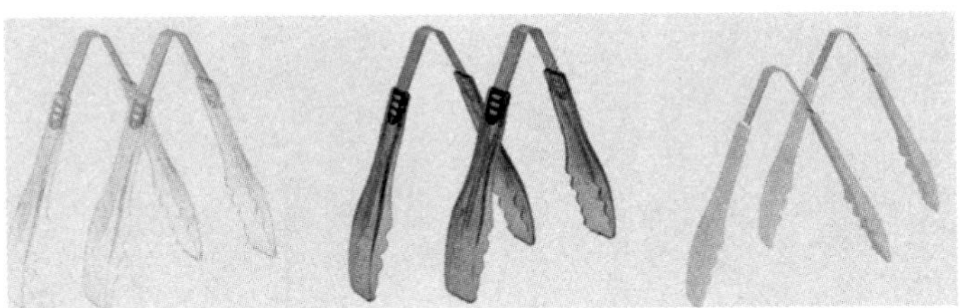

图 8-116　食品夹

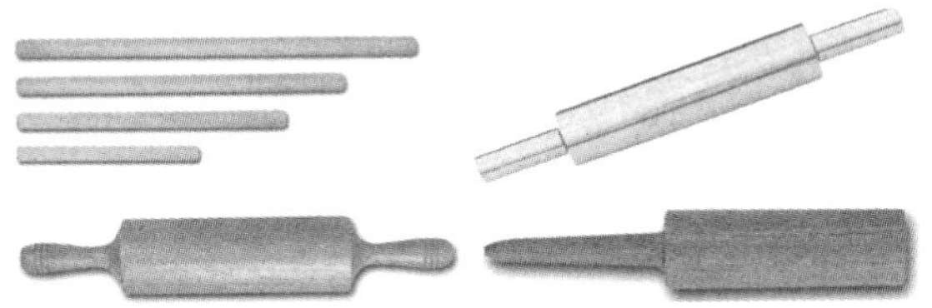

图 8-117　擀面棍

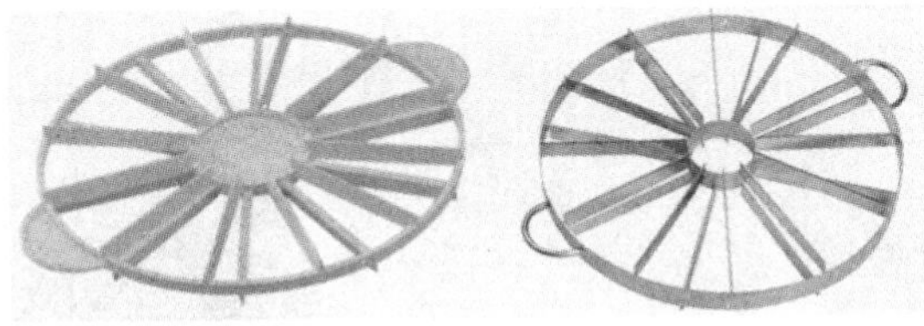

图 8-118　蛋糕切分器

图 8-119　刮板

图 8-120　刮刀

图 8-121　毛刷

图 8-122　面粉匙

图 8-123　面粉筛

图 8-124　蛋抽

图 8-125　打蛋盆

图 8-126　平网架

图 8-127　不粘布

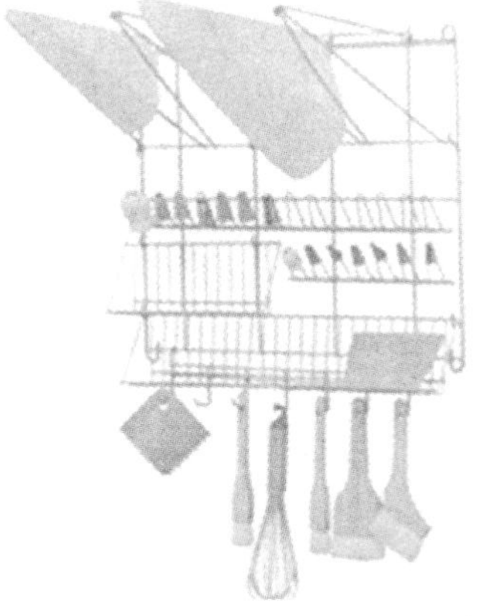

图 8-128　晾干架

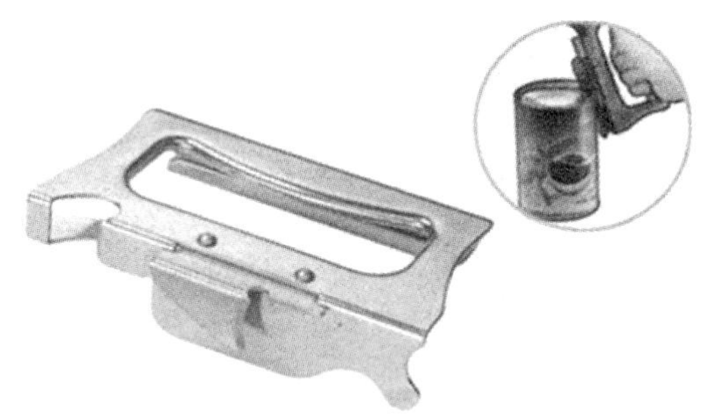

图 8-129　开罐器

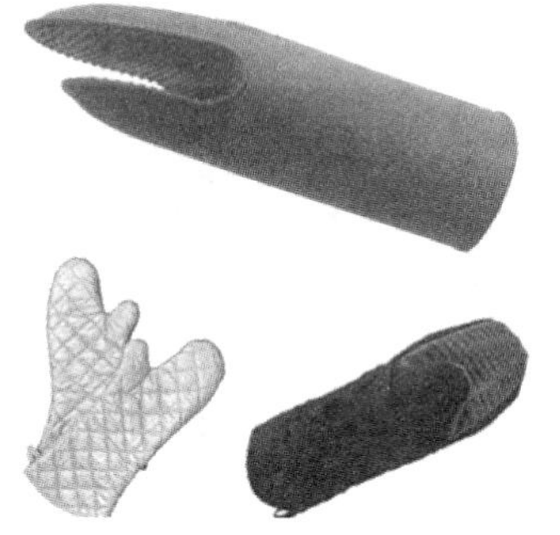

图 8-130　耐热手套

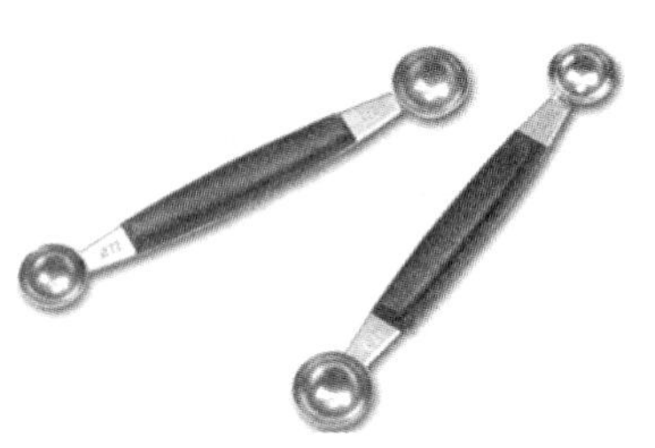

图 8-131　挖球器

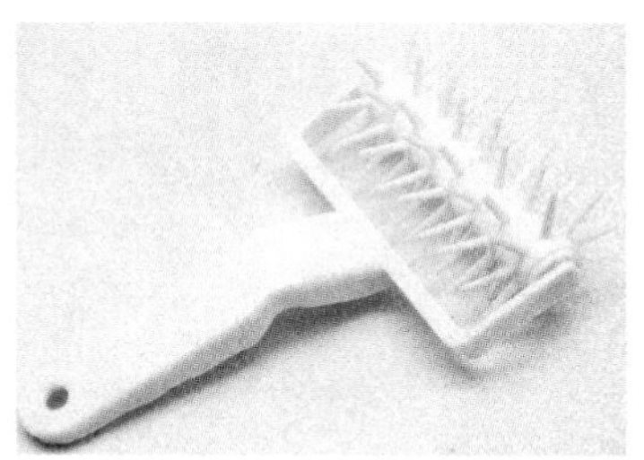

图 8-132　针车轮（扎孔器）

图 8-133　转台

图 8-134　切模

图 8-135　蛋糕模板

图 8-136　甜甜圈模

图 8-137　煎蛋器

图 8-138　菠萝印

参考文献

鲍治平，1990．面点制作．北京：高等教育出版社．

北京市西城糕点厂，北京市食品酿造研究所，1986．北京糕点．北京：中国轻工业出版社．

焙烤食品工艺与设备编写组，1993．焙烤食品工艺与设备．北京：中国财政经济出版社．

蔡同一，1999．食品卫生监督管理与执法全书．北京：中国环境科学出版社．

丁学励，1991．世界面包生产大观．北京：蓝天出版社．

贡汉坤，2001．焙烤食品工艺学．北京：中国轻工业出版社．

广州市糖业烟酒公司，1986．广式糕点．北京：中国轻工业出版社．

何建民，1987．糕点制作．郑州：河南科学技术出版社．

贺珏，1990．名优特糕点生产．长沙：湖南科学技术出版社．

揭广川，2001．方便与休闲食品生产技术．北京：中国轻工业出版社．

李里特，江正强，2013．焙烤食品工艺学．北京：中国轻工业出版社．

李里特，江正强，卢山，2000．焙烤食品工艺学．北京：中国轻工业出版社．

李琳，李冰，胡松青，2001．现代饼干甜点生产技术．北京：中国轻工业出版社．

李培圩，1999．面包生产工艺与配方．北京：中国轻工业出版社．

李小平，2000．粮油食品加工技术．北京：中国轻工业出版社．

刘宝家，李素梅，柳东，等，1995．食品加工技术、工艺和配方大全续集 2（下）．北京：科学技术文献出版社．

刘传富，董海洲，侯汉学，2002．冷冻面团面包的生产技术及其前景展望．粮食与饲料工业，（12）：14-16．

刘江汉，2003．焙烤工业实用手册．北京：中国轻工业出版社．

刘天印，1999．挤压膨化食品生产工艺和配方．北京：中国轻工业出版社．

刘钟栋，李学红，2002．新版糕点配方．北京：中国轻工业出版社．

陆启玉，2001．方便食品加工工艺与配方．北京：科学技术文献出版社．

上海市糖业烟酒公司，1986．糕点制作原理与工艺．上海：上海科学技术出版社．

上海市糖业烟酒公司，1986．上海糕点制法．北京：中国轻工业出版社．

邵万宽，1996．中国面点．北京：中国商业出版社．

天津轻工业学院，无锡轻工业学院，1983．食品工艺学（下册）．北京：中国轻工业出版社．

田忠昌，1988．各式面包配方与制作．北京：中国食品出版社．

王学政，王启贵，1994．中西糕点大全．北京：中国旅游出版社．

吴孟，1989．中国糕点．北京：中国商业出版社．

吴孟，1996．面包饼干糕点工艺学．北京：中国商业出版社．

吴日杉，郑月红，2001．基础烘焙．沈阳：辽宁科学技术出版社．

项琦，2000．粮油食品微生物学检验．北京：中国轻工业出版社．

薛文通，2002．新版蛋糕配方．北京：中国轻工业出版社．

薛文通，2002．新版面包配方．北京：中国轻工业出版社．

张守文，1996．面包科学与加工工艺．北京：中国轻工业出版社．

张守文，杨铭铎，1987．焙烤食品．哈尔滨：黑龙江科学技术出版社．

张政衡，候正余，1999．中国糕点大全．上海：上海科学技术出版社．

朱蓓薇，2003．方便食品加工工艺及设备选用手册．北京：化学工业出版社．

朱念琳，2003．中国焙烤食品市场分析．中国食物与营养，（4）：19-20．

朱珠，梁传伟，2012．焙烤食品加工技术．北京：中国轻工业出版社．

WARRIOTT NG，2001．食品卫生原理．钱和，华小娟，译．北京：中国轻工业出版社．